全国电子信息类优秀教材·中山大学优秀教学成果

大学计算机规划教材

Visual Basic 程序设计教程

（第3版）

林卓然　编著

電子工業出版社

Publishing House of Electronics Industry

北京·BEIJING

内 容 简 介

本书是全国电子信息类优秀教材和中山大学优秀教学成果。全书以 Visual Basic 6.0 为语言背景，以程序结构为主线，介绍可视化程序设计的基本知识和编程方法。内容包括：认识 Visual Basic，程序设计基础，顺序结构程序设计，选择结构程序设计，循环结构程序设计，数组，过程，程序调试与错误处理，数据文件与文件管理，菜单及对话框，绘图及其他常用控件，数据库编程等。

本书概念清晰，层次分明，叙述简明易懂，注重实用性和可操作性。各章配有精心设计的习题和编程及上机调试题。本书为任课教师免费提供电子教案、例题源程序文件及习题参考答案。

本书适合作为高等学校计算机程序设计教材，也可作为各类 VB 培训班及全国计算机等级考试读者的学习参考书。

图书在版编目（CIP）数据

Visual Basic 程序设计教程/林卓然编著. —3 版. —北京：电子工业出版社，2012.1
大学计算机规划教材
ISBN 978-7-121-14588-9

Ⅰ. ①V… Ⅱ. ②林… Ⅲ. ①BASIC 语言—程序设计—高等学校—教材 Ⅳ. ①TP312

中国版本图书馆 CIP 数据核字（2011）第 186727 号

策划编辑：童占梅
责任编辑：沈艳波
印　　刷：北京宏伟双华印刷有限公司
装　　订：北京宏伟双华印刷有限公司
出版发行：电子工业出版社
　　　　　北京市海淀区万寿路 173 信箱　邮编 100036
开　　本：787×1092　1/16　印张：17.25　字数：430 千字
版　　次：2004 年 2 月第 1 版
　　　　　2012 年 1 月第 3 版
印　　次：2015 年 5 月第 4 次印刷
定　　价：29.80 元

凡所购买电子工业出版社图书有缺损问题，请向购买书店调换。若书店售缺，请与本社发行部联系，联系及邮购电话：（010）88254888。

质量投诉请发邮件至 zlts@phei.com.cn，盗版侵权举报请发邮件至 dbqq@phei.com.cn。

服务热线：（010）88258888。

前　言

Visual Basic 是 Microsoft 公司推出的比较成功的编程语言，同时也是目前使用最广泛、最易学的面向对象开发工具之一。它以早期的 Basic 版本为基础，以可视化为主要特点，采用面向对象、事件驱动的编程机制，把 Windows 编程的复杂性进行了封装，使用户可以既快又简单地开发 Windows 环境下的应用程序。

本书以程序结构为主线，重点介绍计算机语言、程序设计的基本理论和常用算法，可视化和面向对象程序设计的概念、方法和常用的控件，并且对 Visual Basic 数据库访问技术做了较详细的介绍。

本书将 Visual Basic 的可视化界面设计内容与代码设计部分进行了很好的融合，不仅让学生了解了面向对象程序设计的许多概念，也掌握了可视化编程工具的使用方法，以及简单应用程序的开发步骤和方法，而且还通过大量的典型实例及分析过程，强化对学生实际操作能力的培养，提高学生解决实际应用问题的能力。

本书在组织形式上也做了改进，打破传统教材将理论与实验分开成书的形式，将理论与应用、习题、上机编程与调试几部分融合在一本书中，使学与练紧密地结合起来，可提高学习效率。

本书适合作为第一门程序设计语言学习的教材，它从最基本的计算机程序设计基础知识讲起，讲授 Visual Basic 程序设计的基本概念和基本方法。为便于初学者学习，本书把 Visual Basic 控件的使用分散到各个章节来介绍，使之与程序设计实践结合起来。书中提供的大量例题都是经过上机验证过的，读者可以边看书，边在计算机上操作。

本书紧扣全国计算机等级考试《Visual Basic 程序设计》考试大纲及近年来的命题重点，有利于提高学生应试和获证能力。

为了帮助教师使用本教材，编者准备了这本书的教学辅助材料，包括各章节的电子教案、例题源程序文件、习题参考答案等，并发布在华信教育资源网站 http://www.hxedu.com.cn 上。

由于本人水平所限，加之计算机技术发展日新月异，书中错误在所难免，失误之处，敬请读者指正。编著者电子邮件地址：puslzr@mail.sysu.edu.cn。

编著者
于广州·中山大学

本书提供电子教案、例题源程序文件和习题参考答案，任课老师可从华信教育资源网 http://www.hxedu.com.cn 免费注册下载。

目　　录

第1章

认识Visual Basic

本章导读

- VB 概述
- 对 VB 应用程序设计的初步认识
- 对象和事件的基本概念
- VB 集成开发环境
- 工程管理

Visual Basic(以下简称 VB)是一种可视化程序设计语言，是目前在 Windows 操作平台上广泛使用的 Windows 应用程序开发工具。在深入学习 VB 编程之前，本章先介绍 VB 的特点、集成开发环境及面向对象的基本概念。

1.1 VB 概述

1.1.1 VB 的发展过程

Basic 语言于 1964 年诞生，其含义为“初学者通用的符号指令代码”，由于它简单易学而一直被大多数初学者作为首选入门的程序设计语言。随着计算机技术的发展，各种 Basic 语言新版本应运而生。1976 年前后开发出 DOS 环境下的 GW－Basic，20 世纪 80 年代中期又出现了多种结构化 Basic 语言，如 True Basic，Quick Basic，Turbo Basic，QBasic 等。

1988 年，美国微软(Microsoft)公司推出的 Windows 操作系统，以其友好的图形用户界面(GUI)、简单易学的操作方式和卓越的性能，赢得了广大计算机用户的喜爱，因此开发在 Windows 环境下的应用程序成为 20 世纪 90 年代软件开发的主导潮流。起初人们在开发 Windows 应用程序时遇到了很大困难，因为要编写 Windows 环境下运行的程序，必须建立相应的窗口、菜单、对话框等各种“控件”，程序的编制变得越来越复杂。

1991 年，微软公司推出的 VB 1.0，使这种情况有了根本的改观。微软公司总裁比尔·盖茨说，VB 是“用 Basic 语言开发 Windows 应用程序最强有力的工具”、“令人震惊的新奇迹”。VB 中的“Visual”的含义是“可视化”，指的是一种开发图形用户界面的方法。VB 采用的“可视化编程”是“面向对象编程”技术的简化版，它引入了面向对象和事件驱动的程序设计新机制，把过程化和结构化编程结合在一起，其解决问题的方式更符合人们的思维习惯，为开发 Windows 应用程序提供了强有力的开发环境和工具。

随着 Windows 操作平台的不断成熟，VB 版本也不断升级。自 VB 1.0 之后，微软公司又相继推出 VB 2.0，VB 3.0，VB 4.0，这些版本主要应用于 Windows 3. X 环境中 16 位应用程序的开发。1997 年，微软公司发布了 VB 5.0，它是一个 32 位应用程序开发工具，可以运行在 Windows 9. X 或 Windows NT 环境中。1998 年，微软公司推出 VB 6.0，2002 年又开发出 VB. NET 7.0。

为满足不同层次的用户需要，VB 6.0 提供了学习版、专业版和企业版三个版本。这些版本是在相同的基础上建立起来的，因此大多数应用程序可在这三种版本中通用。本书主要介绍中文版 VB 6.0 的基本功能，对这三个版本都适用。

1.1.2 VB 的特点

VB 是在原有的 Basic 语言的基础上发展而来的。它具有 Basic 语言简单易用的优势，同时增加了面向对象和可视化程序设计语言的特点。

(1) 面向对象的可视化编程。VB 采用面向对象的程序设计方法(OOP)，把程序和数据“封装”起来作为一个对象。所谓“对象”就是一个可操作的实体，如窗体、窗体中的命令按钮、文本框、标签等都是对象。程序设计时编程人员不必为用户界面编写程序代码，只需要利用系统提供的工具，直接在窗体上“画”出（设置）各种对象，并为每个对象赋予应有的属性。VB 系统将自动产生界面设计代码，编程人员只需编写实现程序功能的那部分程序代码，从而大大提高了程序设计的效率。

(2) 事件驱动的编程机制。VB 通过事件来执行对象的操作，通常由用户操作引发某个事件来驱动完成某种功能。例如，命令按钮是一个对象，当用户单击该按钮时，将产生（或称“触发”）一个“单击”(Click)事件，而在发生该事件时，系统将自动执行一段相应的程序（称为“事件过程”），用以实现指定的操作和达到运算、处理的目的。

在 VB 中，编程人员只需针对这些事件编写相应的处理代码（即事件过程），这样的代码一般较短，所以程序既易于编写又易于维护。

(3) 结构化的设计语言。VB 是在结构化的 Basic 语言基础上发展起来的，加上面向对象的设计方法，因此是更出色的结构化程序设计语言。

(4) 友好的 VB 集成开发环境。VB 提供了易学易用的应用程序集成开发环境。在该集成开发环境中，编程人员可以设计用户界面、编写代码和调试程序，直至把应用程序编译成可执行文件，直接在 Windows 环境下运行。

(5) 具有强大的功能。VB 可以对多种数据库系统进行数据访问，支持对象的链接与嵌入（OLE）、动态数据交换（DDE）、动态链接库（DLL）及 Active 等技术，它能够充分利用 Windows 资源，开发出集文字、声音、图像、动画、Web 等对象于一体的应用程序。

1.1.3　VB 的启动和退出

1. 启动 VB

VB 是 Windows 下的一个应用程序，因此可按运行一般应用程序的方法来运行它。启动 VB 的常用方法是：单击“开始”按钮，从“开始”菜单中选择“程序”项，再选择“Microsoft Visual Basic 6.0 中文版”级联菜单中的“Microsoft Visual Basic 6.0 中文版”程序。

当然，也可将 VB 系统程序的快捷方式放在桌面上，直接在桌面上双击该快捷方式图标来启动它。

启动 VB 后，作为默认方式，系统会首先弹出“新建工程”对话框，如图 1.1 所示。在对话框中，有三个选项卡：

(1) 新建：列出了可以创建的应用程序类型，其中“标准 EXE”用来建立一个 VB 应用程序，最终可生成一个标准的可执行文件（.exe 文件）。

(2) 现存：供选择和打开的现有工程。

说明：VB 应用程序是以工程的形式组织的。一般情况下，一个工程就是一个应用程序。

(3) 最新：列出最近使用过的工程。

直接单击对话框右下方的“打开”按钮，则可创建一个默认的“标准 EXE”类型的应用程序，进入 VB 集成开发环境，如图 1.2 所示。

2. 退出 VB

如果要退出 VB，可单击 VB 主窗口中的“关闭”按钮或选择“文件”菜单中的“退出”命令，

VB 会自动判断用户是否修改了工程的内容,询问用户是否保存文件或直接退出。

图 1.1 “新建工程”对话框

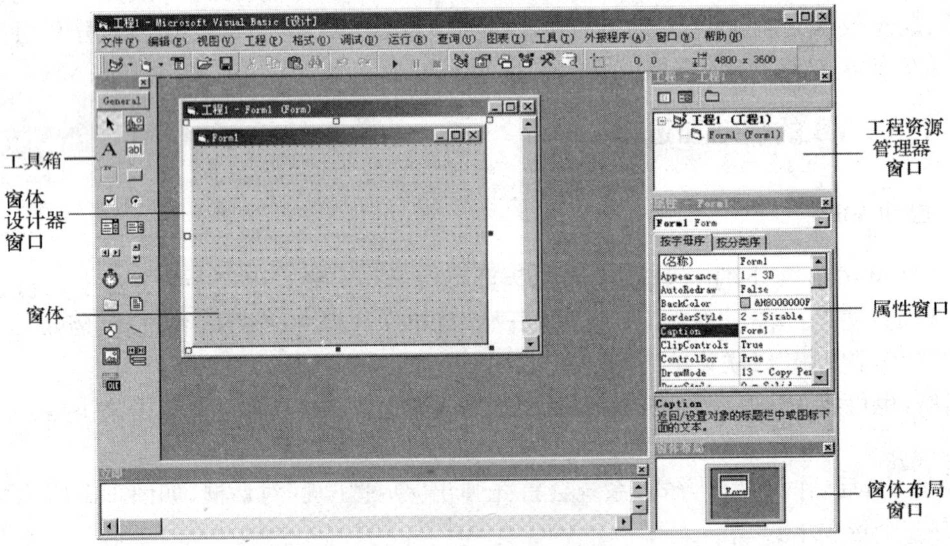

图 1.2 VB 集成开发环境

1.2 对 VB 应用程序设计的初步认识

1.2.1 设计 VB 应用程序的步骤

采用 VB 开发应用程序,一般可分为两大部分工作:设计用户界面和编写程序代码。所谓用户界面,是指人与计算机之间传递、交换信息的媒介,是用户使用计算机的综合操作环境。通过用户界面,用户向计算机系统提供命令、数据等输入信息,这些信息经过计算机处理后,又经过用户界面,把计算机产生的输出信息送回给用户。

VB 应用面向对象的程序设计方法,因此先要确定对象,然后才能针对这些对象进行代码编程。VB 编程中最常用的对象是窗体(即平时所说的窗口),各种控件对象必须建立在窗体上。用户界面设计又包括建立对象和对象属性设置两部分。

设计 VB 应用程序的大致步骤如下:

(1) 建立用户界面的对象。

(2) 设置对象的属性值。

(3) 编写程序代码,建立事件过程。

(4) 保存和运行应用程序。

为了使读者对 VB 程序设计有一个初步认识,以下举两个简单例子。

1.2.2　第一个简单程序

【例 1.1】　设计一个程序,在运行中当用鼠标单击窗体时,窗体上显示出“欢迎您来到 VB 世界!” 字样。

该应用程序设计步骤如下。

1. 创建窗体

启动 VB 后,选择“标准 EXE”选项,进入 VB 集成开发环境。此时系统已经自动创建了一个窗体 Form1,如图 1.2 所示。

对于本例,用户界面无特殊要求,只要在系统默认提供的窗体上输出若干文字,因此不必专门设计用户界面。

2. 编写程序代码,建立事件过程

编写程序代码需要在“代码窗口”中进行。

在 VB 主窗口中选择“视图”菜单中的“代码窗口”命令,或双击 Form1 窗体,系统弹出与该窗体相对应的代码窗口,如图 1.3 所示。

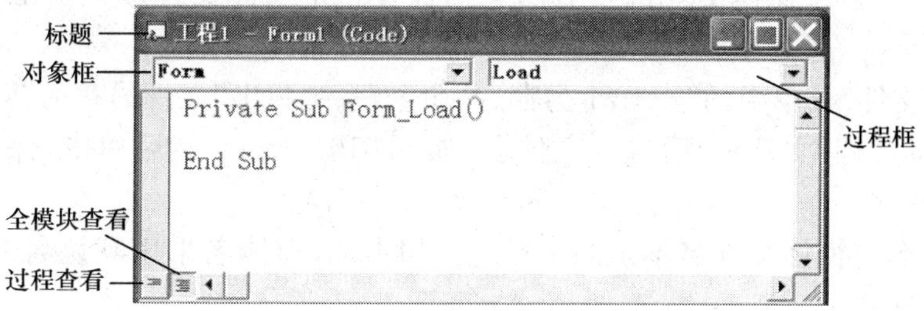

图 1.3　代码窗口

这个代码窗口有一个标题“工程 1—Form1(Code)”,表示当前工程名默认为“工程 1”,这与 Word 中默认第一个文档为“文档 1”一样。Form1 表示窗体名,圆括号内的 Code 表示代码窗口。

第二行左侧是一个对象框,其下拉列表框中列出了与当前窗体相联系的对象;第二行右侧是一个过程框,其下拉列表框中列出了与当前选中的对象相关的所有事件。

在对象框中选择对象 Form,在过程框中选择事件 Click(即单击)。当选择了对象和事件后,在代码窗口的编辑区中立即自动出现 Form_Click 事件过程的框架,如图 1.4 所示。

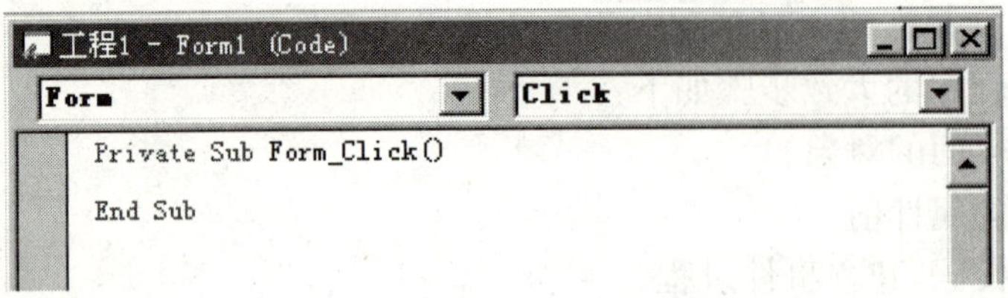

图 1.4　Form_Click 事件过程框架

说明:① Private 意为“私有”,用来定义事件过程的类型,它表明该过程只能在本窗体中使用,应用程序中的其他窗体或模块不能调用它;② 关键字 Sub 和 End Sub 用于定义一个过程;③ Form_Click 表示事件过程名,它由两部分组成:对象名和事件名;④ Form_Click 后面是一对圆括号,对于复杂的过程,圆括号内还可以有参数。

在已有两行代码之间插入一行代码,即

```
Print "欢迎您来到 VB 世界!"
```

该行代码的作用是在窗体上输出(即显示)后面的文字。代码窗口显示如图 1.5 所示。

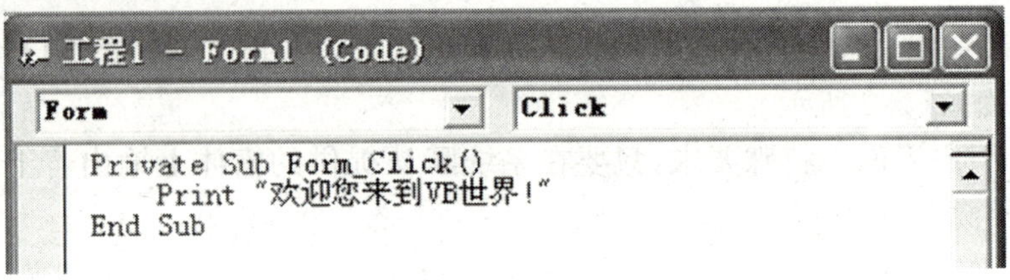

图 1.5　程序代码窗口

3. 保存工程

本例中只涉及一个窗体 Form1,因此,只需保存一个窗体文件和一个工程文件。保存文件的步骤如下:

(1) 选择“文件”菜单中的“Form1 另存为”命令,系统弹出“文件另存为”对话框,选择好保存位置(如“我的文档”文件夹)后输入文件名(如 vb0101.frm),然后单击“保存”按钮,即可保存窗体文件。

注意:窗体名与窗体文件名不是同一概念。如本例,窗体名采用默认名 Form1,而窗体文件名却是 vb0101.frm。

(2) 选择“文件”菜单中的“工程另存为”命令,系统弹出“工程另存为”对话框,选择好保存位置(如“我的文档”文件夹)后输入文件名(如 vb0101.vbp),然后单击“保存”按钮。

4. 运行程序

单击工具栏上的“启动”按钮,或选择“运行”菜单中的“启动”命令,即可用解释方式运行程序。程序运行时会显示一个空白窗体,当用户用鼠标单击该窗体时,就会发生单击窗体事件,系统会自动执行 Form_Click 事件过程，从而在窗体上输出“欢迎您来到 VB 世界！”字样，如图 1.6 所示。

图 1.6　单击窗体时的显示信息

单击窗体右上角的“关闭”按钮，或单击工具栏上的“结束”按钮，即可结束程序的运行。

1.2.3　第二个简单程序

【例 1.2】　设计一个程序，由用户输入一个数，计算并输出该数的平方数。

分析：要创建的应用程序用户界面如图 1.7 所示。

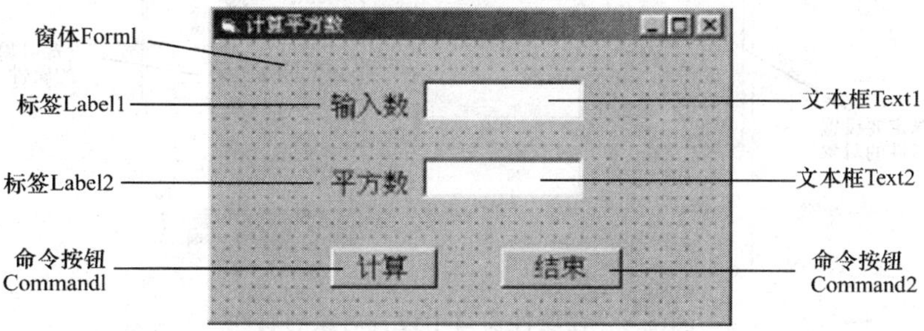

图 1.7　例 1.2 的设计界面

窗体上含有 6 个控件：2 个标签、2 个文本框和 2 个命令按钮。标签用于显示文字；文本框用于输入数据，也可显示数据；命令按钮用来执行有关操作。运行程序时，用户在“输入数”文本框中输入数据，当单击“计算”命令按钮时，则计算该数的平方数并显示在“平方数”文本框中。单击“结束”按钮，则结束程序的运行。

具体设计步骤如下。

1. 创建窗体

启动 VB 或选择“文件”菜单中的“新建工程”命令，从“新建工程”对话框中选择“标准 EXE”，系统会默认提供一个窗体（Form1）。用户可在此窗体上添加控件，以构建用户界面。

2. 在窗体上添加控件

设置控件的方法：在 VB 工具箱（如图 1.2 所示）中选择（单击）要添加的控件的按钮，此时鼠标指针变成“＋”字形。将“＋”字形指针移到窗体的适当位置，然后按下左键并拖动鼠标，可按所需大小放置一个控件。按照上述方法，可在窗体上添加以下控件：

(1) 通过工具“Label”（图标“A”）放置两个标签框（简称标签）。

(2) 通过工具“TextBox”(图标“abl”)放置两个文本框。

(3) 通过工具“CommandButton”(图标□)放置两个命令按钮。

3. 设置对象属性

设置窗体上控件对象的属性,可以在“属性窗口”(见图 1.2)中进行。通常,属性窗口(标题栏上显示有“属性一”)处于主窗口的右侧中部,用户也可以选择“视图”菜单中的“属性窗口”命令来显示属性窗口。

设置对象属性的方法:在窗体上选定要设置属性的对象,此时属性窗口中会自动显示该对象的属性列表框,列表框左半边显示所选对象的所有属性名,右半边显示属性值。找到需设置的属性,然后对该属性值进行设置或修改,如图 1.8 所示。按照上述方法,可以设置以下对象的属性:

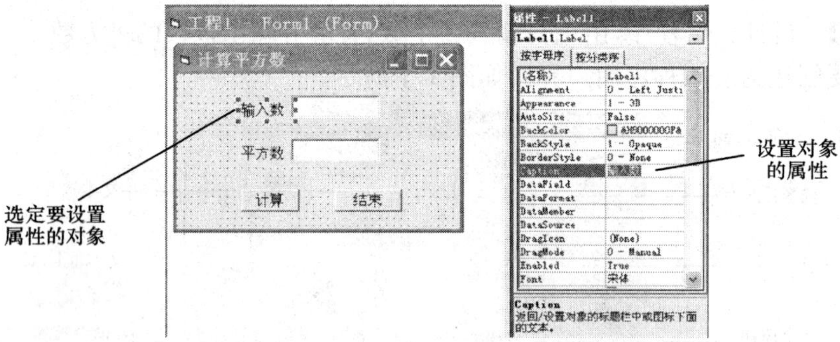

图 1.8 在属性窗口中设置对象的属性

(1) 设置窗体 Form1 的 Caption(标题名)属性为“计算平方数”。

(2) 设置标签 Label1 的 Caption 属性为“输入数”。

(3) 设置标签 Label2 的 Caption 属性为“平方数”。

(4) 设置文本框 Text1 的 Text(文本内容)属性为空白。

(5) 设置文本框 Text2 的 Text 属性为空白。

(6) 设置命令按钮 Command1 的 Caption 属性为“计算”。

(7) 设置命令按钮 Command2 的 Caption 属性为“结束”。

4. 编写程序代码,建立事件过程

(1) 双击当前窗体,或选择“视图”菜单中的“代码窗口”命令,系统弹出如图 1.3 所示的代码窗口。

(2) 按照例 1.1 中介绍的方法,输入命令按钮 Command1 的单击事件过程(Command1_Click)代码:

```
Private Sub Command1_Click()
    Dim x As Single
    x=Val(Text1.Text)
    Text2.Text=x * x
```

```
End Sub
```

说明：① Dim 语句的作用是定义(也称声明)一个数据类型为 Single(即单精度)的变量 x；② Val(Text1. Text) 的作用是将文本框 Text1 中的数字字符(用户输入的) 转换为数值；③ 语句“Text2. Text＝x * x”(x 的平方也可写成 x^2)的作用是计算右端的平方数，然后显示在文本框 Text2 中。

(3) 用相同的方法，可以输入命令按钮 Command2 的单击事件过程(Command2_Click) 的代码：

```
Private Sub Command2_Click()
    End
End Sub
```

其中 End 语句的作用是结束程序的运行。此时代码窗口显示情况如图 1.9 所示。

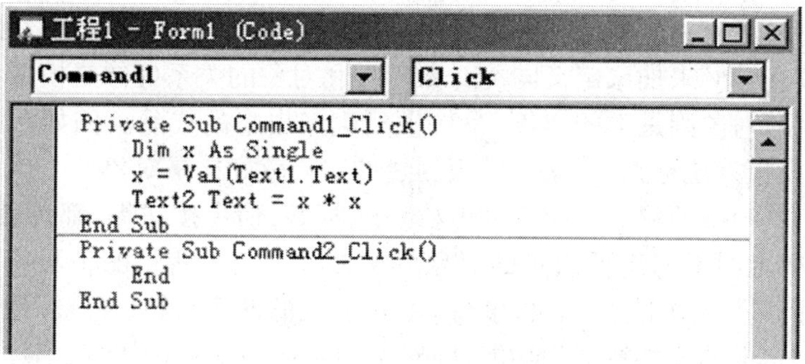

图 1.9　例 1.2 的程序代码窗口

5. 保存工程

与例 1.1 一样，本例中也只涉及到一个窗体，因此只需保存一个窗体文件和一个工程文件。用例 1.1 的保存工程的方法，可把本例用到的窗体及工程分别以 vb0102. frm 及 vb0102. vbp 保存起来，保存位置假设为“我的文档”文件夹。

6. 运行程序

(1) 单击工具栏上的“启动”按钮，即可采用解释方式来运行程序。

(2) 用户在“输入数”文本框 Text1 中输入某一个数，如 87。

(3) 单击“计算”按钮，系统会启动事件过程 Command1_Click，即读取“输入数”文本框(Text1)中的输入数(87)，经运算，把计算结果显示在“平方数”文本框(Text2)中，如图 1.10 所示。

(4) 单击“结束”按钮，启动事件过程 Command2_Click，则执行 End 语句结束程序的运行。

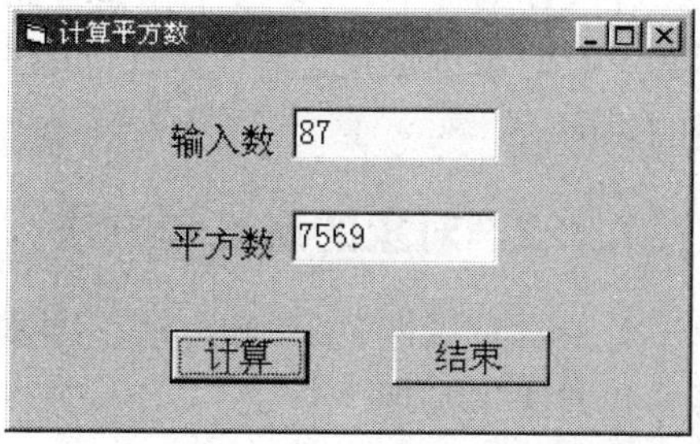

图 1.10　例 1.2 的运行界面

至此,例 1.2 程序设计工作全部结束。

上述两个例子的程序比较简单,但已经展示了 VB 应用程序设计的全过程。

1.3　对象和事件的基本概念

VB 采用面向对象程序设计方法,程序的核心是对象。本节将从使用的角度简述对象的有关概念。

1.3.1　对象和类

在 VB 中,对象是一组程序代码和数据的集合,可以作为一个基本运行实体来处理。例如,窗体、标签、文本框、命令按钮等都是对象,整个应用程序也可以是一个对象。实际上"对象"是一个很广泛的概念,要理解程序设计中"对象"的概念,还必须有一些"类"的知识。

在现实世界中,具有相同属性和行为的事物往往不止一个,面向程序设计技术为了提高软件的可重用性,就用"类"来抽象定义同类对象。类和对象的关系好像是模型和成品的关系,类是创建对象的模型,对象则是类的实例,是按模型生产出来的成品。例如在 Word 中,为创建文档提供的文档模板好比是类,用这些模板创建的文档就好比是对象。

在 VB 中,工具箱中的每一个控件,如文本框、标签、命令按钮等,都代表一个类。当将这些控件添加到窗体上时就创建了相应的对象。例如,图 1.11 所示的工具箱中的 TextBox 控件是类,它确定了该类的属性、方法和事件,由它生成的两个 Text 对象,是 TextBox 类的实例,它们具有由类定义的公共特征和功能(即对象的属性、方法和事件)。编程人员也可以根据需要修改对象的属性。

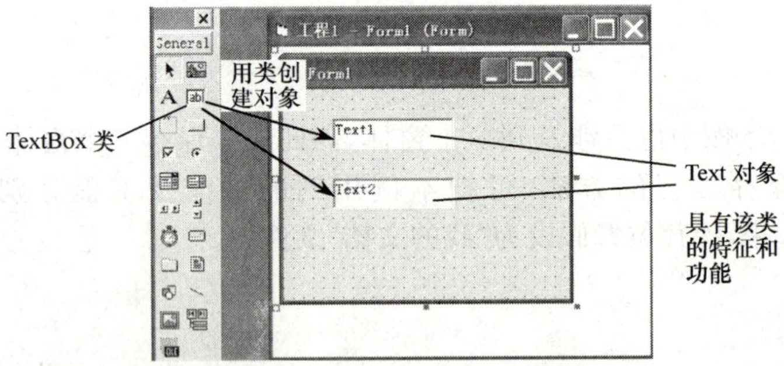

图 1.11　对象与类

在 VB 编程中,大多数工作是在跟对象打交道。用户可以轻松地创建对象和使用对象,而不必关心对象的底层运作。VB 将用户从烦琐的底层程序设计中解放出来,这正是 VB 易学易用的原因。

1.3.2　对象的属性和方法

对象具有属性、事件和方法三要素。建立一个对象后,其操作通过与该对象有关的属性、事件和方法来实现。

1. 属性

每个对象都有其特征，称之为对象的属性(Property)。不同的对象有不同的属性。例如，命令按钮具有名称、标题、大小、位置等属性；文本框具有名称、文本内容、最大字符数、字体等属性。

每一个对象属性一般都有一组默认值，如文本框的名称默认为 Text1，Text2，…，其中的文本内容(初始值)也默认为 Text1，Text2，…。

可以通过修改对象的属性值来改变对象的特征，设置对象的属性值有两种方法：

(1) 利用“属性窗口”设置对象的属性(操作见 1.2.3 节)。

(2) 在程序中设置对象的属性。

可以使用赋值语句，动态地修改对象的属性，其一般格式为

　　[对象名.]属性名＝属性值

其中，“对象名.属性名”是 VB 引用对象属性的方法。如果针对当前的窗体，可省略该窗体对象名。例如，给一个对象名为 Command1 的命令按钮的标题(Caption)属性赋值为字符串“确定”，则在程序代码中的书写形式为

```
Command1.Caption="确定"
```

以下是其他一些例子：

```
Label1.Caption="输入数"           '设置标签的标题
Text1.Maxlength=10                '设置文本框的最大字符数为 10
Caption="计算平方数"              '设置当前窗体的标题，省略了当前窗体名
```

2. 方法

方法(Method)是对象能够执行的动作。它是对象本身包含的函数或过程，用于完成某种特定的功能。例如，例 1.1 中的 Print 是窗体的一种方法，用来向窗体输出信息。

方法只能在程序代码中使用，其调用格式为

　　[对象名.] 方法名 [(参数)]

有的方法需要提供参数，而有的方法是不带参数的。例如：

```
Form1.Cls                      '清除窗体 Form1 上的内容
Print "Visual Basic 6.0"       '在当前窗体上显示
Form2.Show                     '显示窗体 Form2
```

1.3.3　事件、事件过程及事件驱动

1. 事件

事件(Event)是由 VB 系统预先设置好的、能够被对象识别的动作。例如，鼠标单击(Click)或者双击(DblClick)就是最常见的事件。此外，窗体装载(Load)、按键(KeyPress)、鼠标移动(MouseMove)等，都是事件。

对象的事件是固定的，用户不能建立新的事件。不同的对象能识别的事件也不一定相同，如窗体能识别加载事件(Load)，但其他控件则不可能识别这一事件。

每个对象所能识别的事件，在设计阶段可以从代码窗口中该对象的过程框的下拉列表框中看到，如图 1.12 右侧所示的是窗体对象所能识别的事件。

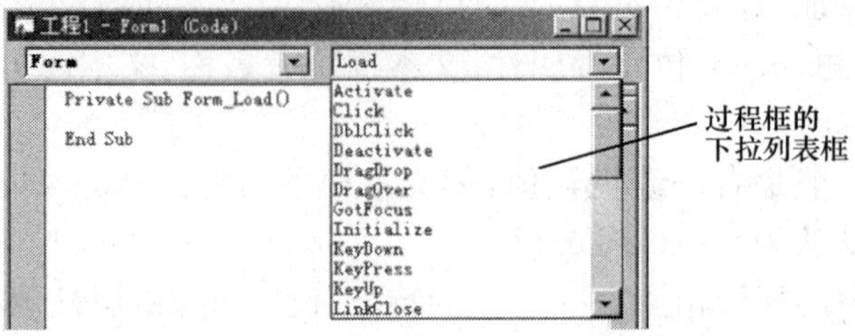

图 1.12　窗体对象所能识别的事件

2. 事件过程

当事件被用户触发(如单击时触发 Click 事件)或被系统触发(如加载窗体时触发 Load 事件)时，对象就会对该事件做出响应，响应某个事件后所执行的程序代码就是事件过程(Event Procedure)。换言之，事件过程是用来完成事件发生时所要执行的操作。

事件过程的一般格式如下：

```
Private Sub 对象名_事件名()
    处理事件的程序代码
End Sub
```

例如，用户在窗体上设置一个文本框 Text1 和一个命令按钮 Command1，并编写命令按钮的单击(Click)事件过程为：

```
Private Sub Command1_Click()
    Text1.FontName = "黑体"              'FontName 是字体的属性
    Text1.ForeColor = vbBlue             'ForeColor 是前景颜色的属性
    Text1.Text = "VB 程序设计"
End Sub
```

该事件过程有 3 条语句。运行程序时，当用户单击命令按钮 Command1 控件时，将触发单击(Click)事件，从而执行该事件过程，在文本框中显示“VB 程序设计”，其字体为黑体，颜色为蓝色。

事件过程命名格式为：对象名_事件名。例如，命令按钮 Command1 的 Click 事件过程名为 Command1_Click。但有一个例外，就是不管窗体采用什么名称，在窗体事件过程名中只能使用 Form，如 Form_Click，而不是 Form1_Click。

说明：(1) 事件是对象能响应的一个动作，该动作触发后能完成什么功能，由用户编制的“事件过程”决定。VB 程序设计主要是编写相关的事件过程。

(2) 通常 VB 对象可以识别一个以上的事件，每个事件都可以通过一个对应的事件过程进行响应。在设计程序时，并不需要编写所有事件的事件过程，而只需要编写需要的事件过程。

3. 事件驱动

VB 应用程序运行时，通常先加载和显示一个窗体，之后等待下一个事件（一般由用户操作来触发）的发生。当某一事件发生时，程序将执行此事件的事件过程。当完成一个事件过程后，程序又会进入等待状态，直到下一个事件发生为止。如此周而复始地执行，直到程序结束。

由此可见，程序的执行完全是靠"事件"驱动的，也就是说，"事件"是程序执行的原因和动力。VB 采用事件驱动的运行机制，程序的执行顺序不是按预先设计好的固定程序流程进行，而是通过响应不同的事件执行不同的事件过程程序代码段。响应的事件顺序不同，执行的程序代码段的顺序也不同，即事件发生的顺序决定了整个程序的执行流程。

1.4　VB 集成开发环境

VB 的集成开发环境界面如图 1.2 所示。它集 VB 程序的设计、编辑、编译和调试于一体，集中提供程序开发所需要的各种工具、窗口和方法。在这个开发环境中，除了主窗口外，还提供一些专用工具和窗口，如工具箱、窗体设计器、属性窗口、工程资源管理器、代码窗口、窗体布局窗口等。

1.4.1　主窗口

主窗口位于集成环境的顶部，由标题栏、菜单栏和工具栏组成。

1. 标题栏

标题栏主要用于显示应用程序的名称及其工作状态。新建 VB 工程时默认的文件名为工程 1，标题栏中显示的信息为

　　工程 1－Microsoft Visual Basic [设计]

方括号中的"设计"表明当前的工作状态是"设计阶段"。随着工作状态的不同，方括号内的信息也随之改变，可能会是"运行"或"Break"，分别代表"运行阶段"或"中断阶段"。这 3 个阶段也分别称为"设计模式"、"运行模式"和"中断模式"。

2. 菜单栏

菜单栏提供了用于开发、调试和保存应用程序所需的所有命令。

3. 工具栏

VB 提供了编辑、标准、窗体编辑器和调试 4 种工具栏。一般情况下，集成环境中只显示"标准"工具栏。

1.4.2　工具箱和控件

窗体和控件都是 VB 对象，在设计用户界面时，需要在窗体上建立各种所需的控件，控件

是构成用户界面的基本元素。VB 的控件分为以下三类:

(1) 标准控件(也称内部控件)。例如文本框、命令按钮、列表框等,这些控件由 VB 系统提供。启动 VB 后,标准控件出现在工具箱中,既不能添加,也不能删除。

(2) ActiveX 控件。ActiveX 控件实际上是一段可重复使用的程序代码和数据。它是由 ActiveX 技术创建的一种控件。ActiveX 控件可以是系统自带的,也可以是第三方厂商提供的,还可以是用户自己开发的。目前有不少现成的 ActiveX 控件,如通用对话框(CommonDialog)、工具栏(ToolBar),状态栏(StatusBar)等。

ActiveX 控件不在 VB 工具箱中,而是以单独的文件存在,文件扩展名为 .ocx。把 ActiveX 控件添加到工具箱后,这些控件就可以跟标准控件一样使用了。

(3) 可插入对象。用户可将 Excel 工作表、PowerPoint 幻灯片等作为一个对象添加到工具箱中,编程时可把它们当作控件(与标准控件一样)使用。

启动 VB 后,工具箱中提供了一个指针和 20 个标准控件,如图 1.2 所示。表 1.1 列出了这些标准控件及其功能。

在设计状态下,工具箱窗口总是出现的。若要不显示工具箱窗口,可以将其关闭;若要显示,则可选择"视图"菜单中的"工具箱"或单击"标准"工具栏上的"工具箱"按钮。在运行状态下,工具箱窗口自动隐去。

表 1.1 VB 工具箱中的标准控件及其功能

名　称	类　名	功　能
指针	Pointer	用鼠标去操作控件,如选定、移动、复制、改变大小等
图片框	PictureBox	用于装载图片
标签	Label	显示文本
文本框	TextBox	输入信息或显示信息
框架	Frame	将控件分成可标识的控件组
命令按钮	CommandButton	用于接收事件,单击它可调用 Click 事件过程
复选框	CheckBox	用于选择一个或多个选项
单选按钮	OptionButton	用于选择一个选项
组合框	ComboBox	同时具有文本框和列表框的功能
列表框	ListBox	显示项目列表以供用户选中一个或多个项目
水平滚动条	HScrollBar	允许显示内容水平滚动
垂直滚动条	VScrollBar	允许显示内容垂直滚动
计时器	Timer	按指定时间间隔产生定时事件
驱动器列表框	DriveListBox	显示有效的磁盘驱动器并允许选择
文件夹列表框	DirListBox	显示文件夹和路径并允许选择
文件列表框	FileListBox	显示文件列表并允许选择
形状	Shape	向窗体、框架或图片框添加矩形、正方形、椭圆等
线型	Line	添加线段
图像	Image	显示有关图形文件
数据控件	Data	能够与现有数据库连接
OLE 容器	OLE	把其他应用程序的对象添加到 VB 中

使用工具箱中的控件与使用 Office“绘图”工具栏上的“自选图形”工具相似，以下简要介绍控件的一些操作方法。

1. 在窗体上添加一个控件

常用以下两种方法：

(1) 单击工具箱中的控件按钮，然后在窗体上拖动鼠标，可创建控件。

(2) 双击工具箱中的控件按钮，即可在窗体中央创建一个尺寸为默认值的控件。

2. 控件的命名

每个控件都有自己的名字，有了它才能在程序代码中引用该控件。创建控件时系统会为该控件赋予一个默认的名字，如窗体的默认名为 Form1、Form2 等，文本框的默认名为 Text1、Text2 等。用户也可在属性窗口中通过设置 Name(名称)属性来给控件重新命名，名字必须以字母或汉字开头，一般由字母、汉字、数字串组成，长度不超过 255 个字符。

3. 控件的缩放、移动、复制和删除

在设计阶段，当选定窗体上的控件后，控件的边框上会出现 8 个控点，如图 1.13 所示，这表明该控件处于“活动”状态，或称为“当前控件”。

(1) 缩放：选定控件后，把鼠标指针指向某一控点，当出现双向箭头时，拖动鼠标可以改变控件的大小。

(2) 移动：选定控件后，把鼠标指针指向控件的内部，再拖动鼠标，即可移动控件的位置。

(3) 复制：选定控件后，单击工具栏上的“复制”按钮，再单击“粘贴”按钮，系统会弹出一个“是否创建控件数组”对话框(控件数组的概念见 6.5 节)，单击“否”，即可在窗体上得到该控件的复制品。复制品的所有属性与原控件相同，只是名称属性(Name)的序号比原控件大。

(4) 删除：选定控件后，按 Delete 键或选择“编辑”菜单中的“删除”命令。

4. 选定多个控件

要调整多个控件，需要先同时选定这多个控件，常用方法有以下两种：

(1) 在窗体的空白区域中用鼠标左键拖动拉出一个矩形框。

(2) 在按 Shift 键的同时，用鼠标单击所要选定的控件，如图 1.14 所示。

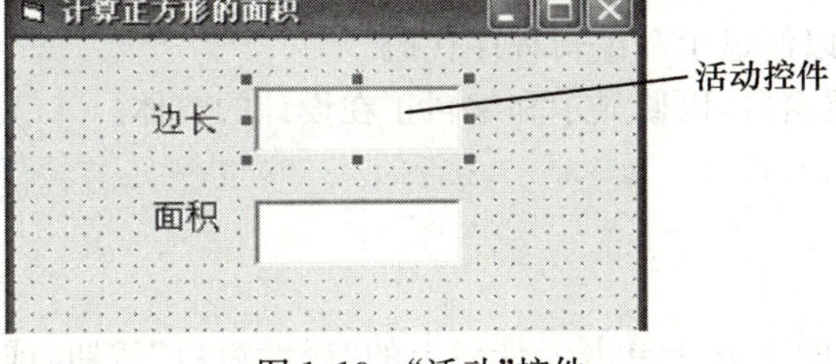

图 1.13　“活动”控件

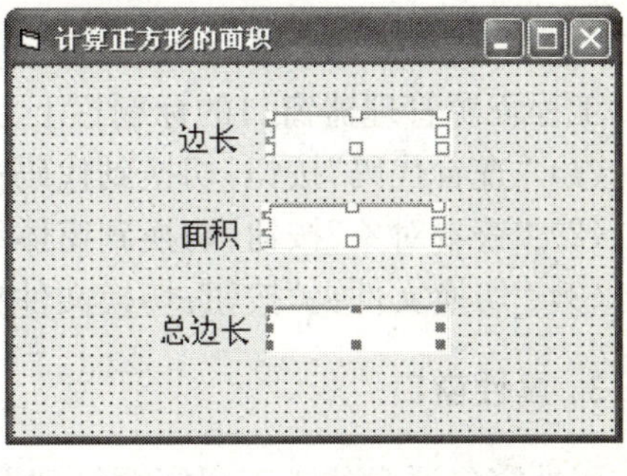

图 1.14　选定多个控件

5. 控件的布局

当窗体上存在多个控件时,往往需要对这些控件进行排列、对齐、改变大小等格式化操作。要设置窗体上多个控件的布局,先要选定这些控件,然后选择“格式”菜单中的相应选项,再从其子菜单中选择命令即可。

1.4.3 其他窗口

1. 窗体设计器窗口

窗体设计器窗口又称为“窗体窗口”或“对象窗口”,主要用来设计应用程序的用户界面,如设计窗体的外观,在窗体上添加控件、图形,移动控件,改变控件大小等。一个应用程序可以拥有多个窗体,每个窗体都必须有一个唯一的标识名称,VB 在默认情况下分别以 Form1,Form2,…命名窗体。

窗体工作区中布满了供对齐用的小点,如果想清除这些小点或者想改变点与点之间的距离(即改变定位网格线的间距),可选择“工具”菜单中的“选项”命令,然后在“选项”对话框的“通用”选项卡中进行调整。

说明:在“选项”对话框中还可以设置 VB 开发环境中的各种属性及各种窗口的格式,如所用的字体、字号、颜色等。

2. 工程资源管理器窗口

工程资源管理器窗口如图 1.15 所示,它以层次结构方式列出了当前工程(或工程组)中的所有文件,并对工程进行管理。在窗口内,双击某个文件图标,即可打开相应的文件。

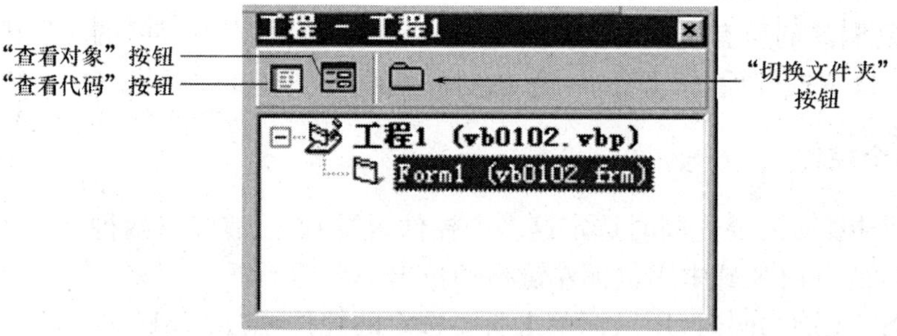

图 1.15　工程资源管理器窗口

工程资源管理器窗口的标题栏下方有 3 个工具按钮,分别是:

(1) “查看代码”按钮:切换到代码窗口,以便显示和编辑程序代码。

(2) “查看对象”按钮:切换到窗体编辑器窗口,以便显示和编辑正在设计的窗体。

(3) “切换文件夹”按钮:切换文件夹显示方式。

3. 属性窗口

属性窗口通常位于工程资源管理器窗口的下方。单击工具栏上的“属性窗口”按钮,或按

F4 键，或选择“视图”菜单中的“属性窗口”命令，均可打开属性窗口，如图 1.16 所示。

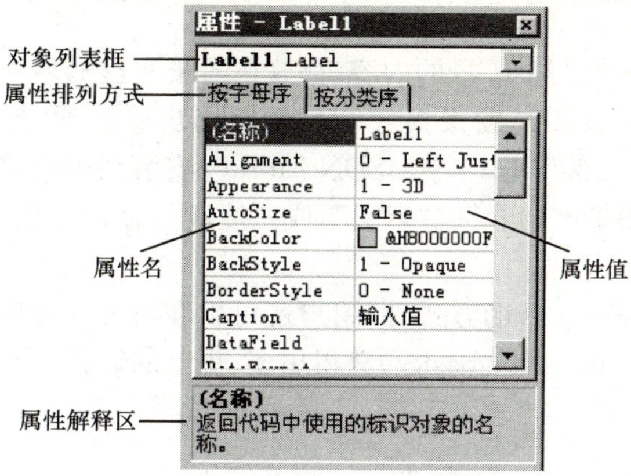

图 1.16　属性窗口

属性窗口用于列出所选定窗体或控件的属性设置值，并允许用户设置或修改。这些属性值将作为程序运行时各对象属性的初始值。

属性窗口由 4 部分组成：对象列表框、属性排序方式、属性列表框和属性解释区。

(1) 对象列表框：处于标题的下方，用于列出当前所选定对象的名称及所属的类。单击其下拉按钮，可列出当前窗体包括的全部对象的名称，用户可从中选择要更改其属性值的对象。

(2) 属性排序方式：可以通过“按字母序”和“按分类序”选项卡分别显示所选对象的属性。

(3) 属性列表框：列出当前选定的窗体或控件的属性设置值。左边显示所选对象的属性名称，右边列出对应的属性值。可选定某一属性(或双击属性名)，然后对该属性值进行设置或修改。有的属性具有预定值，如右侧显示“三点”式按钮（“...”）或“下拉箭头”式按钮，都有预定值供选择。

4. 代码窗口

代码窗口是专门用来编辑程序代码的窗口。各种事件过程和通用过程的代码编写和修改都在此窗口进行。代码窗口如图 1.3 所示。

打开代码窗口的常用方法：用鼠标双击一个控件或窗体，或选择“视图”菜单中的“代码窗口”命令，或从工程资源管理器窗口中单击“查看代码”按钮。

5. 窗体布局窗口

窗体布局窗口位于屏幕的右下角(如图 1.2 所示)，在该窗口中有一个表示窗体的小图标，用来显示窗体在屏幕中的位置。可以用鼠标拖动其中的窗体小图标来调整窗体的位置。

1.4.4　使用帮助系统

VB 提供了功能强大而全面的联机帮助系统 MSDN(Microsoft Developer Network)。通

过 MSDN 用户可以随时方便地得到各种帮助信息,以解决用户在开发过程中遇到的各种各样的问题。

MSDN Library 中包含了约 1GB 的内容,存放在两张光盘上。其内容包括上百个示例代码、文档、技术文章、Microsoft 开发人员知识库等。用户可以通过运行第一张盘上的 Setup. exe 程序,选择“用户安装”选项将 MSDN Library 安装到用户的计算机上。

通过“帮助”菜单中的“内容”、“索引”或“搜索”命令可以打开 MSDN Library 并进行查询。

除了使用 MSDN Library 帮助方式外,用户还可以联机方式访问 Internet 上的相关网站(如 http://www. microsoft. com/vbasic/)获得更多、更新的信息。

1.5　工程管理

在开发应用程序时,VB 创建一系列文件来保存应用程序的各种相关信息,并使用工程来管理应用程序中的所有文件。

1.5.1　工程中的文件

VB 应用程序主要包括以下几类文件。

(1) 工程文件(. vbp)和工程组文件(. vbg)

每个工程对应一个工程文件,该文件保存着工程所需的所有文件和对象清单。当一个应用程序包含两个以上工程时,这些工程就构成一个工程组。

说明:工程是 VB 应用程序的基本单位。一般情况下,开发一个应用程序使用一个工程就可以了,但在开发复杂应用程序时就需要使用工程组,即一个应用程序由一个工程组内的数个工程构成。

为便于学习,本书介绍的应用程序都只有一个工程。一个工程中可以建立一到多个窗体,本书前几章主要介绍一个工程中包含单个窗体的情况,从第 7 章开始才引入多窗体的概念。

(2) 窗体文件(. frm)

每个窗体对应一个窗体文件。窗体文件存放窗体及其控件的属性、过程代码等。

(3) 标准模块文件(. bas)

该文件用来保存用户自定义的通用过程和全局变量等,是一个纯代码性质的文件,它不属于任何一个窗体。

(4) 类模块文件(. cls)

VB 提供了大量预定义的类,同时允许用户根据需要定义自己的类。用户可以通过类模块来创建对象。每个类都用一个文件来保存。

(5) 资源文件(. res)

资源文件中可以存放多种资源,如文本、图片、声音等。

此外,VB 文件中还包括窗体二进制数据文件(. frx)、ActiveX 控件文件(. ocx)、用户文档文件(. dob)等。

1.5.2　创建、打开和保存工程

1. 创建新的工程

要创建新的工程，常用以下两种方法：

(1) 启动 VB 后，在“新建工程”对话框中选择“标准 EXE”选项。

(2) 在 VB 主窗口中选择“文件”菜单中的“新建工程”命令。

采用方法(2)时，系统将自动关闭当前工程，并提示用户保存修改过的文件，然后创建一个新工程。

2. 打开工程

要打开一个现有工程，一般有以下 3 种方法：

(1) 选择“文件”菜单中的“打开工程”命令。

(2) 单击工具栏上的“打开工程”按钮。

(3) 在 Windows 文件夹窗口中双击一个现有工程的图标。

3. 保存工程

设计好的应用程序需要保存工程，即以文件的方式保存到磁盘上。一般是先保存工程，然后再调试程序，这样可以避免由于意外错误造成程序的丢失。当然，也可先对程序进行调试和运行，调试成功后再保存工程。

选择“文件”菜单中的“保存工程”(或“工程另存为”)命令，或单击工具栏上的“保存工程”按钮，可以保存当前工程。当第一次保存工程时，系统弹出“另存为”对话框，提示先保存窗体文件，默认文件名为 Form1. frm，系统默认文件夹为 VB98。

要注意，一个工程中往往包含多个不同类型的文件，这些文件是需要分别保存的。应先分别保存窗体文件、标准模块文件等之后，再保存工程文件。在保存工程时，最好将同一工程所有类型的文件都存放在同一文件夹中，以便日后修改和管理。

如果想保存磁盘上已有而修改过的工程文件，可直接单击工具栏上的“保存工程”按钮。此时系统还会同时保存与工程有关的修改过的窗体文件或标准模块文件等。

保存工程文件后，有的 VB 系统(已安装了“Microsoft Visual SourceSafe”选项配置)还会弹出“Source Code Control”对话框，询问用户是否添加该工程到 SourceSafe 中。如果要添加，以实现多工程之间共享文件，回答“Yes”；对于一般的使用，可回答“No”。

4. 关闭工程

选择“文件”菜单中的“移除工程”命令，可以关闭当前的工程。

1.5.3　添加、删除和保存文件

1. 添加文件

要向工程中添加文件，可按以下步骤进行：

(1) 选择“工程”菜单中的“添加文件”命令,打开“添加文件”对话框。

(2) 在对话框中选定一个现有文件,然后单击“打开”按钮。

2. 删除文件

要从工程中删除某一个文件,可按以下步骤进行:

(1) 在工程资源管理器窗口中选定要删除的文件。

(2) 选择“工程”菜单中的“移除”命令。

此时该文件将从工程中删除,但仍存在磁盘中。再采用 Windows 删除文件的方法,可以永久地删除该文件。

3. 保存文件

如果只保存文件而不保存工程,可采用以下方法:

(1) 在工程资源管理器窗口中选定此文件。

(2) 选择“文件”菜单中的“保存”命令。

1.5.4 程序的运行

VB 提供两种运行程序的方式:一是解释方式,二是编译方式。

(1) 解释方式

选择 “运行” 菜单中的 “启动” 命令, 或单击工具栏上的 “启动” 按钮, 或按 F5 键, 系统以解释方式运行程序。此时,系统读取事件触发的那段事件过程代码,将程序代码逐句转换(翻译)为机器代码,译出一句就立即执行一句,边翻译解释边执行。由于转换后的机器代码不保留,如需再次运行程序,还要重新解释。

前面例 1.1 和例 1.2 采用的都是解释方式。

解释方式执行速度慢,但适于程序的调试,编程人员可以随时发现程序运行中的错误,并及时修改源程序,因此在调试程序和初学阶段,一般都采用这种方式。

(2) 编译方式

选择 “文件” 菜单中的 “生成.... exe” 命令, 系统将读取 VB 程序中全部代码,将其转换(编译)为机器代码,并保存在扩展名为 .exe 的可执行文件(又称 Windows 应用程序)中。以后可以脱离 VB 环境,直接在 Windows 环境下运行该程序。

作为例子,按照上述操作步骤,把例 1.2 的应用程序编译处理,生成一个可执行文件(假设文件名为 vb0102.exe),然后进入 Windows 环境,直接运行该程序文件。

习 题 1

一、单选题

1. VB 采用______的编程机制。

   A. 可视化　　B. 面向对象

   C. 面向图形　　D. 事件驱动

2. VB 可视化编程有 3 个基本设计步骤,依次是______。

A. 设计界面，建立窗体，建立对象
B. 创建工程，设计界面，保存工程
C. 创建工程，设计对象，编写代码
D. 设计界面，设置属性，编写代码

3. 打开 VB 集成环境后，显示的工具栏是______。
A. “编辑”工具栏　　B. “标准”工具栏
C. “调试”工具栏　　D. “窗体”工具栏

4. 在 VB 中，编写程序代码应在______中进行。
A. 对象窗口　B. 属性窗口　C. 代码窗口　D. 窗体布局窗口

5. 在设计阶段，用鼠标双击窗体上的某个控件，打开的窗口是______。
A. 工程资源管理器窗口　　B. 属性窗口
C. 代码窗口　　D. 窗体布局窗口

6. 在设计阶段，从窗体窗口切换到代码窗口，不可以采用______的方法。
A. 单击窗体
B. 双击窗体
C. 单击工程资源管理器窗口中的“查看代码”按钮
D. 单击代码窗口中任何可见部位

7. 假设窗体上已有一个控件是活动的，为了在属性窗口中设置窗体的属性，预先要执行的操作是______。
A. 单击窗体上没有控件的地方　　B. 单击任一个控件
C. 双击任一个控件　　D. 双击窗体上没有控件的地方

8. 在代码窗口中，当从对象框中选定了某一对象后，在______中会列出适用该对象的事件。
A. 过程框　　B. 属性窗口
C. 工具箱　　D. 工具栏

9. 在设计阶段，要选定窗体上多个控件，可以在按住______键的同时单击各个控件。
A. Shift　B. Tab　C. Alt　D. Enter

10. 编制一个简单的 VB 程序，该程序只有一个窗体，则该工程有______个文件需要保存。
A. 1　B. 2　C. 3　D. 4

11. 设窗体 VBform 上有 1 个命令按钮 Cmd1，下面叙述中正确的是______。
A. 窗体的 Click 事件过程的过程名是 VBform_Click
B. 窗体的 Click 事件过程的过程名是 Form1_Click
C. 命令按钮的 Click 事件过程的过程名是 Cmd1_Click
D. 命令按钮的 Click 事件过程的过程名是 Command1_Click

12. 要在命令按钮 Cmd1 上显示“统计”，可用 ______语句。
A. Cmd1. Value="统计"　　B. Cmd1. Caption="统计"
C. Cmd1. Name="统计"　　D. Command1. Caption="统计"

13. 下列叙述中,正确的是______。

A. 一个窗体上至少必须有一个控件

B. 对于一个窗体,其窗体名和窗体文件名必须相同

C. 同一个事件的名称在不同的程序中可以不同

D. 每个对象都有一系列预先设置好的事件,但要使对象响应事件时执行某种操作,需要编写该对象相应的事件过程

二、填空题

1. 对象的三要素是______、______和______。

2. VB 提供两种运行程序的方式,一种是______方式,另一种是______方式。

3. VB 的 3 种工作状态(或称工作模式)是______、______和______。

4. 如果要在单击命令按钮 Command2 时执行一段代码,则应将这段代码写在______事件过程中。

5. 在设计阶段,双击工具箱中的控件按钮,即可在窗体的______位置上放置控件。

6. 新建工程时,将其窗体的 Name 属性设置为 MyForm,则默认的窗体文件名为______。

7. 假设在窗体 Form1 上有一个命令按钮 Cmd1 和一个文本框 Txt1,当单击该命令按钮时,在文本框上显示"VB 语言程序设计"。请完成下列事件过程。

```
Private Sub ___(1)___
    ___(2)___
End Sub
```

编程及上机调试

按照下列各题的要求进行操作和编程练习。各题的程序文件名为 ex0101(第 1 题)~ex0104(第 4 题),如第 1 题需要保存的两个文件为 ex0101. vbp 和 ex0101. frm,存放在用户文件夹下的"第 1 章"子文件夹中。

说明:① 通常,实验室管理员会在网络服务器上为每个同学分配一个专用的文件夹(以下称为"用户文件夹"),以供保存文件。每位同学按练习题要求完成的文件分别存储在用户文件夹下的各章子文件夹中(各章子文件夹由同学自行创建)。对于使用单机的用户,可以把文件保存在"我的文档"文件夹中。② 读者在练习各章例题时,可采用例题号作为文件名保存例题程序,如例 1. 1 程序以"例 1. 1"为文件名保存。

1. 窗体上有一个命令按钮 Command1 和一个标签 Label1,并有如下事件过程:

```
Private Sub Label1_Click()
    Caption = "练习"
    Command1.Caption = "确定"
    Label1.FontBold = True
    Label1.AutoSize = True
    Label1.Caption = "Visual Basic 程序设计教程"
End Sub
```

上机验证并回答下列问题:

(1) 该事件过程的对象是______,通过______可以触发该事件过程。

(2) 程序运行后,文字“练习”是显示在______的标题栏上。

(3) ______语句使标签的大小自动随文字的多少而改变。

2. 按照以下步骤设计一个 VB 程序,程序设计界面如图 1.17 所示。单击“是”按钮,文本框中显示“我有电脑”;单击“否”按钮,文本框中显示“我没有电脑”;单击“清除”按钮,将消除文本框中显示的内容。

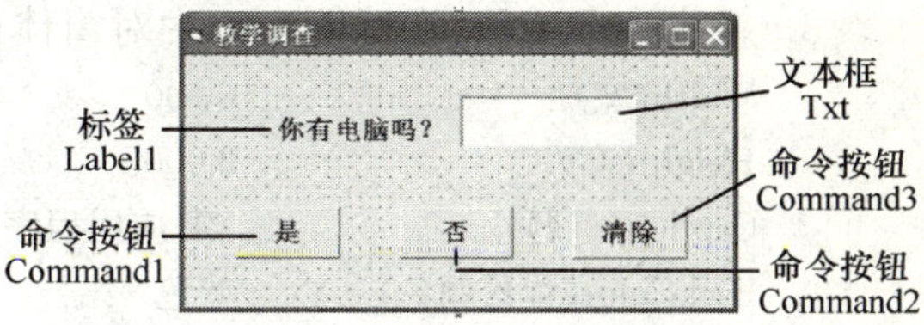

图 1.17　第 2 题的设计界面

设计步骤如下:

(1) 在 VB 中新建一个工程。

(2) 设置窗体的属性值。需设置的属性及属性值如下:

属性名称	属性值
Caption	教学调查

(3) 在窗体中添加一个标签(Label)。需设置的属性及属性值如下:

属性名称	属性值
Caption	你有电脑吗?
Font	宋体,三号

(4) 在窗体中添加一个文本框(TextBox)。需设置的属性及属性值如下:

属性名称	属性值
名称	Txt
Font	宋体,三号

(5) 在窗体中分别添加 3 个命令按钮(CommandButton)。需设置的属性及属性值如下:

属性名称	属性值
名称	分别为 Command1、Command2 和 Command3
Caption	分别为“是”、“否”和“清除”
Font	宋体,三号

【提示】当多个控件的 Font 属性相同时,可先同时选定这多个控件,再一起设置。

(6) 编写程序代码。几个事件过程代码如下:

```
Private Sub Command1_Click()
    Txt.Text="我有电脑"
End Sub
Private Sub Command2_Click()
    Txt.Text="我没有电脑"
End Sub
Private Sub Command3_Click()
    Txt.Text=""                    '一对双撇号,中间不留空
End Sub
```

(7) 分别以 ex0102.frm 和 ex0102.vbp 为文件名保存窗体及工程,保存位置为用户文件夹下的“第 1 章”子文件夹中。

(8) 运行程序。单击“是”按钮时,程序的运行效果如图 1.18所示。

【提示】一般是先保存工程,然后再调试和运行程序,这样可以避免由于意外错误造成程序的丢失。也可先对程序进行调试和运行,调试成功后再保存工程。

3. 新建一个工程,在属性窗口中对窗体设置如下属性:

Width(宽)	6 000
Height(高)	2 000
Caption(标题)	VB 应用程序
BackColor(背景颜色)	蓝色
Left(左边位置)	1 800
Top(顶边位置)	300

在设置过程中,观察窗体外观有什么变化。运行后观察窗体外观又有什么变化。

4. 设计一个程序,运行界面如图 1.19 所示,在左边文本框中输入一个数,当单击“计算”命令按钮时,将输入数乘以 15 后显示在右边文本框中。

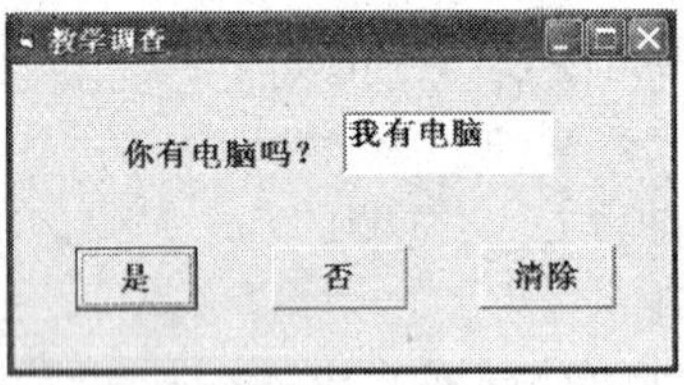

图 1.18 第 2 题的运行界面

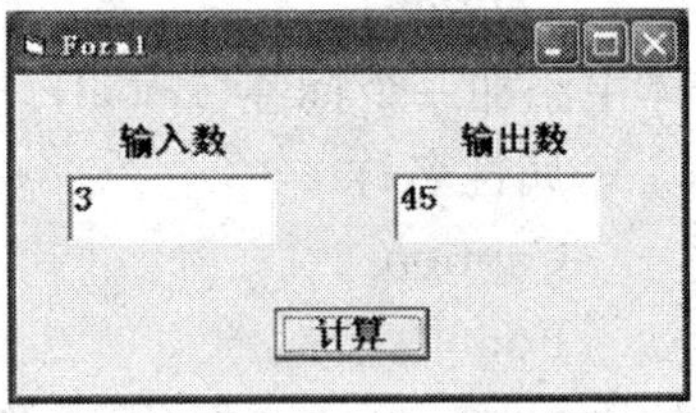

图 1.19 第 4 题的运行界面

第2章

程序设计基础

本章导读

- 数据类型
- 常量与变量
- 表达式
- 常用内部函数
- 程序代码编写规则

作为一门程序设计语言,其中两个重要的方面便是数据及程序控制。数据是程序的必要组成部分,也是程序处理的对象;而程序控制则是对程序运行流程的控制。本章主要介绍程序中的数据及运算,包括数据类型、常量、变量、表达式和函数等。

2.1 数据类型

在使用 VB 程序处理问题时,会遇到各种不同类型的数据。例如,一个人的姓名是由一串字符组成的,成绩、年龄和工资数都是数值,而是否大学毕业则是一个逻辑值,等等。为此,VB 定义了多种数据类型(见表 2.1)。

表 2.1　VB 的基本数据类型

数　据	关 键 字	占用字节数	类 型 符	范　围
整型	Integer	2	%	−32768～32767
长整型	Long	4	&	−2147483648～2147483647
单精度型	Single	4	!	±1.4E−45～±3.40E38
双精度型	Double	8	#	±4.94D−324～±1.79D308
货币型	Currency	8	@	
字节型	Byte	1		0～255
字符型	String	字符串长度	$	
布尔型	Boolean	2		True 或 False
日期型	Date	8		1/1/100～12/31/9999
对象型	Object	4		任何对象引用
变体型	Variant	按需分配		

VB 提供的数据类型主要有数值型、字符型、布尔型、日期型、变体型和对象型。数值型数据分为整数、浮点数、字节型数和货币型数。其中整数又分为整型数和长整型数,浮点数(也称实型数或实数)分为单精度型数和双精度型数。

不同类型的数据,所占的存储空间不一样,因此选择使用合适的数据类型,可以节省存储空间和提高运行速度。

1. 数值型数据

(1) 整型(Integer)和长整型(Long)。整型(Integer)和长整型(Long)用于保存整数,整数运算速度快、精确,但表示数的范围小。

整型数在计算机中用 2 字节存储,可表示的数值范围为−32768～32767,当使用的数大于 32767 或小于−32768 时,如 33000、−32800 等,程序运行时就会产生“溢出”错误而中断。这时,应采用长整型 Long 甚至采用单精度或双精度型。

长整型数在计算机中用 4 字节存储,可表示的数值范围为−2147483648～2147483647。长整型数可用来表示比较大的整数。

(2) 字节型(Byte)。字节型数可以表示无符号的整数,范围为 0～255,主要用于存储二进制数。

(3) 单精度型(Single)和双精度型(Double)。单精度型数和双精度型数是带小数部分的数,表示的数的范围大,但运算时可能有误差,且运算速度慢。

单精度数最多可以表示 7 位有效数字,小数点可位于这些数字的任何位置。单精度数可用小数形式和指数形式来表示。小数形式是数学中常用的形式如 7.8,－0.514 等;指数形式采用 10 的整数次幂表示数,以 E(或 e)表示底数 10,如 6.53E8(6.53×10^{8}),9.273E－14(9.273×10^{-14})等。

双精度数最多可以表示 15 位有效数字,小数点可位于这些数字的任何位置。双精度数也有小数和指数两种表示形式,其指数形式中用 D(或 d)表示底数 10,如 7.14D23(7.14×10^{23}),－3.736014D－13 (-3.736014×10^{-13})等。

说明:E(或 e)和 D(或 d)可以作为数的指数符号,它只能出现在数的中间,否则是无效的,如 E,E－5,9DX 等都是错误的。E 和 D 后面的指数必须是整数。

(4) 货币型(Currency)。货币型数是一种专门为处理货币而设计的数据类型。它用于表示定点数,精确到小数点后 4 位,小数点前最多可有 15 位。

2. 字符型(String)数据

字符型数据(或称字符串)是指用双撇号括起来的一串字符。例如,"Canton","1＋2＝?","Good ␣ Morning"(␣表示空格),"程序设计方法"等都是字符串数据。其中,“”称为起、止界限符。

字符串中包含的字符个数称为字符串长度。空字符串不含任何字符(即长度为 0),用一对双撇号""表示。在 VB 中,通常把一个汉字作为一个字符来处理,长度为 1。

说明:VB 采用 UniCode(统一编码)字符编码方式。UniCode 是全部用 2 字节表示一个字符的字符集。在这种编码机制下,一个英文字母或一个汉字都看作是一个字符(长度为 1),所占用的存储空间均为 2 字节。

字符串分为变长字符串和定长字符串。变长字符串的长度不固定,随着对字符串变量赋予新的字符串,它的长度可增可减。按照默认规定,一个字符串如果没有定义为固定长度,都属于可变长字符串。变长字符串最多可包含 2G(2^{31})个字符。

定长字符串的长度保持不变。例如,下列语句声明一个长度为 8 个字符的定长字符串变量stno和一个变长字符串变量 staddr:

```
Dim stno As String * 8          '声明定长变量 stno
Dim staddr As String            '声明变长字符串变量 staddr
stno="BeiJing"
```

如果赋予变量 stno 的字符少于 8 个,则用空格填满不足部分;如果赋予字符串的字符超过 8 个,则截去超出部分的字符。定长字符串最多可包含 65 535 个字符。

3. 布尔型(Boolean)数据

布尔型又称逻辑型,其数据只有 True(真)和 False(假)两个逻辑值。常用于表示逻辑判断的结果。

当把数值型数据转换为逻辑值时,0 会转换为 False,其他非 0 值转换为 True。把逻辑值转换为数值时,False 转换为 0,True 转换为-1。

4. 日期型(Date)数据

日期型数据用来表示日期和时间。它采用两个"#"符号把日期和时间的值括起来,就像字符型数据用双撇号括起来一样,如 #08/20/2001#,#2001-08-20#,#08/20/2001 2:55:10 AM#。

5. 变体型(Variant)数据

变体型数据是一种可变的数据类型,可以存放任何类型的数据。当指定变量为Variant变量时,不必在数据类型之间转换,VB 会自动完成必要的转换。在程序中不特别说明时,VB 会自动将该变量默认为 Variant 型变量。例如:

```
Temp="99"                 '赋值一个字符串
Temp=Temp-2               '转换为数值型运算
Temp=#01/01/2002#         '赋值一个日期
```

上述 Temp 的类型随赋值类型不同而不同,其转换处理是由 VB 自动完成的。

6. 对象型(Object)数据

对象型数据可用来表示程序中的对象。使用时先用 Set 语句给对象赋值,其后才能引用对象。

2.2 常量与变量

在程序中,不同类型的数据既能以常量的形式出现,也能以变量的形式出现。常量(也称常数)的值在程序运行期间不发生变化,而变量的值是可变的。

2.2.1 常量

VB 中有两种形式的常量:直接常量和符号常量。

1. 直接常量

直接常量是在程序代码中直接给出的数据。例如:

数值常量:321,-463,-85.32,12E-7

字符串常量:"Visual Basic","13.57","02/01/1998"

逻辑值常量:True,False

日期常量:#09/11/2000#,#Jan 1,2001#

说明:(1) 数值常量可以是直接给出的数(如 123,45.5 等),也可以是采用指数形式的数(如 1.3E+4,.6D-2 等)。在 VB 中还允许使用八进制数和十六进制数,以 &O 开头的数为八进制数,以 &H 开头的数为十六进制数,例如 &O12,&H4E,&H3F2D。

(2) VB 在判断数值常量类型时有时存在多义性,例如,数值 5.4 可能是单精度类型,也可能是双精度类型或货币类型。在默认情况下，VB 将选择需要内存容量最小的数据类型，故数值 5.4 将被作为单精度数处理。为了指明常量的类型，可以在常量后面加上类型符，如 3.6#（表示双精度数），84.13@（表示货币型数据）等。

(3) 字符串常量用来表示文字信息，如姓名、地址、编号等，其内容必须用英文双撇号（作为起止界限符）括起来，如"北京市"、"Visual Basic 程序设计"等。

要注意的是，VB 系统是通过双撇号来识别字符串常量的，因此双撇号是一个不可缺少的关键符号。例如，将字符串常量"计算机世界"赋值给变量 s，应写成 s="计算机世界"，而不能写成 s=计算机世界或 s="计算机世界"（不能用中文引号替代双撇号）。

2. 符号常量

在程序中往往多次用到某些常量（如圆周率 $\pi=3.14159\cdots$），为避免重复书写该常量，VB 提供了符号常量。也就是说，用一个符号来代替一个常量（如 PI 来代替 3.14159）。这样可以增加程序的可读性和可维护性。

符号常量分为两大类，一类是系统内部定义的符号常量，这类常量用户随时可以使用，例如系统定义的颜色常量 vbBlack（代表黑色，见附录 B），vbRed（代表红色）等。

另一类符号常量是用户用 Const 语句定义的，这类常量必须先声明后才能使用。Const 语句的语法格式如下：

    [Public|Private]Const 常量名[As 数据类型]=表达式

功能：将表达式表示的数据值赋给指定的符号常量。

其中：

(1) Public 用于在标准模块中声明符号常量，这些常量可在整个应用程序中使用。

(2) Private 声明所定义的符号常量只能在该过程范围内使用。若省略 Public 和 Private，则默认为 Private。

(3) 常量名的命名规则与变量名相同。为了便于辨认，习惯上，符号常量名采用大写字母表示。

示例：

```
Const PI=3.14159                 '定义单精度常量 PI,不指定数据类型时,默认为单精度
Const MAX As Integer=100         '定义常量 MAX,整型数
s=2*PI*5                         '引用符号常量 PI
```

注意：符号常量有点像变量，但不能像修改变量的值那样来修改符号常量，也不能对符号常量赋以新值。

2.2.2 变量

程序中每一个变量都对应着计算机的一个内存单元（若干字节），它可以存储一个数据。每个变量都有名字和数据类型。通过变量名来引用一个变量，数据类型则决定了该变量的存储方式。

1. 变量的命名规则

每个变量都有名字，给变量命名时应遵守以下规则：

(1) 变量名必须以字母或汉字开头。

(2) 只能由字母、汉字、数字和下划线组成，不能含有小数点、空格等字符。

(3) 字符个数不得超过 255 个。

(4) 不能使用 VB 的关键字(也称保留字，如语句名、函数名等)作为变量名，因为关键字是 VB 使用的词，具有特定的意义。例如，Print，Sub，End 等都是 VB 的关键字，不能作为变量名，但 Print_1，Sub1 等可以作为变量名。

(5) VB 不区分变量名中字母的大小写，如 Hello，HELLO，hello 指的是同一个名字。

为变量命名时，最好使用有实际意义、容易记忆的变量名，例如用 average 代表平均数，用 sum 代表总和。在本书的一些实例中，为简单起见，仍用单字母的变量名(如 a，b，c 等)。

2. 变量的声明

变量的声明就是向程序说明要使用的变量，以便系统为其分配内存单元。

用 Dim 语句可以声明变量，其语法格式如下：

Dim 变量名[As 数据类型][，变量名[As 数据类型]…]

根据数据类型不同，变量所占用的存储空间也有所不同。例如：

```
Dim total As Integer        '把 total 定义为整型变量(2 字节)，等价于 Dim total%
Dim myname As String * 4    '把 myname 定义为定长(长度 4 字节)字符串变量
Dim nam As String           '把 nam 定义为变长字符串变量，等价于 Dim nam$
Dim addr                    '默认为变体型变量
```

在用 Dim 语句声明一个变量后，VB 系统会自动为该变量赋初值。若变量是数值类型，则初值为 0；若变量为变长字符类型，则初值为空字符串。未定义数据类型的变量，默认为Variant。

除了用 Dim 语句声明变量外，还可以用 Public，Private 或 Static 语句来声明变量，但作用有些差异，详见 7.4 节。

在使用变量之前，采用 Dim，Public，Private 或 Static 语句来预先声明变量，称为显式声明变量。

3. 隐式声明

在 VB 中，允许对使用的变量未进行上述的声明而直接使用，称为隐式声明。此时默认的变量类型为变体类型(Variant)。例如，下列语句：

```
Dim a As Double     '显式声明双精度变量 a
a=23.1234           'a 占 8 字节，有效数字最多可达 15 个
b=1.2               'b 没有被显式声明，默认类型为变体型(由系统自动确定数据类型)
c="AB12"            'c 没有被显式声明，默认类型为变体型(由系统自动确定数据类型)
```

为了使程序具有较好的可读性，并利于程序的调试，一般应对使用的变量进行显式声明。

也可使用 Option Explicit 语句(见 11.5 节)要求所有变量都要显式声明。

4. 变量的两个重要特点

(1)“值可变”:一个变量某个时刻只能存放一个值,当将某个数据存放到一个变量时,就把变量中原有的值“冲”掉,换成新的值。例如,以下两个赋值语句:

```
a=3
a=8
```

当执行第 1 个赋值语句“a=3”时,将 3 存放到变量 a 中,再执行第 2 个赋值语句“a=8”时,就把 a 中原有的值 3“冲”掉,换成新值 8。

因此,同一个变量在不同时刻可以取不同的值。

(2)“取之不尽”:程序中可使用变量进行各种运算。在运算过程中,如果没有改变该变量的值,那么,不管使用变量的值进行多少次运算,其值始终保持不变。例如:

```
x=5
a=3 + x
b=x*x - 4*x
```

变量 x 在后两个语句中被多次使用,但它的值始终保持为 5,因为变量值被读出后,其值没有被改变。

2.3　表达式

运算符是指定某种运算的操作符号。将常量、变量、函数等用运算符连接起来的运算式称为表达式。单个的常量、变量或函数也可看成简单的表达式。VB 中有 5 类表达式:算术表达式、字符串表达式、日期表达式、关系表达式和逻辑表达式。本节介绍前 3 类,后两类表达式将在 4.1 节介绍。

2.3.1　算术表达式

算术表达式也称数值表达式,由算术运算符、数值型常量、变量、函数及括号组成,其运算结果是一个数值。

VB 有 8 种算术运算符,如表 2.2 所示。

表 2.2　算术运算符

运算符	名称	优先级	例子
^	乘方	1	a^b
-	取负	2	-a
*,/	乘、除	3	a*b, a/b
\	整除	4	a\b
Mod	求余的模运算	5	a Mod b
+,-	加、减	6	a+b, a-b

同一表达式中若有两个同优先级的运算符,则运算顺序从左到右。有括号时括号内优先。

(1) /和\的区别: 1/2=0.5,1\2=0,整除号\用于整数除法。在进行整除时,如果参加运算的数含有小数,则将它们四舍五入,使其成为整型数或长整型数,然后再进行运算,其结果截尾成整型数或长整型数。

(2) 模运算符 Mod 用来求余数,其结果为第一个操作数整除第二个操作数所得的余数。求余运算一般用于整数。如果操作数带小数,则首先被四舍五入为整数,然后求余数。运算结果的符号取决于第一个操作数。例如:

```
9 Mod 7                 '结果为 2
16 Mod 25               '结果为 16
25.56 Mod 6.91          '先四舍五入再求余数,结果为 5
```

(3) 在表达式中乘号不能省略,如 a * b 不能写成 ab(或 a · b),(a+b) * (c+d)不能写成(a+b)(c+d)。

(4) 括号不分大、中、小,一律采用圆括号。圆括号可以嵌套使用,即在圆括号的里面再套圆括号,但层次一定要分明,左圆括号和右圆括号要配对。例如,可以把数学式子 $x[x(x+1)+1]$ 写成 VB 表达式 x * (x * (x+1)+1)。

以下是一些算术表达式的例子。

平常写法	VB 算术表达式
$5x^{10}+\frac{x}{6}+\sqrt[3]{x}$	5 * x^10 + x/6 + x^(1/3)
$(-3)^5+\frac{4}{ab}$	(-3)^5 + 4/(a * b)
$8\sin x^3-\sin^2 x$	8 * sin(x^3)-sin(x)^2

【例 2.1】 求算术表达式 2 + 3.2 * 4 Mod 17.52 \ 4.32 / 2 的值。

根据运算符的优先级,该表达式的计算步骤如下:

① 计算乘除,得到 2 + 12.8 Mod 17.52\2.16。

② 计算整除(\),得到 2 + 12.8 Mod 9 (17.52 和 2.16 两数先四舍五入为 18 和 2)。

③ 求余运算(Mod),得到 2 + 4 (12.8 先四舍五入为 13)。

④ 求和运算,得到表达式的最后结果为 6。

2.3.2 字符串表达式

字符串表达式由字符串常量、字符串变量、字符串函数和字符串运算符组成。运算符有两个: & 和+,它们的作用都是将两个字符串连接起来,合并成一个新的字符串。例如:

```
"计算机" & "软件"        结果是:"计算机软件"
"Windows" & 98          结果是:"Windows 98"
"Windows"+98            错误。+号只能用于连接两个字符串
"123" + "45"            结果是:"12345"
```

使用"+"实现字符串的连接时,要求其前后的两个操作数都必须是字符串,而使用"&"实现字符串连接时,没有这样的要求,因为"&"运算符能自动将其前后的操作数都转换成对应的

字符串。

建议使用“&”实现字符串的连接运算，但在输入程序时，变量与运算符“&”之间应加一个空格，如 a ␣ &b 而不能是 a&b。这是因为，符号“&”还是长整型的类型符，如果变量与符号“&”接在一起(如 a&)，VB 先把它作为一个长整型变量处理，因而就会出现语法错误。

2.3.3　日期表达式

日期表达式由运算符(+或-)、算术表达式、日期型常量、日期型变量和函数组成。有以下 3 种运算方式：

(1) 两个日期型数据相减，其结果是一个数值型数据(相差的天数)。例如：

#8/8/2001# - #6/3/2001#　　　　结果为：66

(2) 日期型数据加上天数，其结果为一个日期型数据。例如：

#12/1/2000#+31　　　　结果为：#01/01/2001#

(3) 日期型数据减去天数，其结果为一个日期型数据。例如：

#12/1/2000# - 32　　　　结果为：#10/30/2000#

2.4　常用内部函数

函数是一段程序，完成一种特定的运算。VB 中有两类函数：内部函数和用户自定义函数。用户自定义函数就是用户根据需要定义的函数，也就是后面所要介绍的 Function 过程。

内部函数也称标准函数，是由 VB 系统提供的。这些内部函数使用非常方便，用户不必了解函数内部的处理过程，只需给出函数名和适当的参数，就能得到它的函数值。如要计算 x 的平方根，只要写出：

y=Sqr(x)

其中，Sqr 是内部函数名，x 为参数。运行时，该语句调用内部函数 Sqr 来求 x 的平方根，其计算结果由系统返回作为 Sqr 的函数值。

VB 的内部函数大体上分为四大类：数学函数、字符串函数、日期/时间函数和转换函数。

说明：本节介绍的函数较多，读者不妨先粗略看过，以后用到某函数时，再回过头来仔细体会它的功能和用法。

2.4.1　数学函数

在数值计算中，经常会遇到一些常用算术函数的计算，如 $\sin x$，$\cos x$，$\sqrt{x}$，取整数等，如果用到这些算术函数时，都要由使用者自己编写计算程序，那将是十分繁琐的工作。为此，VB 提供了一批算术函数，在程序中要使用某个函数时，只要调用该函数就可以了。

VB 提供的 13 种常用数学函数如表 2.3 所示。

使用数学函数的几点说明：

(1) 三角函数的自变量单位是弧度，如 Sin47°应写成 Sin(47 * 3.14159/180)。

(2) 要区分取整函数 Int()、Fix()和 Round()的异同。

表 2.3　常用数学函数

函　数	返回值类型	功　能	例　子	结　果
Abs(x)	与 x 相同	x 的绝对值	Abs(－4.6)	4.6
Sqr(x)	Double	x 的平方根	Sqr(9)	3
Sin(x)	Double	x 的正弦值	Sin(30 * 3.14/180)	0.499…
Cos(x)	Double	x 的余弦值	Cos(60 * 3.14/180)	0.500…
Tan(x)	Double	x 的正切值	Tan(60 * 3.14/180)	1.729…
Atn(x)	Double	x 的反正切	4 * Atn(1)	3.14159…
Exp(x)	Double	e(自然对数的底)的幂值	Exp(x)	e^x
Log(x)	Double	x 的自然对数值	Log(x)/Log(10)	$Log_{10}x$
Int(x)	Double	取不大于 x 的最大整数	Int(99.8) Int(－99.8)	99 －100
Fix(x)	Double	取 x 的整数部分	Fix(99.8) Fix(－99.8)	99 －99
Round(x[,n])	Double	对 x 四舍五入,保留的小数位数由 n 指定	Round(1.35,1) Round(1.236,2)	1.4 1.24
Sgn(x)	Integer	取 x 的符号	Sgn(5) Sgn(0) Sgn(－5)	1 0 －1

(3) 函数 Int(x)是求小于或等于 x 的最大整数。例如,Int(2)＝2,Int(－2.5)＝－3,Int(－3)＝－3,也就是说,当 x≥0 时就直接舍去小数,若 x<0 则取小于或等于 x 的第一个负整数。

Int 函数有两种常用用法:

① 对数值四舍五入,其作用与函数 Round(x,n)相同。例如,对一个正数 x 舍去小数位时进行四舍五入,可采用如下式子:

Int(x＋0.5)

当 x＝9.4 时,Int(9.4＋0.5)＝9。

当 x＝9.5 时,Int(9.5＋0.5)＝10。

② 求余数。例如求一个正整数 x 整除以 k 所得的余数,可以采用 x－k * Int(x/k),其作用与 x Mod k (或 x－k * Fix(x/k))相同。

【例 2.2】　已知 a＝6,b＝9,计算 $c=\sqrt{a^2+b^2}$。

编写的窗体单击事件过程代码如下:

```
Private Sub Form_Click()
    Dim a As Single, b As Single, c As Single
    a=6
```

```
        b=9
        c=Sqr(a * a + b * b)
        Print "c="; c
    End Sub
```

运行程序后单击窗体，输出结果如下：

    c=10.81665

2.4.2　字符串函数

在计算机的各种应用中，有大量的文字处理操作，如字符串的查找、比较、截取等。为此，VB 提供了一批用于字符串处理的函数。表 2.4 列出了常用的字符串函数。

表 2.4　字符串函数

函　数	返回值类型	功　能	例　子	结　果
Len(字符串)	Integer	字符串长度	Len("ABCD")	4
Left(字符串,n)	String	取左边 n 个字符	Left("ABCD",3)	"ABC"
Right(字符串,n)	String	取右边 n 个字符	Right("ABCD",3)	"BCD"
Mid(字符串,p[,n])	String	从第 p 个开始取 n 个字符	Mid("ABCDE",2,3)	"BCD"
Instr([f,]字符串 1,字符串 2[,k])	Integer	求字符串 2 在字符串 1 中出现的起始位置	Instr("ABabc","ab")	3
String(n,字符)	String	生成 n 个字符	String(4,"*")	"****"
Space(n)	String	生成 n 个空格	Space(5)	5 个空格
Ltrim(字符串)	String	去掉左边空格	Ltrim("␣␣AB␣")	"AB␣"
Rtrim(字符串)	String	去掉右边空格	Rtrim("␣␣AB␣")	"␣␣AB"
Trim(字符串)	String	去掉左、右边空格	Trim("␣␣AB␣")	"AB"
Lcase(字符串)	String	转成小写	Lcase("Abab")	"abab"
Ucase(字符串)	String	转成大写	Ucase("Abab")	"ABAB"

使用字符串函数的几点说明：

(1) 在函数 Mid 中，若省略 n，则得到的是从 p 开始的往后所有字符，如Mid("ABCDE",2)的结果为"BCDE"。

(2) 在字符串处理中，还常用一个插入字符串语句 Mid，该语句格式如下：

    Mid(字符串,p[,n])=子字符串

该语句用“子字符串”替换“字符串”中从 p 开始的与“子字符串”等长的一串字符。例如，假设 s="ABCDE"，执行语句 Mid(s,3)="99"后，s 的值为"AB99E"。

若带参数 n，则用“子字符串”左起 n 个字符来替换“字符串”中从 p 开始的 n 个字符。

(3) 在函数 Instr 中，f 和 k 均为可选参数，f 表示开始搜索的位置(默认值为 1)，k 表示比较方式。若 k 为 0(默认)，表示区分大小写；若 k 为 1，则不区分大小写。例如，Instr(3,"A12a34A56","A")的结果为 7，而 Instr(3,"A12a34A56","A",1)的结果为 4。

(4) 在函数 String 中,字符也可以用 ASCII 代码(见附录 A)来表示,如 String(6,42)与 String(6,"*")作用相同。

(5) 表 2.4 及表 2.6 所列出的函数中,凡返回值为字符串(String)的函数,其函数名的尾部也可加入"$",如 Left("ABC",1)也可写为 Left$("ABC",1)。

【例 2.3】 使用字符串函数示例。从字符串中取出头部、尾部各一个字符,连接后组成一个新字符串并显示出来。例如,如果字符串为"computer",处理后的新字符串为"cr"。

编写的窗体单击事件过程代码如下:

```
Private Sub From_Click()
    Dim x As String,a As String,b As String,y As String
    x = "computer"                  '假设该字符串 x 内容为"computer"
    a = Left(x, 1)                  '取左边一个字符
    b = Right(x, 1)                 '取右边一个字符
    y = a & b                       '连接起来
    Print "新组成的字符串:" & y      '显示处理的结果
End Sub
```

程序运行后单击窗体,输出结果是:

新组成的字符串:cr

2.4.3 日期/时间函数

日期/时间函数用于进行日期和时间处理。表 2.5 列出了常用的日期/时间函数。

表 2.5 日期/时间函数

函　数	返回值类型	功　能	例　子	结　果
Date	Date	返回系统日期	Date	示例:11/03/2002
Time	Date	返回系统时间	Time	示例:7:03:28
Now	Date	返回系统日期和时间	Now	示例:11/03/2002 7:03:28
Day(日期)	Integer	返回日数	Day(#2002/9/24#)	24
Month(日期)	Integer	返回月份数	Month(#2002/9/24#)	9
Year(日期)	Integer	返回年度数	Year(#2002/9/24#)	2002
Weekday(日期)	Integer	返回星期几	Weekday(#2002/9/24#)	3
Hour(时间)	Integer	返回小时数	Hour(#8:3:28 PM#)	20
Minute(时间)	Integer	返回分钟数	Minute(#8:3:28 PM#)	3
Second(时间)	Integer	返回秒数	Second(#8:3:28 PM#)	28

说明:函数 Weekday 返回值 1～7,依次表示星期日到星期六。

2.4.4 类型转换函数

类型转换函数用于数据类型的转换。表 2.6 列出常用的类型转换函数。

表 2.6　类型转换函数

函　数	返回值类型	功　能	例　子	结　果
Val(x)	Double	将数字字符串 x 转换为数值	2+Val("12")	14
Str(x)	String	将数值转换为字符串，字符串首位表示符号	Str(5)	"␣5"
Asc(x)	Integer	求字符串中首字符的 ASCII 码	Asc("AB")	65
Chr(x)	String	将 x(ASCII 码值)转换为字符	Chr(65)	"A"
Cint(x)	Integer	将 x 转换为整型数，小数部分四舍五入	Cint(1234.57)	1235
Clng(x)	Long	将 x 转换为长整型数，小数部分四舍五入	Clng(325.3)	325
Csng(x)	Single	将 x 舍入为单精度数	Csng(56.5421117)	56.54211
Cdbl(x)	Double	将 x 转换为双精度数	Cdbl(1234.5678)	1234.5678
Ccur(x)	Currency	把 x 转换为货币型数，小数部分最多保留 4 位且自动四舍五入	Ccur(876.43216)	876.4322
Cvar(x)	Variant	把 x 转换为变体型数	Cvar(99 & "00")	"9900"
Hex(x)	String	把十进制数 x 转换为十六进制数	Hex(31)	"1F"
Oct(x)	String	把十进制数 x 转换为八进制数	Oct(20)	"24"

说明：(1) Val 函数将数字字符串转换为数值型数字时，自动将字符串中的空格去掉，并依据字符串中排列在前面的数值常量来定值，例如：

```
Val("12A12")的值为 12        '以前面 12 来定值
Val("1.2e2")的值为 120       '1.2e 2 是单精度数的指数形式
Val("bc12")的值为 0          '前面部分不是数值形式，其函数值为 0
```

可以看出，当字符串中出现数值字符串之外的字符(如字母 A)时，则停止转换，函数返回停止转换前的结果。

(2) Str()函数将数值转换为字符串，字符串首位表示符号(正数用空格表示)。例如，Str(−32)的值为"−32"，而 Str(32)的值为"␣32"。

(3) Chr()和 Asc()互为反函数，即 Chr(Asc())、Asc(Chr())的结果为原来各自自变量的值。例如，Chr(Asc(65))的结果还是 65。

2.4.5　格式输出函数

函数格式：Format(表达式[,格式串])

功能：根据"格式串"规定的格式来输出表达式的值。

其中，"表达式"为要输出的内容，可以是数值、日期/时间型或字符串型表达式；"格式串"表示输出表达式时采用的输出格式，不同数据类型所采用的格式串是不同的。

数值类格式串的常用符号及其含义如表 2.7 所示。

表 2.7　数值类格式串的常用符号及其含义

符　号	功　能
#	数字占位符,显示一位数字。如 121.5 采用格式"###",显示为 122(后一位四舍五入)
0	数字占位符,前、后会补足 0。如 121.5 采用格式"000.00",显示为 121.50
.	小数点
%	百分比符号
,	千位分隔符
E－, E＋	科学计数法格式
－, ＋, $	负、正号及美元符号,可以原样显示

对于符号 0 和 #,若数值的小数位数多于格式串的位数,按四舍五入处理。

以下是几个简单的示例:

```
Print Format(12345.6, "##,###.##")
Print Format(12345.6, "0000000")
Print Format(12345.6, "$####,#.00")
Print Format(12345.67, "+####,#.#") '逗号可放在小数点左边的任何位置(占位符的中间)
Print Format(123.45, "0.000E+00")
```

输出结果分别是:

```
12,345.6
0012346
$12,345.60
+12,345.7
1.235E+02
```

对于日期/时间型的格式串符号和字符串型的格式串符号,请参考 VB 的帮助文件,这里不再做介绍。

2.4.6　随机函数

在编写程序时,有时需要产生一定范围内的随机数,这就要用到随机函数和随机函数初始化语句。

1. 随机函数 Rnd

语法格式:Rnd [(x)]

该函数产生一个介于 0 和 1 之间的单精度随机数,一般省略随机函数的参数 x 和圆括号。所谓随机数是人们不能预先估计到的数。

通常把 Rnd 函数与 Int 函数配合使用,例如 Int(4 * Rnd+1)可以产生 1~4 范围内(含 1 和 4)的随机整数,也就是说,该表达式的值可以是 1,2,3 或 4,这由 VB 运行时随机给定。

要生成[a,b]区间范围内的随机整数,可以使用公式:

Int((b－a＋1) * Rnd＋a)

2. 随机函数初始化语句 Randomize

语法格式：Randomize [n]

该语句用于初始化随机数生成器，一般可省略参数n。

默认情况下，每次运行一个应用程序，Rnd都会产生相同序列的随机数。Randomize语句可以使随机函数Rnd产生不同序列的随机数，因此一般在使用Rnd之前，都要先执行Randomize语句。

【例2.4】　通过随机函数产生两个两位正整数，求这两个数之和并显示出来。

编写的窗体单击事件过程代码如下：

```
Private Sub Form_Click()
    Dim a As Integer, b As Integer, c As Integer
    Randomize                                   '初始化随机数发生器
    a=Int(90 * Rnd + 10)                        '产生[10,99]区间内的随机整数
    b=Int(90 * Rnd + 10)
    c=a + b                                     '求两数之和
    Print "产生的两个随机数："; a, b
    Print "和数："; c
End Sub
```

运行程序后单击窗体，输出结果是：

```
产生的两个随机数：56     71
和数：127
```

单击工具栏上的“结束”按钮，可结束程序的运行。再次运行程序后单击窗体，可得到另一组输出结果：

```
产生的两个随机数：18     37
和数：55
```

2.5 程序代码编写规则

任何一种程序设计语言都有一套严格的编程规定。因此在开始编程之前，需要了解在VB中编写程序代码时要遵守的规则，这样写出的程序才能被VB正确地识别和执行。

2.5.1 语句及语法

VB程序由一系列语句组成。语句是执行具体操作的指令，它是VB关键字、属性、表达式及VB可识别符号的组合。例如，下列语句：

```
x=(b*10+a)/2
If  a>b  Then  x=1
```

简单的语句只有一个关键字，例如：

```
End
```

语句建立时必须遵守的构建规则称为语法。编写正确语句的前提,是学习掌握语句的语法格式。在输入语句的过程中,VB将自动对输入的内容进行语法检查,如果发现语法错误,系统将弹出一个信息框提示出错的原因。

为了便于说明,本书对语句、方法及函数的语法格式中的符号将采用统一约定,专用符号如下:

(1) [ ]表示方括号内的内容是可选项,用户可根据需要选用或不选用。书写代码时方括号本身不要写入。

(2) { }表示多项中之一项。

(3) |(竖线)用来分隔多个选择项,表示选择其中之一。

(4) ,… 表示同类项目的重复出现。

2.5.2 代码书写规则

在书写程序代码时,要遵守以下规则:

(1) 通常一行写一条语句,在一行中也可以写多条语句,语句之间须用冒号“:”分隔,例如:

```
sum=sum+x : count=count+1
```

VB规定,一个程序行的长度最多不能超过1 023个字符。

(2) 有时一条语句很长,一行写不下,可使用续行符(一个空格后面跟随一个下划线“_”),将长语句分成多行。例如:

```
Print Text1.Text & Text2.Text & Text3.Text & Text4.Text ␣_
                                  & Left(Text5.Text,3)
```

但要注意,续行符后面不能加注释,也不能将VB关键字或字符串分隔在两行。

(3) 不区分大小写字母。VB不区分应用程序代码字母的大小写,用户可以随意使用大小写字母编写代码。为了便于阅读,VB会自动将代码中关键字的首字母转换为大写,其余字母转换为小写。

(4) 各关键字之间,关键字和变量名、常量名、过程名之间一定要用空格分隔。

(5) 使用左缩进格式。为便于程序阅读和维护,建议采用左缩进格式来体现代码的逻辑结构和嵌套关系。

【例2.5】 程序中使用左缩进和空格分隔示例。

```
Private Sub Form_Click()          '用空格分隔各关键字
  x=4                             '左缩进2个字符
  If x<0 Then                     '通过按表格Tab键或加入空格符可以实现左缩进效果
     Print "x<0"                  '通过左缩进来反映各语句的嵌套关系
  Else
     Print "x>=0"
  End If
End Sub
```

(6) 严格按照 VB 规定的格式和符号编写程序。对于初学者来说，首先是要编出符合规定格式的程序。

要注意的是，程序中除字符串常量及注释内容外，语句中使用的逗号、分号、引号、括号(如,、;、"、<、>等)等都是英文状态下的半角符号，不能使用中文标点符号(如，、；、“ 、”、〈 、〉等)和全角符号(如/、＋、＝等)。不少同学习惯在中文状态下录入程序，而英文标点符号与中文标点符号在外观上很相似，所以许多错误都是由此而引起的。

2.5.3　结构化程序的基本结构

从下一章开始，我们将要学习顺序、选择和循环 3 种程序结构设计方法。为了使读者对这 3 种程序结构有一个初步认识，下面简单介绍结构化程序设计的基本概念。

面向对象编程尽管采用事件驱动的机制，调用功能相对简单的过程，但在设计过程的程序代码时，仍然要用到结构化程序设计方法，对过程的流程进行控制。

按照结构化程序设计的观点，任何复杂的程序都是由若干种简单的基本结构组成的，这些基本结构就是顺序结构、选择结构和循环结构。

图 2.1 是这三种基本结构的流程图。这三种基本结构具有单入口，单出口的特点。

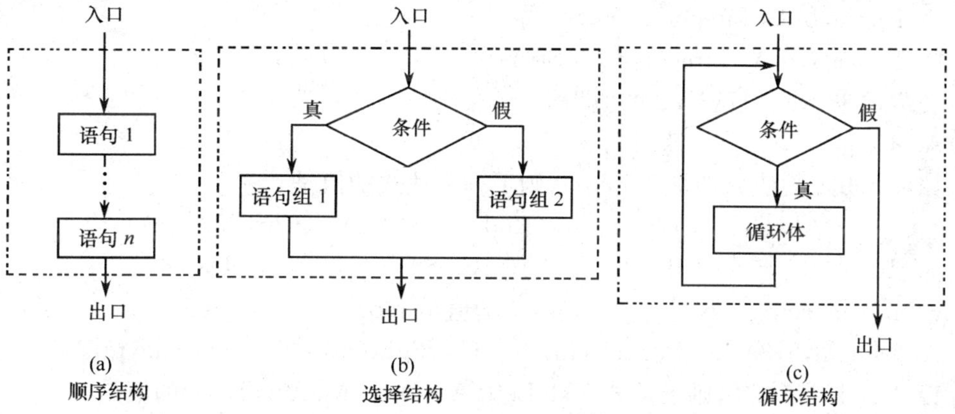

图 2.1　三种基本控制结构

顺序结构由一串按顺序排列的语句组成，如图 2.1(a)所示。运行时，按语句出现的先后次序执行，如从语句 1 顺序执行到语句 n，程序的流程是按照一个方向进行的。顺序结构是任何程序的主体基本结构，即使在选择结构和循环结构中也常以顺序结构作为其子结构。

选择结构(又称分支结构)，如图 2.1(b)所示，程序的流程出现一个或多个分支。通过“条件”判断后分支，条件成立(值为真)时执行语句组 1(一条或多条语句)，否则(条件不成立，值为假)执行语句组 2。

循环结构如图 2.1(c)所示，程序流程是按一定的条件重复执行一段程序。先判断循环“条件”，若条件成立(值为真)时执行循环体(语句组)，条件不成立(值为假)时跳出循环(出口)。

VB 支持结构化的程序设计方法，人们可以用这 3 种基本结构及其组合来描述程序，从而使程序结构清晰，可读性好，也易于查错和修改。

习 题 2

一、单选题

1. 下列(1)各项中,可以作为变量名的是______;(2)各项中,______不能作为变量名。

(1) A. a1_0　　B. Dim　　C. K6/600　　D. CD[1]

(2) A. ABCabc　　B. A12345　　C. 18AB　　D. Name1

2. 空字符串是指______。

A. 长度为 0 的字符串　　B. 只包含空格字符的字符串

C. 长度为 1 的字符串　　D. 不定长的字符串

3. 使用变量 x 存放数据 12345678.987654,应该将 x 声明为______类型。

A. 单精度(Single)　　B. 双精度(Double)

C. 长整型(Long)　　D. 货币型(Currency)

4. 要定义 1 个整型变量和 2 个字符串变量,正确的语句是______。

A. Dim a As Integer,b,c As String

B. Dim a%,b$,c As Integer

C. Dim a,b As Integer,c As String

D. Dim a$,b As Integer,c As String

5. 表达式 33 Mod 17\3 * 2 的值为______。

A. 10　　B. 1　　C. 2　　D. 3

6. 如果 a,b,c 的值分别是 3,2,-3,则下列表达式的值是______。

Abs(b + c) + a * Int(Rnd + 3) + Asc(Chr(65 + a))

A. 10　　B. 68　　C. 69　　D. 78

7. 设 m="morning",下列______表达式的值是"mor"。

A. Mid(m,5,3)　　B. Left(m,3)　　C. Right(m,4)　　D. Mid(m,3,1)

8. 设 A="12345678",则表达式 Val(Left(A, 4) + Mid(A,4,2))的值是______。

A. 123456　　B. 123445　　C. 8　　D. 6

9. 在下列函数中,______函数的执行结果与其他 3 个不一样。

A. String(3, "5")　　B. Str(555)

C. Right("5555",3)　　D. Left("55555",3)

10. 设变量 A 的值为 -2,则______函数的执行结果与其他 3 个不一样。

A. Val("A")　　B. Int(A)　　C. Fix(A)　　D. -Abs(A)

11. 要在窗体 Form1 的标题栏上显示“统计程序”,可用______语句。

A. Form1.Name="统计程序"　　B. Form1.Caption="统计程序"

C. Form1.Caption=统计程序　　D. Form1.Caption=“统计程序”

12. 设 x=10,y=20,要求生成一个字符串变量 s,其值为"10 * 20=200",其中数字由变量 x 和 y 的值或表达式来表示。

A. s = "x * y=" & x * y

B. s = "x" & " * " & y & "= & x * y"

C. s = x & "*" & y & "=" & x*y

D. s = x + "*" + y + "=" + x*y

13. 从字符串变量S中取出最后(右边)两个字符,可以采用______函数。

A. Right(2, S)　　B. Mid(S, Len(S)－1)

C. Mid(S, 2, 2)　　D. Right(S, Len(S)－2)

14. 已知A=Space(1),要产生3个空格,可以采用______。

A. Right(A, 3)　　B. Space(3 * A)

C. String(3, A)　　D. 3 * A

15. 要求一个正整数n除以8所得的余数,不可以采用______。

A. n Mod 8　　B. n－Fix(n/8) * 8

C. n－Int(n/8) * 8　　D. n－Int(n\8)

二、填空题

1. 把下列数学式写成等价的VB表达式。

(1) $\dfrac{2+xy}{2-y^2}$ 写成______。

(2) $a^2-\dfrac{3ab}{3+a}$ 写成______。

(3) $\sqrt[8]{x^3}+\sqrt{y^2+4\dfrac{a^2}{x+y^3}}$ 写成______。

2. 要产生50～55范围内(含50及55)的随机整数,采用的VB表达式是______。

3. 写出下列表达式的值。

(1) Val("15 ␣ 3") － Val("15－1a3")的值是______。

(2) 7 Mod 3 + 8 Mod 5 * 1.2 － Int(Rnd)的值是______。

(3) Val("120") + Asc("abc")－Instr("JKLHG", "LH")的值是______。

(4) Len(Chr(70) + Str(0)) + Asc(Chr(67))的值是______。

(5) Mid(Trim(Str(345)),2)的值是______。

(6) Year(Now)－Year(Date)的值是______。

4. 下列语句执行后,s的值是______。

```
t="数据库管理系统"
s=Right(t, 2) + Mid(t, 4, 2) + Left(t, 3)
```

编程及上机调试

按照下列各题的要求进行编程练习。各题的程序文件名分别为ex0202(第2题)～ex0206(第6题),保存在用户文件夹下的"第2章"子文件夹中。

1. 分别输入例2.2～例2.4的程序,观察运行结果与书中给定的结果是否相符。操作完成后,分别以例2.2～例2.4为文件名保存程序,存放在用户文件夹下的"第2章"子文件夹中。

2. 编写程序时必须遵守语言规定的语法规则。以下是一个有语法错误的程序:

```
Private Sub Form_Click( )
    Dim r As Single, s As Single,
    Form1. Caption = "计算圆的面积"
    r = 4. 6
    s = 3. 14159 ×r ^ 2
    Print 圆的面积为: & s
End Sub
```

请从下面修改方法中选择一个或多个正确选项,并对修改后的程序上机验证。

A. Dim 语句(第 2 行)末尾的逗号是错的,应该去掉

B. 第 5 行的乘号应写成 * ,而不能是×

C. 把数值 3. 14159 改为符号 π

D. 第 6 行的“圆的面积为:”是一个字符串,应以中文引号括起来,即改为: Print “圆的面积为:” & s

E. 第 6 行的“圆的面积为:”是一个字符串,应以双撇号括起来,即改为: Print "圆的面积为:" & s

3. 新建一个工程,在窗体上创建一个命令按钮,在属性窗口中对该按钮设置如下属性:

Caption	这是命令按钮
Font	幼圆,粗体,三号
Visible	False

在设置过程中,观察命令按钮外观有什么变化。再观察运行后的效果。

4. 设计程序,在窗体上建立 3 个命令按钮,如图 2. 2 所示,单击后分别使窗体最大化、还原或最小化。

图 2. 2　第 4 题的运行界面

【提示】使用窗体的 WindowState 属性可以设置窗体的最大化、还原及最小化。

5. 设计程序,利用两个文本框输入两个数,单击“计算”按钮时,将两数的平方和显示在第 3 个文本框中。

【提示】先在窗体上创建两个文本框和一个命令按钮,名称可以采用默认方式,如 Text1、Text2 和 Command1,将命令按钮的标题(Capction)设置为"计算",然后编写相应的事件过程(Command1_Click())。

6. 设计程序,在一个文本框中输入一串字符(长度大于 2),单击“处理”按钮时,去掉该字符串的头、尾部各一个字符,处理结果显示在第 2 个文本框中。如输入“ABCDEF”,输出“BCDE”。

第3章

顺序结构程序设计

本章导读

- 赋值语句
- 注释、结束与暂停语句
- 使用 Print 方法输出数据
- 窗体
- 基本控件
- 使用对话框
- 程序举例

一个完整的 VB 应用程序,一般都包含三部分内容,即输入数据、计算处理、输出结果,它们的关系是:输入 → 处理 → 输出。

顺序结构程序的特点是,按照语句的先后顺序依次执行。使用这种结构时,只需要将合法语句按照执行顺序排列好,即可被一一执行。

顺序结构中使用的主要语句有赋值语句、输入/输出语句等。VB 的输入/输出有着十分丰富的内容和形式,它提供了多种手段,并可通过有关控件实现输入/输出操作。

3.1 赋值语句

赋值语句是程序设计中最基本、最常用的语句,它的语法格式如下:

[Let]变量名或属性名=表达式

功能:计算右端的表达式,并把结果赋值给左端的变量或对象属性。Let 表示赋值,通常可省略。符号"="被称为赋值号。

例如:

```
sum=99                                '把数值 99 赋给变量 sum
Text1.Text="您好!"                    '把字符串赋给控件 Text1 的 Text 属性
Text2.Text="同志," & Text1.Text       '把右端字符串表达式的值赋给 Text2 的 Text 属性
```

【例 3.1】 给定一个两位数,交换十位数字和个位数字的位置,把处理结果显示在窗体上。如给定数是 36,处理结果为 63。

分析:处理的关键是从一个两位数 x 中分离出十位数字和个位数字。十位数字 a 可采用表达式 Int(x/10)或 x\10 求出,个位数字 b 可采用表达式 x Mod 10 或 x-10 * a 求出。

编写的窗体单击事件过程代码如下:

```
Private Sub Form_Click()
    Dim x As Integer, a As Integer
    Dim b As Integer, c As Integer
    x=36                            '假设这个两位数为 36
    a=Int(x / 10)                   '求十位数
    b=x Mod 10                      '求个位数
    c=b * 10 + a                    '生成新的数
    Print "处理后的数:"; c
End Sub
```

运行程序后单击窗体,输出结果是:

处理后的数:63

本事件过程采用的是顺序程序结构,运行的过程是:先通过 Dim 语句声明 4 个整型变量,把 36 赋值给变量 x,再求 x 的十位数字和个位数字,并分别赋值给变量 a 和 b,再生成新的两位数 c,最后输出结果。

这里所说的将值赋给变量,实际上是将值送到变量的内存单元中去。在程序中,每使用(或声明)一个变量,VB 系统都会自动为该变量分配内存单元(若干字节)。变量的值就是对

应内存单元中存放的数据值。

关于赋值语句，说明如下：

(1) 表达式中的变量必须是赋过值的，否则变量的初值自动取零值(变长字符串变量取空字符)。例如：

```
a=1
c=a+b+3                    'b 未赋值，为 0
```

执行后，c 值为 4。

(2) 赋值语句与数学中等式具有不同的含义，例如赋值语句 x=x+1，表示把变量 x 的当前值加上 1 后再将结果赋给变量 x，如果 x 的当前值为 2，则执行这个语句后，x 的值为 3。而数学中 x=x+1 是不成立的。

(3) 变量出现在赋值号的右边和左边，其用途是不相同的。出现在右边表达式中时，变量是参与运算的元素(其值被读出)；出现在左边时，变量起存放表达式的值的作用(被赋值)。例如：

```
x=2
a=3
x=2 * a + 5
```

当执行第 3 行语句“x=2 * a+5”时，将读出变量 a 的值 3，把该值乘 2 后加 5，然后将结果 11 赋值给变量 x。也就是说，执行该语句后，变量 a 的值仍保留原有的值 3，而变量 x 原有的值 2 已被“冲”掉，换成新值 11。

(4) 赋值号两边的数据类型必须一致，即同时为数值型或同时为字符型。对于某些情况，如将数值赋给字符串变量、将数字形式的字符串赋给数值变量等，VB 也能自动进行数据类型转换。

例如：

```
Dim a As Integer, b As Integer, c As String
a=1.5                      '转换 1.5 为整型数 2(四舍五入)，再赋值给 a
b="ABCD"                   '出错
c=123                      '转换为字符串"123"，再赋值给 c
```

【例 3.2】　设计程序，实现两个文本框内容的交换。

分析：交换两个文本框中的内容，以及交换两个变量的值，都必须借助于另一个变量(假设为 t)。先将第一个文本框的内容暂存于 t，再将第二个文本框的内容存入第一个文本框，最后将 t 值存入第二个文本框。

(1) 在窗体上建立两个标签、两个文本框和一个命令按钮，如图 3.1 所示。

两个标签分别显示“第一个文本框”和“第二个文本框”，命令按钮 Command1 的 Caption 属性设置为“交换”，两个文本框 Text1 和 Text2 用于存放要交换的内容，其 Text 属性值均为空。

(2) 编写程序代码。

```
Private Sub Command1_Click()            '"交换"
    Dim t As String
    t=Text1.Text
    Text1.Text=Text2.Text
    Text2.Text=t
End Sub
```

程序运行后,在“第一个文本框”Text1 中输入“12345”,在“第二个文本框”Text2 中输入“ABCDE”,单击“交换”按钮时,运行界面如图 3.1 所示。

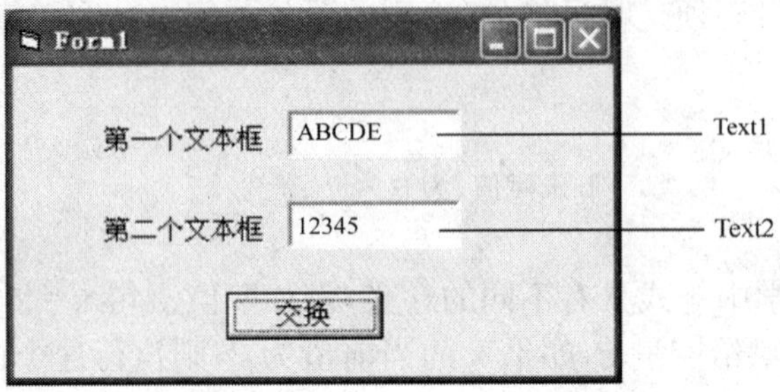

图 3.1　例 3.2 的运行界面

3.2　注释、结束与暂停语句

1. 注释语句 Rem

为了提高程序的可读性,通常应在程序的适当位置加上必要的注释。

语法格式: Rem 注释内容　　或　　′注释内容

功能:在程序中加入注释内容,以便于对程序的理解。′(单撇号)称为注释符。例如:

```
Rem 交换变量 a 和 b 的值
c=a            ′借助于第三个变量 c,用于记录 a 中原有的值
a=b
b=c
```

说明:

(1) 注释语句是非执行语句,仅起注释作用,它不被解释和编译。

(2) 如果使用关键字 Rem,在 Rem 和注释内容之间要加一个空格。

(3) 在其他语句后使用 Rem 关键字,必须使用冒号(:)与前面的语句隔开。注释符可以直接写在其他语句后面。

2. 结束语句 End

语法格式:End

功能:结束程序的运行。

End 语句能够强行终止程序代码的执行,清除所有变量,并关闭所有数据文件。在程序运行中,用户也可以单击工具栏上的“结束”按钮来强行结束程序的运行。

3. 暂停语句 Stop

在调试程序中,有时希望程序运行到某一语句后暂停,以便让用户检查运行中的某些动态信息。暂停语句就是用来完成这一功能的。

语法格式:Stop

功能：暂停程序的运行。

Stop 语句可以在程序中设置断点。与 End 语句不同的是，在解释方式下，Stop 不会关闭任何文件和清除变量。

说明：

(1) 暂停程序的运行，也可以通过单击工具栏上的“中断”按钮来实现。

(2) 如果在可执行文件(.exe)中含有 Stop 语句，则执行该语句会关闭所有的文件而退出程序。因此，当程序调试结束时，生成可执行文件之前，应删除程序代码中的所有 Stop 语句。

(3) 有时程序运行过程中进入“死锁”或“死循环”(由程序错误引起)，而无法用正常操作“中断”和“结束”，可按 Ctrl+Break 键来强制性地暂停程序的运行。

3.3　使用 Print 方法输出数据

VB 提供了多种输出数据的方法，如 Print 方法、标签和文本框等。本节介绍 Print 方法及其有关的函数。

3.3.1　Print 方法

Print 方法用于在窗体、图片框和打印机上显示或打印输出文本。

语法格式：[对象名.] Print [表达式列表]

说明：

(1) 对象名可以是窗体(Form)、图片框(PictureBox)或打印机(Printer)的名称。如果省略对象名，则在当前窗体上直接输出。例如：

```
Print "程序设计"                    '在当前窗体上输出
Picture1.Print "程序设计"           '在图片框上输出
```

(2) 当输出多个表达式时，各表达式之间用分号“;”或逗号“,”隔开。使用分号分隔符，则按紧凑格式输出，即后一项紧跟前一项输出；使用逗号分隔符，则各输出项按区段格式输出，此时系统会以 14 个字符宽度为单位将输出行分为若干个区段(划分区段的数目，与行宽有关)，逗号后的表达式将在当前输出位置的下一个区段输出。

【例 3.3】　Print 输出示例。

```
Private Sub Form_Click()
    a=3: b=4
    Print a, b, 4 + a,
    Print 2 * b
    Print a, , b
    Print
    Print "a="; a, "b="; b
End Sub
```

运行结果如图 3.2 所示。

图 3.2　例 3.3 的输出结果

(3) 用 Print 输出字符串时，前后不留空格；输出数值数据时，前面有一个符号位(正号以空格表示)，后面留有一个空格。

(4) 如果 Print 后面没有输出内容(见例 3.3 程序的第 6 行语句)，则输出一个空行。

(5) 若语句行末尾没有分隔符，则输出当前输出项后自动换行。若以分号或逗号结束，则输出当前输出项后不换行，下一个 Print 输出的内容将紧凑输出(以分号结尾)或输出在下一个区段上(以逗号结尾)。

在例 3.3 中，第 3 行语句“Print a，b，4＋a，”以逗号结束，表示下一个 Print 输出的 8 显示在下一个区段上。

3.3.2　特殊打印格式

VB 提供了几个与 Print 配合的函数，以控制文本的输出格式。

1. Spc 函数

函数格式：Spc(n)

功能：在输出下一项之前插入 n 个空格。例如：

```
Print "学号";Spc(2);"姓名";Spc(5);"成绩"
```

输出结果是(␣表示空格)：

学号␣␣姓名␣␣␣␣␣成绩

2. Tab 函数

函数格式：Tab(n)

功能：把输出位置移到第 n 列。

通常，最左边列号为 1。当 n 大于行的宽度时，输出位置为：n Mod 行宽。例如：

```
Print Tab(2);"学号";Tab(11);"姓名";Tab(21);"成绩"
```

输出结果是(1 个汉字占 2 个位置)：

␣学号␣␣␣␣␣姓名␣␣␣␣␣␣成绩

3.4　窗体

窗体(Form)是 VB 应用程序的基本组成部分，也是设计 VB 应用程序的基本平台。窗体本身是一个对象,它有自己的属性、事件和方法,以便控制窗体的外观和行为。窗体又是所有控件的容器对象,几乎所有的控件都设置在窗体上。

容器对象是指能够容纳或包含其他对象的对象。除了窗体之外,在VB标准控件中,框架(Frame)和图片框(PictureBox)也是容器对象,称为容器控件,在其中可以容纳其他控件。

程序运行时,每个窗体对应于程序的一个窗口。对于一个简单程序,一个窗体已经足够了,但对于一个复杂的程序,也许需要几个、十几个甚至几十个窗体。

3.4.1 窗体的基本属性

窗体属性决定着窗体的外观和行为。新建工程时,VB系统会自动建立一个空白窗体,并为该窗体设置默认属性。

以下介绍一些常用的窗体属性。

(1) Name(名称):指定窗体的名称。在工程中首次创建窗体时默认为Form1,添加第二个窗体时,其名称默认为Form2,依次类推。用户可在属性窗口的"名称"栏中设置窗体名,但在程序运行时,它是只读的,即不能在程序中修改。引用窗体的Name属性的语法格式为

```
窗体名.Name                '如 Form1.Name
```

(2) Caption(标题):指定窗体的标题。窗体使用的默认标题为Form1,Form2,…。

(3) AutoRedraw(自动重画):控制屏幕图像的重建。若该属性设置为True(默认值),当一个窗体被其他窗体覆盖、又返回到该窗体时,VB将自动刷新或重画该窗体上的所有图形;若该属性设置为False,则必须通过事件过程来设置这一操作。

(4) BackColor(背景颜色)和ForeColor(前景颜色):指定窗体的背景颜色和前景颜色。关于VB使用的颜色代码,见附录B。

(5) BorderStyle(边框类型):指定窗体边框的类型,共有6种属性,如0—None(无边框),1—Fixed Single(窗体大小不变且具有单线边框)等。该属性只能在设计阶段设置。

(6) ControlBox(控制框):指定是否在窗体左上角出现控制菜单框(也称控制菜单按钮)。默认值为True。

(7) Enabled(允许):决定是否响应用户事件。默认值为True,表示响应用户事件。

(8) FontName,FontSize等属性如下:

① FontName:字体名称。

② FontSize:字体大小(字号)。

③ FontBold:是否粗体,设置值为True或False。

④ FontItalic:是否斜体,设置值为True或False。

⑤ FontStrikethru:是否删除线,设置值为True或False。

⑥ FontUnderline:是否下划线,设置值为True或False。

⑦ FontTransParent:确定显示的信息是否与背景重叠,当属性值为True(默认值)时,表示保留背景,使前景的文本或图形与背景重叠显示;当设置属性值为False时,背景将被前景的文本或图形覆盖。

(9) Font(字体):该属性本身是一个对象(称为对象属性),用于确定窗体上字体的样式、大小、字体效果等。设置该属性时,先选定窗体,在属性窗口中选择属性"Font",再单击属性

行右端的"..."按钮,系统弹出一个"字体"对话框,如图 3.3 所示,从中选择即可。

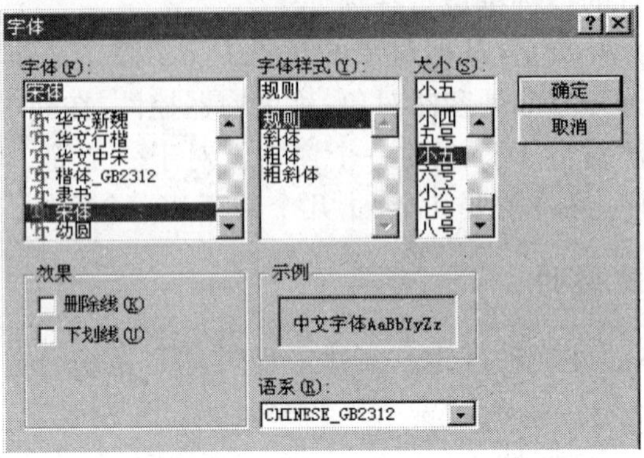

图 3.3 "字体"对话框

在代码中,可以使用以下格式引用该对象的属性:

Font. 属性名

这里的"属性名"采用类似上述(8)属性名,例如 Font. Name 表示文本的字体,Font. Size 表示文本的大小(字号)。

(10) Height(高),Width(宽),Top(顶边位置)和 Left(左边位置):Height 和 Width 属性决定窗体的初始高度和宽度;Top 和 Left 属性决定窗体顶边和左边的坐标值,Top 表示窗体到屏幕顶部的距离,Left 表示窗体到屏幕左边的距离。

在 VB 使用的坐标系统中,默认的坐标原点(0,0)在窗体的左上角。坐标系统的每个轴都有刻度,其默认单位为缇(Twip,567 缇为 1 厘米,1 440 缇为 1 英寸)。所有控件的移动、调整大小和图形绘制语句,一般都使用缇为单位。

VB 提供了位置属性 CurrentX 和 CurrentY,分别表示窗体当前位置的横坐标和纵坐标。

(11) Icon(图标):指定在窗体最小化时显示的图形。

(12) MaxButton,MinButton(最大化、最小化按钮):指定是否显示窗体右上角的最大化、最小化按钮。

(13) Picture(图形):用于在窗体上设置要显示的图形。在属性窗口中单击该属性行右端的三点式按钮,打开一个"加载图片"对话框,可以从中选择一个合适的图形文件。也可以在应用程序中使用以下语句格式来设置:

[对象.]Picture=LoadPicture("文件名")

其中,LoadPicture 是一个装载图片函数。

(14) Visible(可见性):设置对象的可见性,默认值为 True。若设置为 False,窗体及其上面的对象都将被隐藏。

(15) WindowState(窗口状态):设置窗体运行时的显示状态。有 3 种属性值:0(默认)—正常状态;1—最小化状态;2—最大化状态。

3.4.2 窗体的事件

窗体作为对象,能够对事件做出响应。窗体事件过程的一般格式为

```
Private Sub Form_事件名([参数表])
    ……
End Sub
```

注意，在事件过程名中的窗体名只能使用Form(如Form_Load)，但在过程内对窗体进行引用时必须用到窗体名字(如Form1. Caption)。

与窗体有关的常用事件有以下几种。

(1) Load(加载)事件：加载窗体时触发Load事件，如果这个事件过程Form_Load存在，便立即执行它。

启动应用程序时，系统自动加载和显示"启动窗体"(单个窗体通常就是启动窗体)，在此期间会先后触发Load，Activate等事件。在启动窗体显示之前触发Load事件。对于未被加载的窗体，如果使用Load语句(详见7.5.1节)调用该窗体，或者在其他窗体中引用该窗体的控件，都会触发Load事件。

通常，窗体的Load事件过程是应用程序中第一个被执行的过程，常用来进行初始化处理。但要注意，Form_Load过程是在窗体显示之前被执行的，因此，在该过程中执行的Print及绘图等方法将不起作用(即在窗体上看不到这些方法所输出的内容)。要使Print及绘图方法输出的内容可见，可以先调用Show方法(详见3.4.3节)。

(2) Unload(卸载)事件：当卸载窗体时触发Unload事件。单击窗体上的"关闭"按钮时也会触发该事件。利用Unload事件可在关闭窗体或结束应用程序时做一些必要的善后处理工作。

(3) Activate(活动)，Deactivate(非活动)事件：当窗体变为活动窗体时触发Activate事件，当窗体不再是活动窗体时触发Deactivate事件。通过操作可以把窗体变为活动窗体，例如，单击窗体或在程序中执行Show方法等。

(4) Paint(绘画)事件：该事件被触发的前提是窗体的AutoRedraw属性被设置为False。当首次显示窗体，窗体被移动或改变大小，或者窗体被其他窗体覆盖时，将触发Paint事件。

(5) Click(单击)事件：当用户用鼠标单击窗体时触发该事件。当单击窗体内的某个位置时，VB将调用窗体事件过程Form_Click。如果用户单击的是窗体内的控件，调用的是相应控件的Click事件过程。

(6) DblClick(双击)事件：当用户用鼠标双击窗体时触发该事件。这一操作过程还将伴随发生MouseDown，MouseUp和Click事件。

(7) KeyPress(按键)事件：当按下键盘上的某个键时，将触发KeyPress事件。其事件过程的格式为

```
Private Sub 对象_KeyPress(KeyAscii As Integer)
    ……
End Sub
```

其中，参数KeyAscii返回所按键的ASCII码。例如，按下"A"键，KeyAscii的值为65；按下"a"键，则KeyAscii的值为97，等等。KeyPress还能识别Enter(回车)，Tab和BackSpace三种控制键。对于其他控制键，不做响应。

KeyPress 事件也可用于其他可接收键盘输入的控件(如文本框等)。

3.4.3　窗体的方法

(1) Show(显示)方法：用于快速显示一个窗体，使该窗体变成活动窗体。执行 Show 方法时，如果窗体已加载，则直接显示窗体；否则先执行加载窗体操作，再显示。例如：

```
Private Sub Form_Load()
    Show
    Print "窗体已被 Show 显示出来!"
End Sub
```

运行此过程，窗体会立即出现且显示出“窗体已被 Show 显示出来!”

(2) Print(打印)方法：用于在窗体上输出数据。

(3) Cls(清除)方法：用于清除运行时在窗体上显示的文本或图形。但 Cls 并不能清除在设计阶段设置的文本和图形。

(4) Move(移动)方法：用于移动并改变窗体或控件的位置和大小。其格式为

[对象.]Move Left[,Top[,Width[,Height]]]

其中，Left 和 Top 参数表示将要移动对象的目标位置的 x，y 坐标。Width 和 Height 参数表示移动到目标位置后，对象的宽度和高度，以此改变对象的大小。

3.4.4　焦点与 Tab 键序

1. 焦点

一个应用程序可以有多个窗体，每个窗体上又可以有很多对象，但用户任何时候只能操作一个对象。我们称当前被操作的对象获得了焦点(Focus)。焦点是对象接收鼠标或键盘输入的能力。当对象具有焦点时，才能接收用户的输入。

例如，程序运行时，如果用鼠标单击(即选定)文本框，光标会在文本框内闪烁，称该文本框得到了焦点。此时用户可以向文本框输入信息。

窗体和大多数控件都可以接收焦点，但焦点在任何时候只能有一个。改变焦点将触发焦点事件。当对象得到或失去焦点时，分别产生 GotFocus 或 LostFocus 事件。

要将焦点赋给对象(窗体或控件)，有以下几种方法：

(1) 用鼠标选定对象。

(2) 按快捷键选定对象。

(3) 按 Tab 键或 Shift+Tab 键在当前窗体的各对象之间切换焦点。

(4) 在代码中用 SetFocus 方法来设置焦点。例如：

```
Text1.SetFocus                          '把焦点设置在文本框 Text1 上
```

但要注意，只有当对象的 Enabled 和 Visible 属性为 True 时，它才能接收焦点。Enabled 属性允许对象响应由用户触发的事件，如键盘和鼠标事件，而 Visible 属性决定了对象在屏幕上是否可见。

2. Tab键序

Tab键序是指用户按Tab键时，焦点在控件间移动的顺序。当向窗体中设置控件时，系统会自动按顺序为每个控件指定一个Tab键序。Tab键序也反映在控件的TabIndex属性中，其属性值为0,1,2,…。通过改变控件的TabIndex属性值，可以改变默认的焦点移动顺序。

【例3.4】 显示唐诗“静夜思”，要求设置如下3个命令按钮。

- “显示”按钮：用于显示唐诗“静夜思”。
- “清除”按钮：用于清除所生成的文本。
- “结束”按钮：结束程序的运行。

设计步骤如下：

(1) 创建应用程序的用户界面和设置对象的属性。在窗体上建立3个按钮CmdPrt，CmdCls和CmdEnd，其Caption属性分别为“显示”、“清除”和“结束”，如图3.4所示。

(2) 编写程序代码。编写的3个按钮的单击事件过程代码如下：

```
Private Sub CmdPrt_Click()
    BackColor=RGB(255, 255, 255)        '背景色(白色),RGB函数的使用见附录B
    ForeColor=RGB(0, 0, 255)            '前景色(蓝色)
    FontName="楷体_GB2312"              '字体名
    FontSize=20                         '字号
    FontBold=True                       '粗体
    CurrentX=1200                       '横坐标
    CurrentY=350                        '纵坐标
    Print "静夜思(唐诗)"
    Print
    FontName="幼圆"
    FontSize=13
    Print Spc(6); "床前明月光,疑是地上霜"
    Print
    Print Spc(6); "举头望明月,低头思故乡"
End Sub
Private Sub CmdCls_Click()
    Cls                                 '清除窗体上的文本
End Sub
Private Sub CmdEnd_Click()
    End
End Sub
```

程序运行后单击“显示”按钮，输出结果如图3.5所示。

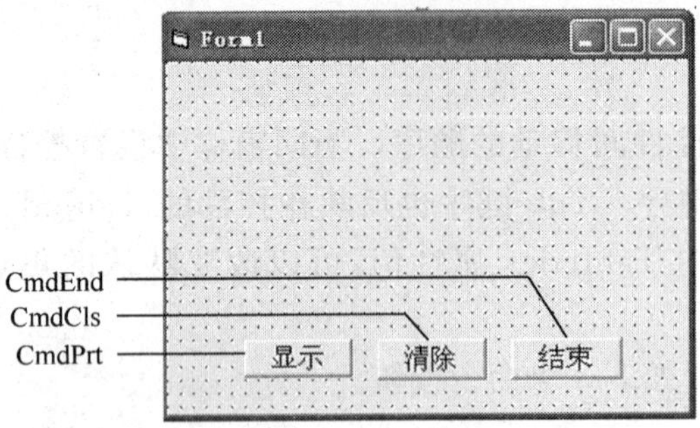

图 3.4　例 3.4 的设计界面

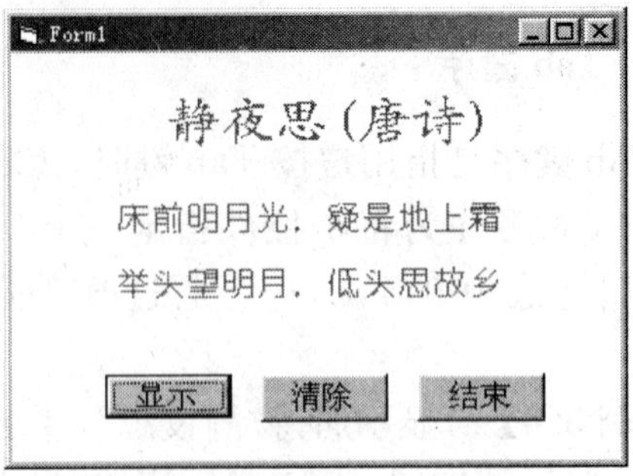

图 3.5　例 3.4 的运行界面

3.5　基本控件

窗体为应用程序提供了一个窗口，但是仅有窗体是不够的，还需要在其中放置各种控件才能实现用户与应用程序之间的信息交互。

本节，将介绍控件的公共属性和三种基本控件——命令按钮、标签和文本框。其他常用的控件将在以后各章中陆续介绍。

3.5.1　控件的公共属性

控件有很多共同的属性，下面介绍多数控件所共有的常用属性。在以后介绍具体控件时，将不再重复介绍这些属性。

(1) Name 属性：用于定义控件对象的名称。每当新建一个控件时，VB 会给该控件指定一个默认名，如 Command1，Command2，…；Text1，Text2，…。控件的 Name(名称)属性必须以字母开头，其后可以是字母、数字和下划线。名称长度不能超过 40 个字符。

用户可在属性窗口的"名称"栏中设置控件的名称。但在程序运行时，Name 属性是只读的，即不能在程序中修改。

(2) Caption 属性：用于确定控件的标题。对于命令按钮、标签等控件，此属性保存的文字内容会出现在控件的上方。Caption 属性是说明性的文字，可以是任意的字符串。

当创建一个控件时，其默认标题与默认的 Name 属性值相同，如 Command1，Label1 等。可以通过程序代码改变其值，例如：

```
Command1.Caption="结束"
```

执行该语句将使命令按钮 Command1 的标题更改为"结束"。

可以在 Caption 属性中为控件指定一个访问键。设置方法是：在想要指定为访问键的字符前加一个"&"符号。例如，将命令按钮的 Caption 属性设置为"结束(&E)"，运行时该控件外观如图 3.6 所示，只要用户同时按下 Alt 键和 E 键，就能执行该按钮命令。

(3) Enabled 属性：决定控件是否对用户产生的事件做出响应。如果将控件的 Enabled 属性值设置为 True(默认值)，则控件有效，允许控件对事件做出响应；当设置 Enabled 属性值为 False 时，则控件变成浅灰色，不允许使用。

(4) Visible 属性：决定控件是否可见，默认值为 True。当设置 Visible 属性值为 False

时，控件不可见。

(5) Height，Width，Top 和 Left 属性：Height 和 Width 属性确定控件的高度和宽度，Top 和 Left 属性确定控件在窗体中的位置。Top 表示控件到窗体顶部的距离，Left 表示控件到窗体左边框的距离。图 3.7 给出了控件这 4 个属性值与窗体的关系。

图 3.6　具有访问键的命令按钮

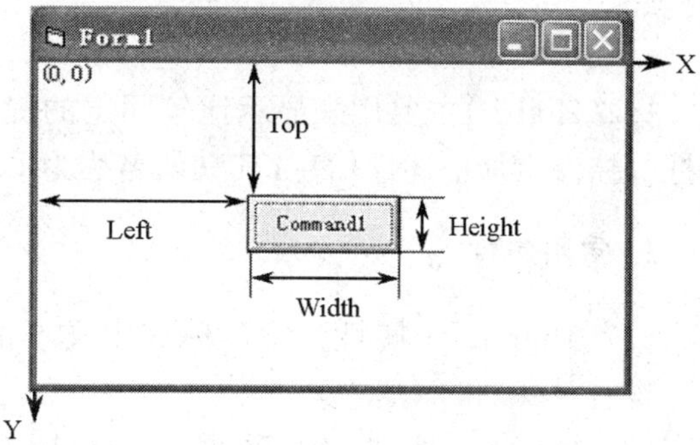

图 3.7　控件的大小及位置

(6) BackColor 和 ForeColor 属性：这两个属性用于设置控件的背景色和前景色。

(7) FontName，FontSize，FontBold，FontItalic，FontStrikethru 和 FontUnderline 属性：与窗体类似。

(8) Font 对象属性：与窗体类似。

3.5.2　命令按钮

命令按钮(CommandButton，简称按钮)用于接收用户的操作信息，并触发程序的某个操作。当用户用鼠标单击命令按钮，或者选中命令按钮后按回车键，或者按命令按钮的访问键等时，就会触发该命令按钮相应的事件过程。

1. 常用属性

(1) Default 属性和 Cancel 属性：窗体上的命令按钮常会有一个“默认”按钮和一个“取消”按钮。所谓“默认”按钮是指无论当前焦点处于何处，只要用户按下 Enter 键就等价于单击该按钮，则自动执行该命令按钮的 Click 事件过程；“取消”按钮是指只要用户按下 Esc 键，就等价于单击该按钮，则自动执行该命令按钮的 Click 事件过程。

Default 属性和 Cancel 属性分别用于设置“默认”按钮和“取消”按钮，当其值设置为 True 时，表示将对应的命令按钮设置为“默认”按钮或“取消”按钮。

(2) Style 属性：设置命令按钮的外观，默认值为 0 时，表示以标准的 Windows 按钮方式显示；其值为 1 时，表示以图形按钮方式显示，此时可用 Picture，DownPicture 和 DisabledPicture 属性来分别指定按钮在正常、被按下和不可用三种状态下的图片。

(3) Value 属性：该属性只能在程序运行期间使用。设置为 True 表示该命令按钮被按下。

2. 常用事件和方法

命令按钮最常用的事件是 Click(单击)事件,但不支持 DblClick(双击)事件。

命令按钮常用的方法是 SetFocus 方法。

3.5.3 标签

标签(Label)主要用来显示比较固定的提示性信息。通常使用标签为文本框、列表框、组合框等控件附加描述性信息,其默认名称为 Label1,Label2,…。

1. 常用属性

(1) Alignment 属性:设置标签中文本的对齐方式,共有 3 个可选项:0(左对齐,默认值),1(右对齐)和 2(居中)。

(2) AutoSize 属性:确定标签的大小是否根据标签的内容自动调整。默认值为 False,表示不自动调整大小。

(3) BorderStyle 属性:设置标签的边框,可以取两种值,0 表示无边框(默认值),1 表示加上边框。

(4) BackStyle 属性:设置标签的背景模式,共有两个选项,1 表示标签将覆盖背景(默认值),0 表示标签是"透明"的。

(5) WordWrap 属性:设定标签大小是否根据其内容改变垂直方向的大小,即是否增/减行来适应内容的变动,但保持宽度不变。当属性值为 False(默认值)时,表示不改变标签的垂直方向大小以适应标签内容的变动。设置为 True 时,表示将改变标签的垂直方向大小以适应标签内容的变动。

为了使 WordWrap 起作用,应把 AutoSize 属性值设置为 True。

2. 常用事件和方法

标签可触发 Click,DblClick 等事件。

标签支持 Move 方法,用于实现控件的移动。

3.5.4 文本框

文本框(TextBox)是一个文本编辑区域,用户可以在该区域中输入、编辑和显示文本内容。默认情况下,文本框只能输入单行文本,并且最多可以输入 2 048 个字符。

1. 常用属性

文本框具有一般控件的常用属性,但文本框没有 Caption 属性。下面介绍它的一些特殊属性。

(1) Maxlength 属性:该属性确定文本框中文本的最大长度。默认值为 0,对于单行显示的文本框,指定最大长度为 2KB;对于多行显示的文本框,指定最大长度为 32KB。若将其设置为正整数值,这一数值就是可容纳的最大字符数。

(2) Multiline 属性:该属性指定文本框中是否允许显示和输入多行文本。当该属性值为

False时,文本框只能输入单行文本;当设定该属性值为True时,可以使用多行文本。在多行文本框中,当显示和输入的文本超过文本框的右边界时,文本会自动换行,在输入时也可以按Enter键强行换行,按Ctrl+Enter键可以插入一个空行。

(3) PasswordChar属性:该属性确定在文本框中是否显示用户输入的字符,常用于密码输入。当把该属性设置为某个字符,如星号"*"时,以后用户在文本框中输入字符时,显示的不是输入的字符,而是被设置的字符(如星号),但在文本框中的实际内容仍是输入的文本,只是显示结果被改变了,因此可作为密码使用。

注意,只有在Multiline属性值被设置为False的前提下,PasswordChar属性才能起作用。

(4) ScrollBars属性:该属性指定在文本框中是否出现滚动条。共有4个属性值:默认值为0,表示不出现滚动条;值为1表示出现水平滚动条;值为2表示出现垂直滚动条;值为3表示同时出现水平滚动条和垂直滚动条。

注意,使文本框出现滚动条的前提是Multiline属性必须设置为True。

(5) SelStart属性、SelLength属性和SelText属性:这3个属性用来标识用户选定的文本,它们只在运行阶段有效。SelStart表示选定文本的开始位置,默认值为0,表示从第1个字符开始;SelLength表示选定文本的长度;SelText表示选定的文本内容。

(6) Text属性:该属性设置或返回文本框中所包含的文本内容。默认值为Text1,Text2,…。

(7) Locked属性:该属性设置文本框是否可以进行编辑修改。当设置值为False(默认值)时,表示文本框可以编辑修改;若设置为True时,表示文本框只读。

2. 常用事件和方法

文本框支持Click,DblClick等鼠标事件,同时支持Change,GotFocus,LostFocus等事件。

当文本框的Text属性内容发生变化时,触发文本框的Change事件。例如,当用户在文本框中每输入一个字符时,就会触发一次Change事件。

文本框常用方法有SetFocus方法和Move方法。

3.6 使用对话框

对话框是程序与用户进行交互的重要途径。对话框既可以用来显示信息,也可以用于输入信息。在VB中提供两种内容对话框:输入对话框和消息对话框。这两种对话框可以通过系统提供的函数(InputBox和MsgBox)来创建,而不必为对话框另建窗体。

3.6.1 输入对话框

InputBox函数的语法格式如下:

变量=InputBox(提示[,标题][,默认值][,xpos][,ypos])

其中:

(1) "提示"指定在对话框中显示的文本。要使"提示"文本换行显示,可在换行处插入回车符(Chr(13))、换行符(Chr(10))(或系统符号常量vbcrLf)或回车换行符(Chr(13)

+Chr(10)),使显示的文本换行。

(2)“标题”指定对话框的标题。

(3)“默认值”用于指定输入框(用于输入内容的文本框)中显示的默认文本。

(4) xpos 和 ypos 分别指定对话框的左边和上边与屏幕左边和上边的距离。

该函数的作用是打开一个对话框,等待用户输入,当用户输入内容后单击“确定”按钮或按回车键时,函数返回输入的值,其值的类型为字符串。

例如下列语句:

filename =InputBox("请输入文件名(不超过 8 个字符)","文件名","vbfile")

将产生一个如图 3.8 所示的输入对话框。当用户在对话框中输入文本后,单击“确定”按钮,输入的文本将返回给变量 filename 。若用户单击“取消”按钮,返回的将是一个空字符串。

图 3.8　输入对话框

如果把上述语句改为

filename=InputBox("请输入文件名"+Chr(13)+"(不超过 8 个字符)","文件名","vbfile")

则是把“提示”信息分为“请输入文件名”和“(不超过 8 个字符)”两行显示,如图 3.9 所示。

图 3.9　“提示”信息分行显示

【例 3.5】　设计程序,通过 InputBox 函数输入一个华氏温度,然后将其转换为摄氏温度输出。转换公式为 C =(F-32) * 5/9,显示结果保留两位小数。

在窗体上建立两个标签控件 Label1 和 Label2,分别显示华氏温度值和摄氏温度值。

编写代码如下:

```
Private Sub Form_Load()
    Dim f As Single, c As Single
    f = Val(InputBox("输入华氏温度"))
    c = (f - 32) * 5 / 9
    Label1.Caption = "输入的华氏温度为:" & Format(f, "00.00")
    Label2.Caption = "转换成摄氏温度为:" & Format(c, "00.00")
End Sub
```

运行后弹出一个如图 3.10 所示的输入对话框。当用户在对话框中输入“90”后单击对话框的“确定”按钮或按回车键，输入的字符串将返回给程序。最后在两个标签上显示处理结果，如图 3.11 所示。

图 3.10　弹出的输入框

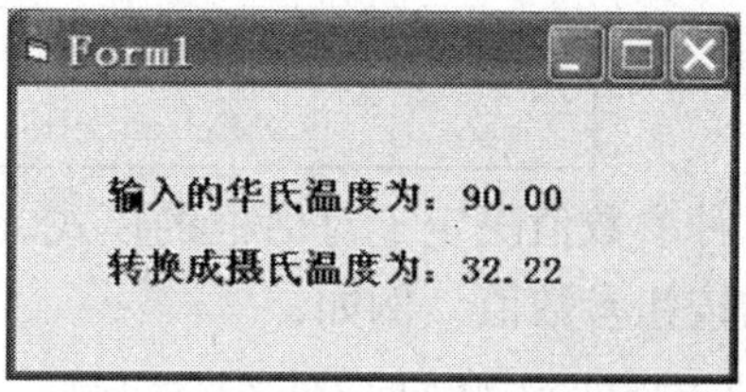

图 3.11　显示结果

注意，InputBox 函数值是一个字符串，因此程序中通过 Val 函数将其转换为数值。

3.6.2　消息对话框

使用 MsgBox 函数可以产生一个对话框来显示消息(如图 3.12 所示)。当用户单击某个按钮后，将返回一个数值以标明用户单击了哪个按钮。其语法格式是：

变量＝MsgBox(提示[，对话框类型[，对话框标题]])

其中：

(1) “提示”指定在对话框中显示的文本。在“提示”文本中使用回车符(Chr(13))、换行符(Chr(10))或回车换行符(Chr(13)＋Chr(10))，可以使显示的文本换行。

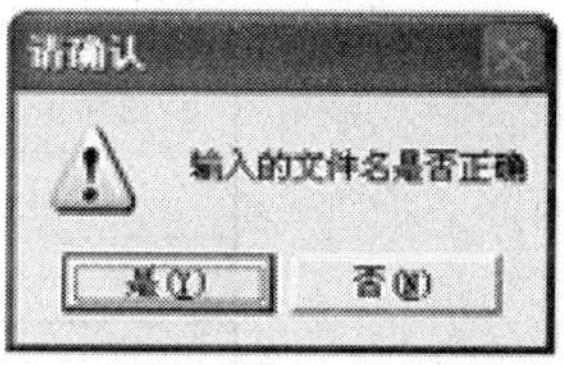

图 3.12　消息对话框

(2) “对话框标题”指定对话框的标题。

(3) “对话框类型”指定对话框中出现的按钮和图标，一般有 3 个参数，其取值和含义见表 3.1、表 3.2 和表 3.3。

表 3.1　参数 1——出现按钮

值	符 号 常 量	显示的按钮
0	vbOKOnly	“确定”按钮
1	vbOKCancel	“确定”和“取消”按钮
2	vbAbortRetryIgnore	“终止”、“重试”和“忽略”按钮
3	vbYesNoCancel	“是”、“否”和“取消”按钮
4	vbYesNo	“是”和“否”按钮
5	vbRetryCancel	“重试”和“取消”按钮

表 3.2　参数 2——图标类型

值	符 号 常 量	显示的图标
16	vbCritical	停止图标
32	vbQuestion	问号(?)图标
48	vbExclamation	感叹号(!)图标
64	vbInformation	消息图标

表 3.3　参数 3——默认按钮

值	符号常量	默认的活动按钮
0	vbDefaultButton1	第 1 个按钮
256	vbDefaultButton2	第 2 个按钮
512	vbDefaultButton3	第 3 个按钮

这 3 种参数值决定了对话框的模式。可以把这些参数值(每组值只取一个)相加以生成一个组合的按钮参数值。例如:

```
y=MsgBox("输入的文件名是否正确",52,"请确认")
```

显示的对话框如图 3.12 所示。其中 52=4+48+0 表示显示两种按钮(“是”和“否”)、采用感叹号(!)图标和指定第一个按钮为默认的活动按钮。

(4) MsgBox 返回值指明了用户在对话框中选择了哪一个按钮,如表 3.4 所示。

表 3.4　函数返回值

返回值	符号常量	所对应的按钮
1	vbOK	“确定”按钮
2	vbCancel	“取消”按钮
3	vbAbort	“终止”按钮
4	vbRetry	“重试”按钮
5	vbIgnore	“忽略”按钮
6	vbYes	“是”按钮
7	vbNo	“否”按钮

(5) 选项中的值可以是数值,也可以是符号常量,例如:

```
x=vbYesNoCancel + vbQuestion + vbDefaultButton1
y=MsgBox("输入的文件名是否正确", x, "请确认")
```

(6) 如果省略了某一选项,必须加入相应的逗号分隔符,例如:

```
y=MsgBox("输入的文件名是否正确", ,"请确认")
```

(7) 若不需要返回值,则可以使用 MsgBox 的语句格式:

MsgBox 提示[, 对话框类型[, 对话框标题]]

【例 3.6】　通过输入框输入姓名,然后在消息框中显示出来。

```
Private Sub Form_Load()
    x=InputBox("输入您的姓名","您叫什么名?")
    y=MsgBox( x & "先生:祝您马到功成!")
End Sub
```

运行后弹出一个如图 3.13 所示的输入对话框。当用户在对话框中输入“张三”后单击对话框的“确定”按钮,输入的文本将返回给变量 x。接着执行第二条语句的函数 MsgBox,就会显示如图 3.14 所示的消息框。

图 3.13　例 3.6 产生的对话框

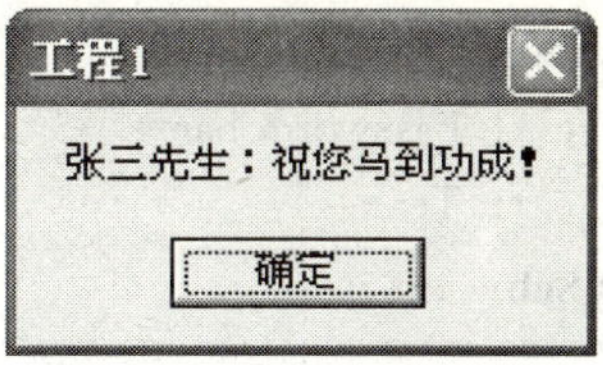

图 3.14　例 3.6 输出的消息框

【例 3.7】　设计一个密码输入的简单检验程序，程序的运行界面如图 3.15 所示。密码假定为“123456”，密码输入时在屏幕上不显示输入的字符，而以“ * ”代替。

当输入密码正确时，通过消息框显示信息“欢迎您用机!”；当输入密码不对时，弹出如图 3.16所示的消息框，显示信息“密码错误!”和提示“重试”及“取消”。当用户单击“重试”按钮时，MsgBox 函数返回值 4(见表 3.4)，通过条件判断后执行 Text1.SetFocus(即焦点定位在原输入的文本框，供用户再输入)；当用户单击“取消”按钮时，MsgBox 函数返回值 2，则弹出消息框显示信息“密码错误，不重试了!”和结束程序。

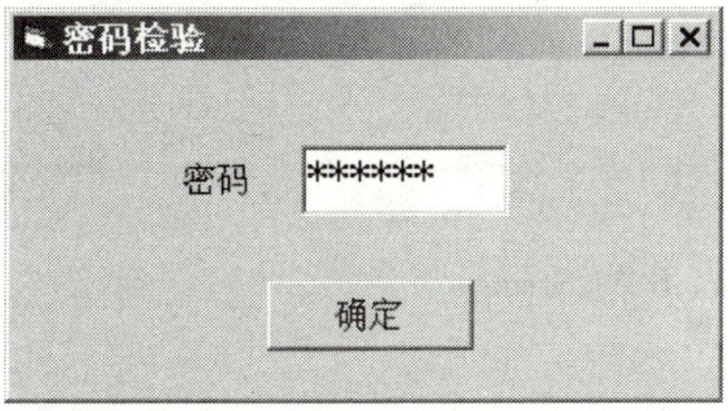

图 3.15　密码检验运行界面

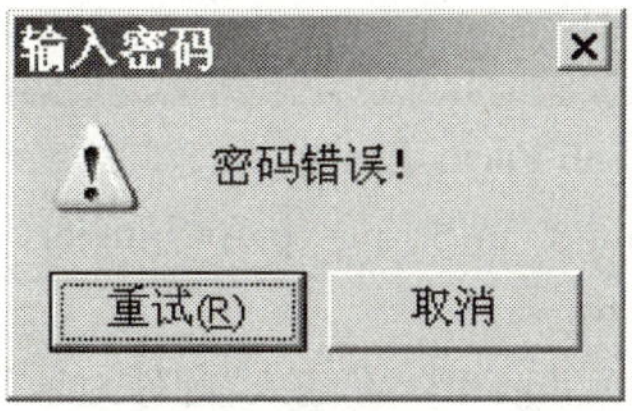

图 3.16　密码输入错误时弹出的消息框

(1) 创建用户界面和设置对象的属性。在窗体上放置一个标签(显示“密码”)、一个文本框 Text1 和一个命令按钮 Command1。文本框用于输入密码，故在 Form_Load 事件过程代码中加入语句 Text1.PasswordChar="*"。

(2) 编写程序代码。编写的 2 个事件过程代码如下：

```
Private Sub Command1_Click()                '“确定”
    Dim p As Integer
    If Text1.Text="123456" Then
        MsgBox "欢迎您用机!"
    Else
        p=MsgBox("密码错误!", 5 + 48, "输入密码")      '在消息框上显示“重试”和
                                                     '“取消”按钮，以及“!”图标
        If p=4 Then                          '4 表示单击了“重试”按钮
            Text1.SetFocus                   '焦点定位在原输入的文本框中
        Else
            MsgBox "密码错误，不重试了!"      '若单击了“取消”按钮，又会弹出另一消息框
            End
        End If
    End If
```

```
End Sub
Private Sub Form_Load()
    Text1.PasswordChar="*"                    '设置以"*"替代显示
    Text1.Text=""
End Sub
```

说明:本例使用了语句“If... Then... Else”(双分支 If 语句),关于该语句的含义,请见 4.2 节。

3.7 程序举例

【例 3.8】 电子邮件地址一般由用户名和主机域名两部分组成。编写程序,从一个邮件地址中分离出用户名和主机域名,如从“zsuhdh2010@163.com”中分离出用户名“zsuhdh2010”和主机域名“163.com”。邮件地址内容由 InputBox 函数输入。

分析:假设通过 InputBox 函数输入的邮件地址为 x,先从 x 中找出字符“@”,再以此字符为界拆分成两个字符串。查找“@”字符可以使用函数 InStr(x,"@")来实现。

编写的程序代码如下:

```
Private Sub Form_Load()
    Dim x As String, p As Integer, a As String, b As String
    Show
    x = InputBox("输入"邮件地址"的内容")
    p = InStr(x, "@")                   '查找字符@,得到@的位置
    a = Left(x, p-1)                    '取@左边部分
    b = Mid(x, p+1)                     '取@右边部分,也可用 b=Right(x,Len(x)-p)
    Print "用户名:" & a
    Print "主机域名:" & b
End Sub
```

程序运行后弹出一个输入对话框,当用户输入“zsuhdh2010@163.com”后单击“确定”按钮,输出结果如下:

用户名:zsuhdh2010
主机域名:163.com

【例 3.9】 设计程序,在窗体上设置 3 个命令按钮,如图 3.17 所示。程序进入运行状态后,当单击“窗体变大”命令按钮时,窗体变大;单击“窗体变小”按钮时,窗体变小;单击“退出”按钮时,退出。

图 3.17　例 3.9 的设计界面

(1) 分析:通过 Height(高)和 Width(宽)属性可以改变窗体的大小。当在 Height 和 Width 原有值的基础上增加若干个点(如 200 点,以缇为

单位),则窗体变大;若减少若干个点(如 200 点),则窗体变小。

(2) 在窗体上建立 3 个命令按钮 Command1,Command2 和 Command3,其 Caption 属性分别为"窗体变大"、"窗体变小"和"退出",如图 3.17 所示。

(3) 编写程序代码。

编写的 4 个事件过程代码如下:

```
Private Sub Form_Load()
    Form1.Height=4000                 '设置窗体的高度
    Form1.Width=4000                  '设置窗体的宽度
    Form1.Top=1000                    '设置窗体的初始位置
    Form1.Left=1000
End Sub
Private Sub Command1_Click()          '"窗体变大"
    Form1.Height=Form1.Height + 200   '每次增加 200 点
    Form1.Width=Form1.Width + 200
End Sub
Private Sub Command2_Click()          '"窗体变小"
    Form1.Height=Form1.Height - 200   '每次减少 200 点
    Form1.Width=Form1.Width - 200
End Sub
Private Sub Command3_Click()          '"退出"
    End
End Sub
```

【例 3.10】 在窗体上创建 3 个文本框,如图 3.18 所示。程序运行后,在第一个文本框中输入文字时,在另外两个文本框中显示相同的内容,但显示的字号和字体不同。单击"清除"按钮时,清除 3 个文本框中的内容。

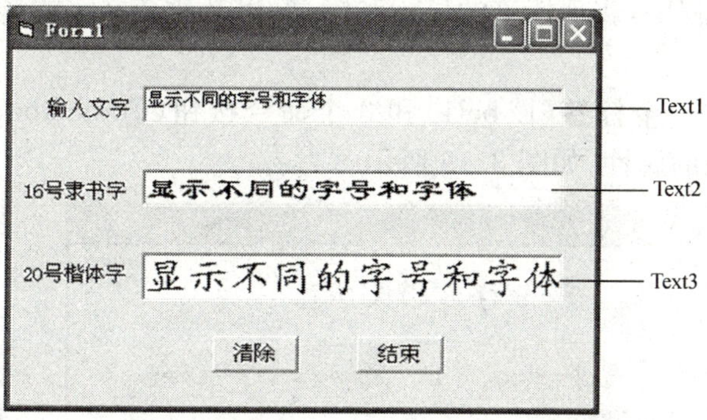

图 3.18　显示不同的文字效果

(1) 创建应用程序的用户界面和设置对象属性。窗体上含有 3 个标签 Label1～Label3,3 个文本框 Text1～Text3 和两个命令按钮 Command1～Command2。3 个标签及两个命令按钮的 Caption 属性值如图 3.18 所示。3 个文本框的 Text 属性均设置为空值,文本框 Text1 的

TabIndex 属性设置为 0。

(2) 编写程序代码。

编写的 4 个事件过程代码如下：

```
Private Sub Form_Load()
    Text2.FontName="隶书"
    Text2.FontSize=16
    Text3.FontName="楷体_GB2312"
    Text3.FontSize=20
End Sub
Private Sub Text1_Change()
    Text2.Text=Text1.Text
    Text3.Text=Text1.Text
End Sub
Private Sub Command1_Click()                    '"清除"
    Text1.Text=""                               '清除文本框 Text1 的内容
    Text2.Text=""                               '清除文本框 Text2 的内容
    Text3.Text=""                               '清除文本框 Text3 的内容
    Text1.SetFocus                              '设置焦点
End Sub
Private Sub Command2_Click()                    '"结束"
    End
End Sub
```

程序运行时，光标在文本框 Text1 中闪烁，当从键盘向该文本框输入内容时，都会触发 Change 事件和执行 Text1_Change 事件过程，则在文本框 Text2 和 Text3 中以不同的字体、字号显示出文本框 Text1 中的内容，如图 3.18 所示。

【例 3.11】 设计程序，实现标签的显示和隐藏，以及改变文字的颜色。

设计的步骤如下：

(1) 在窗体上建立一个标签(Label1)和 3 个命令按钮(Command1，Command2 和 Command3)，然后设置对象的属性，如图 3.19 所示。

图 3.19　例 3.11 的设计界面

3 个命令按钮的 Caption 属性值设置为“改变文字颜色(&C)”、“隐藏标签(&H)”和“显示标签(&D)”，这样在程序运行时就可以使用组合键 Alt+C，Alt+H 和 Alt+D 来分别执行这 3 个命令。

（2）编写程序代码。

本程序含有以下 4 个事件过程：

```
Private Sub Form_Load()
    Randomize
    Label1.BackColor=QBColor(15)          '标签背景色
    Label1.ForeColor=QBColor(0)           '标签文字颜色
    Label1.FontSize=18                    '标签字号大小
End Sub
Private Sub Command1_Click()              '"改变文字颜色"
    Clr=Int(15 * Rnd)                     '产生随机颜色码
    Label1.ForeColor=QBColor(Clr)
End Sub
Private Sub Command2_Click()               '"隐藏标签"
    Label1.Visible=False
End Sub
Private Sub Command3_Click()               '"显示标签"
    Label1.Visible=True
End Sub
```

说明：在 Command1_Click 事件过程中，采用随机函数来产生颜色代码（0～14；15 为底色，不用），以此来改变标签中的文字颜色，故在 Form_Load 事件过程中采用 Randomize 来初始化随机数发生器。

习　题　3

一、单选题

1. 语句 s=s+1 的正确含义是______。

A. 变量 s 的值与 s+1 的值相等　　B. 将变量 s 的值存到 s+1 中去

C. 将变量 s 的值加 1 后赋给变量 s　　D. 变量 s 的值为 1

2. 下列______是一个合法的赋值语句。

A. x = 2m　　B. y = "正确答案是:"x

C. 3 = x−1　　D. x = ((x − 1) / 2 − 3) / 4

3. 假设已使用如下变量声明语句：

Dim date_1 As Date

则为变量 date_1 正确赋值的语句是______。

A. date_1=date("1/1/2000")　　B. date_1=#1/1/2000#

C. date_1=1/1/2000　　D. date_1="#1/1/2000#"

4. 下列程序段执行后，输出结果是________。

```
a=0 : b=1
a=a+b : b=a+b:  Print a;b
a=a+b : b=a+b:  Print a;b
a=b-a : b=b-a:  Print a;b
```

A. 1 2　　B. 3 5　　C. 1 2　　D. 1 2
　 3 4　　　 2 3　　　 3 4　　　 3 5
　 3 4　　　 1 2　　　 2 3　　　 2 3

5. 语句 Print "Sqr(16)=";Sqr(16)的输出结果为______。
   A. Sqr(16)=Sqr(16)　　B. Sqr(16)=4
   C. "4="4　　D. 4=Sqr(16)

6. 有以下程序段,输出结果是______。

```
x="ABC" : y="abc"
m=Lcase(x) : n=Ucase(y)
Print Mid(m+n,3,2)
```

   A. Ca　　B. cA　　C. ccA　　D. ca

7. 有以下程序段,运行结果是______。

```
Const st As String ="ABC"
st="123"
st=st + "6"
```

   A. 正常运行　　B. 常量 st 的值为"1236"
   C. 常量 st 的值为"ABC1236"　　D. 显示出错信息

8. 在窗体支持的事件中,由系统自动触发的事件是______事件。
   A. Activate 和 Load　　B. Load 和 Unload
   C. Click 和 DblClick　　D. MouseDown 和 MouseUp

9. 下列叙述中,错误的是______。
   A. 当某一控件的 Enable 属性值为 False 时,则该控件在程序运行时不起作用
   B. 要在 Form_Load 事件过程中使用 Print 方法在窗体上输出内容,应先调用窗体的 Show 方法
   C. 标签和文本框都能显示文字,且在运行时都可由用户编辑这些文字
   D. 命令按钮能响应单击事件,但不能响应双击事件

10. 在文本框中输入一个字符时,能同时触发的事件是____(1)____和____(2)____。
   (1)(2) A. KeyPress　　B. Click　　C. Change　　D. GotFocus

11. 假设 Text1 是某一个文本框的名称,下列语句中正确的是______。
   A. Text1. Height=600　　B. Text1. Print 123
   C. Text1. Caption="新标题"　　D. Text1. Name="文本框"

12. 设有语句

```
Label1. Caption=InputBox("输入标题","新标题","旧标题")
```

执行后,当弹出输入对话框时,若用户不输入内容就直接按下回车键,则______。

A. 标签 Label1 的标题内容是“新标题”

B. 标签 Label1 的标题内容是“旧标题”

C. 标签 Label1 的标题内容不能确定

D. 标签 Label1 的标题内容为空白

13. 假定有如下的命令按钮(名称为 Command1)事件过程：

```
Private Sub Command1_Click()
    a = InputBox("请输入", "输入数据")
    MsgBox "请确认", , "数据内容:" & a
End Sub
```

程序运行后，单击命令按钮，如果从键盘上输入数据 21，则以下叙述中错误的是______。

A. a 的值是数值 21

B. 输入对话框的标题是“输入数据”

C. 消息框的标题是“数据内容:21”

D. 消息框中显示的是“请确认”

14. 当在文本框 Text1 中输入“ABC”3 个字符时窗体上显示的是______。

```
Private Sub Text1_Change()
    Print Text1. Text
End Sub
```

A.	B.	C.	D.
ABC	A B C	ABC AB A	A AB ABC

15. 在窗体上已经建立了两个文本框 Text1 和 Text2，并编写如下 3 个事件过程：

```
Private Sub Form_Click()
    Text2. Text=Text1. Text
    Text1. Text=Text2. Text + "P"
End Sub
Private Sub Text1_Change()
    Text2. Text=Text2. Text + Text1. Text
End Sub
Private Sub Form_Load()
    Text1. Text="M"
    Text2. Text="N"
End Sub
```

运行程序后单击窗体，则在文本框 Text2 中显示的内容是______。

A. MP　　B. MMP　　C. MMPP　　D. NMMP

16. 下列关于 Name 属性的叙述中，正确的是______。

A. 所有窗体和控件都有 Name 属性，其值不能为空

B. Name 属性值可以以字母或数字开头

C. 标签的 Name 属性值是显示在标签标题(Caption)中的文本

D. Name 属性值可以在属性窗口中修改,也可以通过代码来修改

二、填空题

1. 执行语句 Print Format(123.5,"$000,#.##")的输出结果是______。

2. 要在标签 Label1 上显示"a * b=",所使用的语句是______。

3. 确定一个控件大小的属性是______和______。

4. 为了使标签中的标题(Caption)内容居中显示,应将 Alignment 属性值设置为______。

5. 要使文本框 Text1 具有焦点,应执行的语句是______。

6. 为了使文本框具有垂直滚动条,应将______属性值设置为 True,再将______属性值设置为______。

7. 在窗体上已建立两个文本框(Text1 和 Text2)和一个命令按钮(Command1),并编写了如下两个事件过程:

```
Private Sub Command1_Click()
    Text1.Text=Val(Text1.Text) + Val(Text2.Text)
    Text2.Text=Val(Text1.Text + Text2.Text)
End Sub
Private Sub Form_Load()
    Text1.Text="1"
    Text2.Text=InputBox("输入一个数字字符串")
End Sub
```

程序运行时弹出一个输入对话框,如果在对话框中输入"23"后按回车键,然后单击命令按钮,则在两个文本框 Text1 和 Text2 中显示的内容分别为____(1)____和____(2)____。

编程及上机调试

按照下列各题的要求进行编程练习。各题的程序文件名分别为 ex0301(第 1 题)~ex0305(第 5 题),保存在用户文件夹下的"第 3 章"子文件夹中。

1. 由用户输入一个三位数,求出该数的倒序数,如输入的数为 123,则倒序数为 321。某同学编程如下:

```
Private Sub Form_Load()
    Dim x As Integer, y As Integer
    Dim a As Integer, b As Integer, c As Integer
    x = Val(InputBox("请输入一个三位数"))
    a = Int(x / 100)                    '求百位数
    b = Int(x / 10) - a * 10            '求十位数
    c = x Mod 10                        '求个位数
    Print x; "倒序数为:"; y             '显示倒序数
    y = c * 100 + b * 10 + a            '生成倒序数
End Sub
```

该程序有错需要修改,请从下面修改方法中选择一个或多个正确选项,并对修改后的程序上机验证。

A. 在 Print 之前加入 Show 语句

B. 把求十位数的表达式改为 b = Int(x/10) − x * 10

C. 把最后两个语句 Print…与 y = …的位置互换

D. 把生成倒序数的表达式改为 y = a * 100 + b * 10 + c

E. 把事件过程名 Form_Load()改为 Form1_Click()

2. 设计程序，从文本框中输入一个整数 n(n<500)，单击“处理”按钮时产生 3 个 1～n 的随机整数，并分别显示在 3 个标签中。

3. 在窗体上设置一个命令按钮 Cmd1 和一个标签 Lab1，两个控件的 Visible 属性值均为 False，按钮的标题是“显示”。运行程序后，单击窗体时显示出命令按钮，再单击命令按钮时则显示标签，并在标签上显示“您已下达显示命令”。

4. 设计程序，从键盘输入字符时，在窗体上立即显示所输入的字符和该字符的 ASCII 码，如图 3.20 所示。双击窗体时，清除窗体上显示的内容。完善下列程序代码。

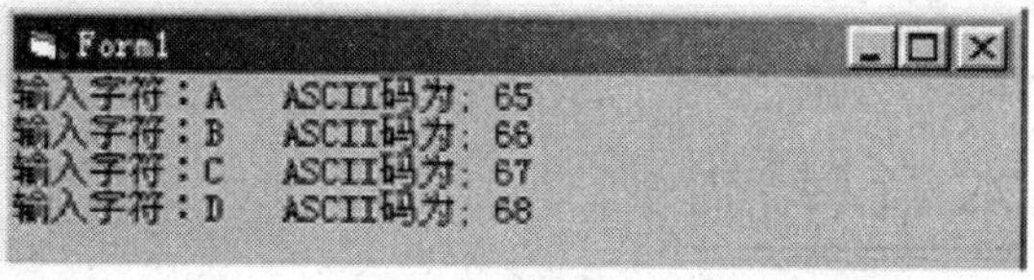

图 3.20　显示输入字符及其 ASCII 码

```
Private Sub Form_KeyPress(KeyAscii As Integer)
    Print "输入字符："; ______(1)______,"ASCII 码为："; ______(2)______
End Sub
Private Sub Form_DblClick()
    ______(3)______
End Sub
```

【提示】利用 Chr 函数可将字符的 ASCII 码转换为字符。

5. 要显示图 3.21、图 3.22 和图 3.23 所示各消息对话框，请写出相应的实现语句。

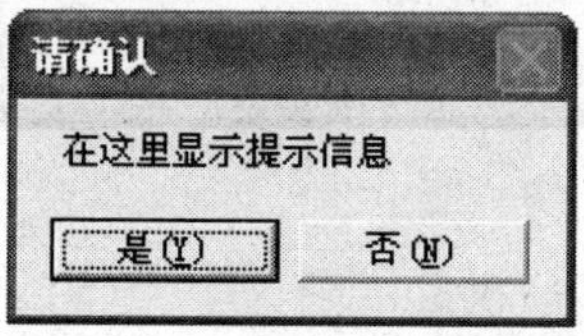

图 3.21　要显示的第一个消息对话框

图 3.22　要显示的第二个消息对话框

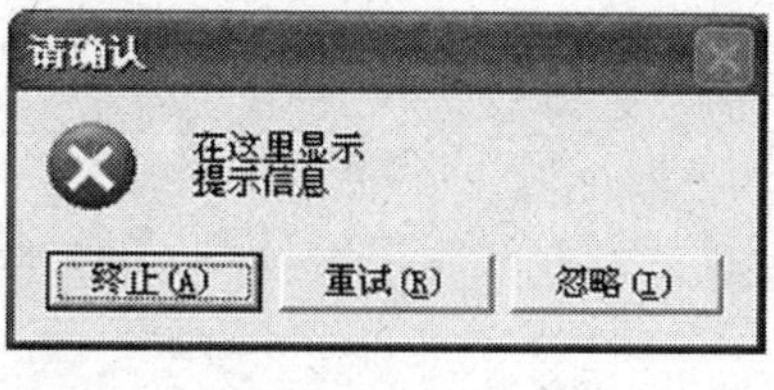

图 3.23　要显示的第三个消息对话框

说明：把几个语句写在 Form_Load 事件过程中。

第4章

选择结构程序设计

本章导读

- 条件表达式
- If 语句
- 多分支语句
- 选择性控件
- 计时器控件
- 程序举例

用顺序结构编写的程序比较简单，只能实现一些简单的处理。在实际应用中，有许多问题需要判断某些条件，根据判断的结果来控制程序的流程。使用选择结构的程序，可以实现这样的处理。

VB 中实现选择结构的语句主要有：If 语句和 Select Case 语句。

4.1　条件表达式

使用选择结构语句时，要用条件表达式来描述条件。条件表达式可以分为两类：关系表达式和逻辑表达式。条件表达式的取值为逻辑值(也称布尔值)：真(True)和假(False)。

4.1.1　关系表达式

关系表达式(也称为关系式)是用比较运算符把两个表达式(如算术表达式)连接起来的式子。表 4.1 列出了 VB 中的比较运算符及关系表达式示例。

表 4.1　比较运算符及关系表达式示例

运算符	名称	关系表达式示例	结果
<	小于	3<8	True
<=	小于等于	"2"<="4"	True
>	大于	6>8	False
>=	大于等于	7>=9	False
=	等于	"ac"="a"	False
<>	不等于	3<>6	True
Like	比较样式	"abc" Like "? bc"	True
Is	比较对象变量		

说明：

(1) 所有比较运算符的优先级都相同，运算时按其出现的顺序从左到右执行。

(2) 比较运算符两侧可以是算术表达式、字符串表达式或日期表达式，也可以是作为表达式特例的常量、变量或函数，但两侧的数据类型必须一致。

(3) 字符型数据按其 ASCII 码值进行比较。比较两个字符串时，先比较两个字符串的第一个字符，其中字符大的字符串大。如果第一个字符相同，则取第二个字符比较，以决定它们的大小，依次类推。

例如：

"A" 小于 "B"

"ABC" 小于 "B"

"123" 小于 "2"

"ABC" 大于 "AB2"

"ABC" 大于 "AB"

(4) Like 用于判断一个字符串是否属于某一种样式(内有通配符)，例如，"abc" Like "a *"和"ab" Like "a?" 为真值，而"bcd" Like "a *"为假值。Is 用来比较两个对象的引用变量，主要用于对象操作。

4.1.2　逻辑表达式

逻辑表达式是用逻辑运算符把关系表达式或逻辑值连接起来的式子。例如，数学式 $1 \leqslant x < 3$可以表示为逻辑表达式 1<=x And x<3。

VB 中的逻辑运算符有 And(与)，Or(或)，Not(非)，Xor(异或)，Eqv(等价)，Imp(蕴含)等 6 种。其真值表如表 4.2 所示。

表 4.2　逻辑运算真值表

A	B	A And B	A Or B	Not A	A Xor B	A Eqv B	A Imp B
True	True	True	True	False	False	True	True
True	False	False	True	False	True	False	False
False	True	False	True	True	True	False	True
False	False	False	False	True	False	True	True

从表 4.2 可以看出，经过 Not 运算后，原为真值(True)的量变为假值(False)，假值则变为真值；两个量均为真值，经过 And 运算后得到真值，否则为假值；两个量中只要有一个真值，经过 Or 运算后得到真值；两个量同时为真值或同时为假值，Xor 运算结果为假值，否则为真值；如果两个量同时为真值或同时为假值，Eqv 运算结果为真值，否则为假值；如果第一个量为真值且第二个量为假值，Imp 运算结果为假值，其他情况下结果为真值。

以下是逻辑表达式的示例：

Not(1<3)	1<3 为真，再取反，结果为假
5>=5 And 4<5+1	两个关系表达式为真，结果为真
"3"<="3" Or 5>2	结果为真

说明：

(1) 逻辑表达式的运算顺序是：先进行算术运算或字符串运算，再做比较运算，最后进行逻辑运算。括号优先，同级运算从左到右执行。

(2) 有时一个逻辑表达式里还包含多个逻辑符，例如：

```
3<>2 And Not 4<6 Or "12"="123"
```

运算时，按 Not，And，Or，Xor，Eqv，Imp 的优先级执行。上述逻辑表达式中，先进行 Not 运算，则有：真 And 假 Or 假；And 运算后进行 Or 运算，结果为假(False)。

【例 4.1】　判断某一年是否闰年的条件是：年号(y)能被 4 整除，但不能被 100 整除；或者能被 400 整除，用逻辑表达式来表示这个条件，可写成：

```
(y Mod 4=0 And y Mod 100<>0) Or (y Mod 400=0)
```

也可写成：

```
(Int(y/4)=y/4 And Int(y/100)<>y/100) Or (Int(y/400)=y/400)
```

说明：若条件 y Mod n=0(或 Int(y/n)=y/n)成立，则 y 能被 n 整除。

4.2　If 语句

根据 If 语句所包含的分支数，可以分成：单分支 If 语句、双分支 If 语句和嵌套的 If 语句

(即多分支 If 语句)。

4.2.1　单分支 If 语句

单分支 If 语句只有一个分支,其流程图如图 4.1 所示。该语句有两种格式:单行结构和块结构。

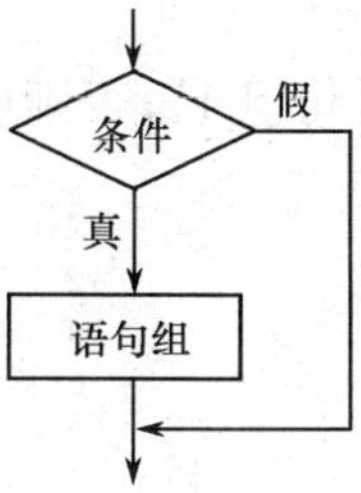

图 4.1　单分支 If 语句流程图

(1) 单行结构

```
If 条件 Then 语句组
```

(2) 块结构

```
If 条件 Then
    语句组
End If
```

单分支 If 语句的功能是:若"条件"成立(值为真),则执行 Then 后面的语句组,否则不执行。

"条件"是一个关系表达式或逻辑表达式。"语句组"也称语句序列,可以是一条或多条语句。在单行结构中,如果语句组包含多条语句,语句之间用冒号":"隔开。

注意:End If 表示语句的结束,输入时不能把 End 和 If 写在一起(如 EndIf),中间至少留一个空格,否则程序语法检查时会出错。其他语句如 End Sub,End Select,End Do 等,单词之间也要留空格。

【示例 1】　如果满足条件 cj<60 时,打印出"成绩不及格",采用的单行结构的条件语句是:

```
If cj<60 Then Print "成绩不及格"
```

也可以采用如下的块结构条件语句:

```
If cj<60 Then
  Print "成绩不及格"
End If
```

【示例 2】　如果条件成立时要执行多个语句,可以采用单行结构, 也可以采用块结构。

单行结构示例:

```
If cj>=60 Then n=n+1:Print "成绩及格"
```

注意:单行结构不用 End If 语句。

若采用块结构,上述语句可以写成:

```
If cj>=60 Then
  n=n+1
  Print "成绩及格"
End If
```

4.2.2　双分支 If 语句

双分支 If 语句有两个分支,其流程图如图 4.2 所示。该语句也有两种格式:单行结构和块结构。

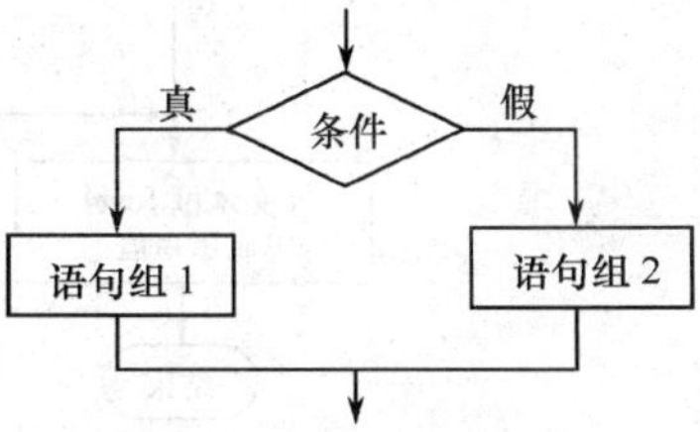

图 4.2　双分支 If 语句流程图

(1) 单行结构

```
If 条件 Then 语句组 1 Else 语句组 2
```

(2) 块结构

```
If 条件 Then
    语句组 1
Else
    语句组 2
End If
```

双分支 If 语句的功能:如果“条件”成立(值为真),执行 Then 后面的“语句组 1”;否则(值为假),执行 Else 后面的“语句组 2”。

【示例 3】　输出 x、y 两个数中的较大数。采用块结构为

```
If x>y Then
    Print x
Else
    Print y
End If
```

也可以写成如下的单行结构格式:

```
If x>y Then Print x Else Print y
```

【例 4.2】　输入 3 个数,求其中的最大数。

(1) 分析:假设这 3 个数分别为 a,b,c,并设置变量 m 来保存较大数,程序流程图如图 4.3 所示。先比较 a,b 两个数的大小,将其中的较大数存放在变量 m 中,然后比较 m,c 两个数的大小,若 c 大于 m,则将 c 值赋给 m。经过两次比较后,m 中的值就是最大数。

(2) 如图 4.4 所示,在窗体上建立 4 个标签、4 个文本框和一个命令按钮。文本框 Text1,Text2 和 Text3 用于输入 3 个数,Text4 用于输出最大数。

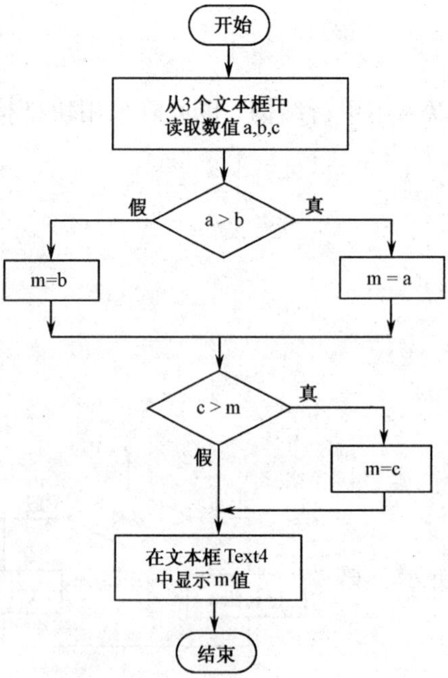

图 4.3　例 4.2 的程序流程图

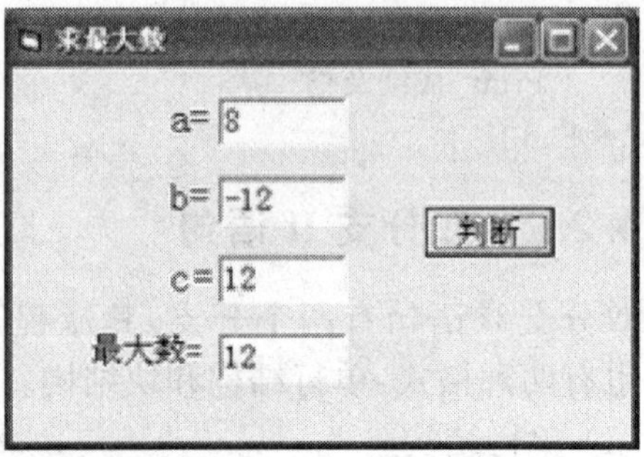

图 4.4　例 4.2 的运行界面

（3）编写程序代码。

编写的命令按钮 Command1 的单击事件过程如下：

```
Private Sub Command1_Click()           '"判断"
    Dim a As Single, b As Single       '对一般数值,可声明为单精度数
    Dim c As Single, m As Single
    a=Val(Text1.Text)
    b=Val(Text2.Text)
    c=Val(Text3.Text)
    If a>b Then
        m=a                            'm 用来存放较大值
    Else
        m=b
    End If
    If c>m Then m=c
    Text4.Text=m
End Sub
```

程序运行后，当输入 3 个数为 8，−12，12 时，输出结果如图 4.4 所示。

说明：程序流程图也称程序框图，它能直观地表示程序的处理步骤，是一种描述算法的常用方法。在具体编写程序语句之前，常常用它来表示设计思路。在流程图中，用扁圆形框表示开始和结束，用方框表示某种处理（加工步骤），用菱形表示条件（逻辑）判断，带箭头的线段表示程序流向（控制流）。

4.2.3 IIf 函数

IIf 函数可用来执行一些简单的条件判断操作，其语法格式是：

IIf(条件,条件为真时的值,条件为假时的值)

功能：对"条件"进行测试，若条件成立（为真值），取第一个值（即"条件为真时的值"），否则取第二个值（即"条件为假时的值"）。

例如，将 a，b 中的小数放入 min 变量中，语句如下：

```
min=IIf(a<b, a, b)
```

4.2.4 If 语句的嵌套

1. 一般格式

在 If 语句中，Then 和 Else 后面的语句组也可以包含另一个 If 语句，这就形成 If 语句的嵌套。例如：

```
If 条件 1 Then
   If 条件 2 Then
       ……
   End If
Else
```

```
    ......
End If
```

【例 4.3】 根据不同的时间段显示问候语,如 0 时～12 时,显示“早上好”。

本例采用默认的用户界面,利用窗体加载(Load)事件,采用 Print 方法直接在窗体上输出结果。程序代码如下:

```
Private Sub Form_Load()
    Dim h As Integer
    Show
    h=Hour(Time)                    '取系统的时间
    FontSize=30
    ForeColor=RGB(255, 0, 0)
    BackColor=RGB(255, 255, 0)
    If h<12 Then
        Print "早上好!"
    Else
        If h<18 Then
            Print "下午好!"
        Else
            Print "晚上好!"
        End If
    End If
End Sub
```

使用 If 语句嵌套时,一定要注意 If 与 Else,If 与 End If 的配对关系。

2. ElseIf 格式

如果出现多层 If 语句嵌套,将使程序冗长,不便阅读,为此 VB 提供了 If 语句的专用嵌套形式 ElseIf 语句。其流程图如图 4.5 所示,该语句的语法格式是:

```
If 条件 1 Then
    语句组 1
ElseIf 条件 2 Then
    语句组 2
ElseIf 条件 3 Then
    语句组 3
......
[Else
    语句组 n]
End If
```

这是多分支的 If 语句。该语句执行时先测试“条件 1”,如果为假,依次测试“条件 2”,以此类推,直到找到为真的条件。一旦找到一个为真的条件,VB 会执行相应的语句组,然后执

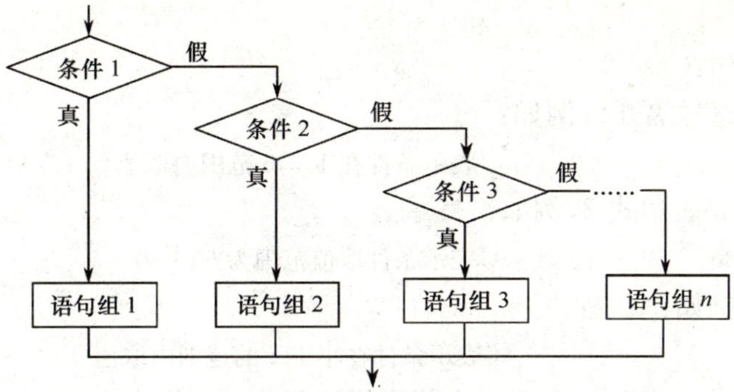

图 4.5　ElseIf 语句流程图

行 End If 语句后面的代码。如果所有条件都是假,VB 便执行 Else 后面的“语句组 *n*”,然后执行 End If 语句后面的代码。

例如,例 4.3 程序代码中的嵌套 If 语句可改写成如下形式:

```
If h<12 Then
    Print "早上好!"
ElseIf h<18 Then
    Print "下午好!"
Else
    Print "晚上好!"
End If
```

4.3　多分支语句

虽然使用 If 语句的嵌套可以实现多分支选择,但结构不够简明。使用多分支语句 Select Case 也可以实现多分支选择,它比起上述 If 语句嵌套更有效,更易读,并且易于跟踪调试。

多分支语句也称为情况语句,语法格式为:

```
Select Case 测试表达式
    Case 表达式表 1
        语句组 1
    [Case 表达式表 2
        语句组 2]
  ……
    [Case Else
        语句组 n]
End Select
```

本语句执行时,先计算“测试表达式”的值,然后将该值依次与结构中的每个 Case 的值进行比较。如果该值符合某个 Case 指定的值条件,执行该 Case 的语句组,然后跳到 End Select 出口语句。如果没有相符合的 Case 值,执行 Case Else 中的语句组。

“表达式表”中的表达式必须与“测试表达式”的数据类型相同。“表达式表”有以下多种形式：

(1) 一个值，例如：Case 2。

(2) 一组值(用逗号隔开)，例如：

```
Case 1,3,5                    '表示条件在 1,3,5 范围内取值
```

(3) 表达式 1 To 表达式 2，例如：

```
Case 60 To 80                 '表示条件取值范围为 60～80
```

(4) Is 关系式，例如：

```
Case Is<5                     '表示条件在小于 5 的范围内取值
```

当使用多个"表达式表"时，表达式之间要用逗号隔开，例如：

```
Case 1, 3, 5, 7, Is>8         '表示条件取值为 1,3,5,7 或大于 8
```

例如，对于例 4.3 程序代码中的嵌套条件，采用多分支语句可改写成如下形式：

```
Select Case h
    Case Is<12
        Print "早上好!"
    Case Is<18
        Print "下午好!"
    Case Else
        Print "晚上好!"
End Select
```

【例 4.4】 输入学生成绩(百分制)，判断该成绩的等级(优良、及格、不及格)。

(1) 创建应用程序的用户界面和设置对象属性。在窗体上建立两个标签(Label1、Label2)、一个文本框(Text1)和一个命令按钮(Command1)，如图 4.6 所示。

标签 Label1 的 Caption 属性为"成绩"；标签 Label2 用于显示成绩的等级，它的 Caption 属性为空；文本框 Text1 用于输入学生成绩，其 Text 属性为空；按钮 Command1 的 Caption 属性为"执行"。

(2) 编写程序代码。

```
Private Sub Command1_Click()                '"执行"
    Dim score As Integer, temp As String
    score=Val(Text1.Text)
    temp="成绩等级为:"
    Select Case score
        Case 0 To 59
          Label2.Caption=temp + "不及格"
        Case 60 To 79
          Label2.Caption=temp + "及格"
        Case 80 To 100
          Label2.Caption=temp + "优良"
        Case Else
          Label2.Caption="成绩出错"
```

```
    End Select
End Sub
```

当输入的成绩为 67 时，运行结果如图 4.7 所示。

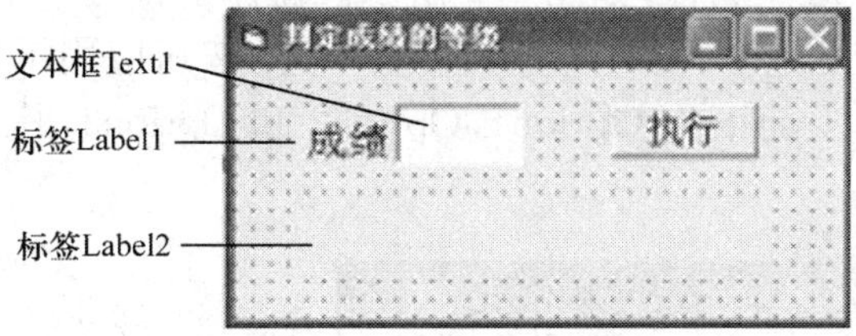

图 4.6　例 4.4 的设计界面

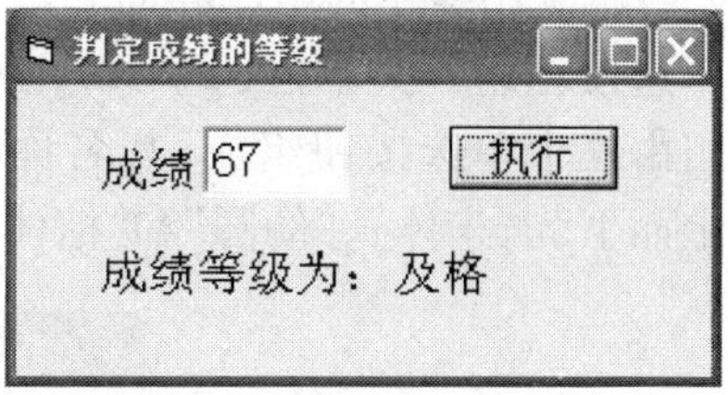

图 4.7　例 4.4 的运行界面

4.4　选择性控件

很多应用程序都需要提供选项让用户选择，如选择“是”或“否”，从列表中选择某一项。VB 中用于选择的控件有单选按钮、复选框、列表框和组合框，它们都是工具箱中的标准控件。本节只介绍单选按钮和复选框，列表框和组合框将在 5.3 节介绍。

4.4.1　单选按钮

1. 单选按钮的用途

单选按钮（OptionButton）控件由一个圆圈“○”及紧挨它的文字组成（见图 4.8），它用于提供“选中”和“未选中”两种可选项。单击可以选中它，此时圆圈中间有一个黑圆点；没有选中时，圆圈中间的黑圆点消失。

通常，单选按钮总是以成组的形式出现，用户在一组单选按钮中必须选中一项，并且最多只能选中一项。因此，单选按钮可以用于在多种选项中由用户选择其中一项的情况。

2. 常用属性

(1) Caption 属性：设置单选按钮旁边的文字说明（标题）。默认值为 Option1，Option2，…。

(2) Value 属性：表示单选按钮是否被选中，选中时 Value 值为 True，否则为 False。

系统会根据操作情况来自动改变 Value 属性值。使用单选按钮组时，选中其中一个，其余的会自动关闭。

(3) Alignment 属性：设置单选按钮标题的对齐方式。属性值为 0（居左，默认值）或 1（居右）。

(4) Style 属性：设置单选按钮的外观，默认值为 0，表示标准方式（采用 VB 旧版本的单选按钮外观）；其值为 1，表示以图形方式显示单选按钮（参见命令按钮）。

3. 事件

单选按钮使用最多的是 Click 事件。当运行时单击单选按钮，或在代码中改变单选按钮的 Value 属性值(从 False 改为 True),将触发 Click 事件。在应用程序中可以创建一个事件过程,检测控件对象 Value 属性值,再根据检测结果执行相应的处理。

【例 4.5】 设计一个程序,用单选按钮组控制在文本框中显示不同的字体。

(1) 创建应用程序的用户界面和设置对象属性,如图 4.8 所示。窗体上含有一个文本框和一个单选按钮组。文本框(Text1)用于显示一行文字,其内容为“单选按钮应用示例”。单选按钮组由三个单选按钮组成,其名称自上而下为 Option1,Option2 和 Option3,其 Caption 属性自上而下为“宋体”、“幼圆”和“楷体”。

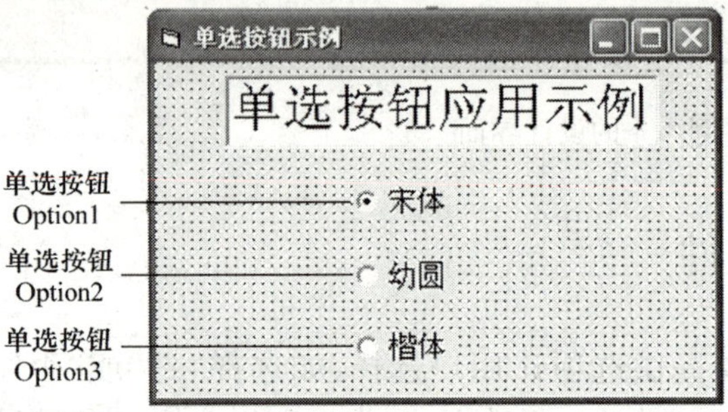

图 4.8 单选按钮应用示例

设计时,应注意单选按钮组的初始状态,如本例中的文本框的初始文字字体为“宋体”,则在属性窗口中将“宋体”单选按钮(Option1)的 Value 属性值设置为 True。也可以通过程序代码来设置初始状态,如在事件过程中写入代码“Option1. Value=True”。本例采用前者。

(2) 编写程序代码。

```
Private Sub Option1_Click()
    Text1.FontName="宋体"
End Sub
Private Sub Option2_Click()
    Text1.FontName="幼圆"
End Sub
Private Sub Option3_Click()
    Text1.FontName="楷体_GB2312"
End Sub
```

程序运行后,在文本框(Text1)中的文字以“宋体”字体显示,用户通过单击单选按钮组的按钮,可以改变文字的字体。

说明:程序代码中所用的字体号(如“宋体”、“幼圆”等)必须与系统提供的字体相一致。如果不知道系统提供了哪些字体,可以在属性窗口中选择 Font 属性,从其给定的“字体”对话框(如图 3.3 所示)中查到系统所提供的全部字体。

4.4.2　复选框

1. 复选框的用途

复选框(CheckBox)又称选择框或检查框,它的控件由一个四方形小框和紧挨它的文字组成(见图 4.6),它也提供“选中”和“未选中”两种可选项。单击可以选中它,此时四边形小框内出现打钩标记(√),未选中则为空。利用复选框可以列出可供用户选择的多个选择项,用户根据需要选中其中的一项或多项,也可以一项都不选。

复选框控件与单选按钮控件在使用方面的主要区别在于,在一组单选按钮控件中只能选中一项;而在一组复选框控件中,可以同时选中多个选项。

2. 常用属性

(1) Caption 属性：设置复选框的文字说明(标题)。默认值为 Check1,Check2,…。

(2) Value 属性：表示复选框的状态。有三种取值:0—未选中(默认值),1—选中,2—不可用(灰色显示)。

(3) Alignment 属性：设置复选框标题的对齐方式。参见命令按钮。

(4) Style 属性：设置复选框的外观。参见命令按钮。

3. 事件

复选框可响应的事件与单选按钮基本相同。

【例 4.6】　设计一个程序,用复选框来控制文字的字体、字形、字号及颜色。

(1) 创建应用程序的用户界面和设置对象属性,如图 4.9 所示。窗体上含有一个标签、一个文本框和 4 个复选框。

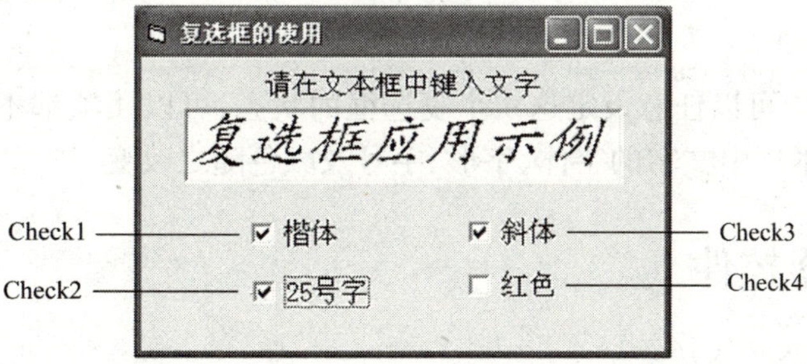

图 4.9　复选框应用示例

文本框的名称为 Text1,其 Text 属性为一段文字(如“复选框应用示例”);4 个复选框的名称分别为 Check1,Check2,Check3 和 Check4,Caption 属性分别为“楷体”、“斜体”、“25 号字”和“红色”。

(2) 编写程序代码。

```
Private Sub Check1_Click()
  If Check1.Value=1 Then                    '判复选框 1 是否选中
```

```
        Text1.FontName="楷体_GB2312"            '选中时设置为"楷体_GB2312"字体
    Else
        Text1.FontName="宋体"                   '不选中时设置为"宋体"字
    End If
End Sub
Private Sub Check2_Click()
    If Check2.Value=1 Then                      '判复选框 2 是否选中
        Text1.FontItalic=True
    Else
        Text1.FontItalic=False
    End If
End Sub
Private Sub Check3_Click()
    If Check3.Value=1 Then                      '判复选框 3 是否选中
        Text1.FontSize=25
    Else
        Text1.FontSize=9
    End If
End Sub
Private Sub Check4_Click()
    If Check4.Value=1 Then                      '判复选框 4 是否选中
        Text1.ForeColor=RGB(255, 0, 0)
    Else
        Text1.ForeColor=RGB(0, 0, 0)
    End If
End Sub
```

程序运行后,用户可以任意设定这 4 个复选框的状态,可以 4 项都不选,也可以选择其中 1 项至 4 项,此时方本框中文字的字体、字形、字号及颜色随之改变。

4.5 计时器控件

1. 计时器的用途

计时器(Timer)也是工具箱中的一个标准控件,它每隔一定的时间产生一次 Timer 事件(或称报时),可根据这个特性来定时控制某些操作,或进行计时。

计时器控件在设计时显示为一个小时钟图标,在运行时不显示在屏幕上,通常另设标签或文本框来显示时间。计时器的默认名称为 Timer1,Timer2,…。

2. 常用属性

(1) Enabled 属性: 确定计时器是否可用。默认值为 True;当设置为 False 时,表示不可用，此时计时器不计时，也不会产生任何事件。

(2) Interval 属性：设置两个 Timer 事件之间的时间间隔，其值以毫秒(1ms=1/1000 s)为单位，取值范围为 0～65535。例如，如果希望每半秒钟产生一个 Timer 事件，那么 Interval 属性值应设置为 500，这样每隔 500 ms 就会触发一次 Timer 事件，从而执行相应的 Timer 事件过程。若 Interval 属性值设置为 0(默认值)，表示计时器不可用。

3. 事件

计时器控件只响应一个 Timer 事件。也就是说，计时器控件对象在间隔了一个Interval设定时间后，触发一次 Timer 事件。

【例 4.7】 建立一个电子时钟。

(1) 在窗体上建立一个计时器控件和一个文本框，如图 4.10 所示。

(2) 设置对象属性。将窗体的 Caption(标题)属性设置为“电子时钟”；计时器控件名为 Timer1，Interval 属性值设定为 1000(1s)；文本框名称为 Text1，Text 属性为空，字体“大小”(字号)设定为 28。

(3) 编写程序代码。

```
Private Sub Timer1_Timer()             '每隔 1 秒触发 1 次 Timer 事件，并执行本事件过程
    Text1.Text=Time                    'Time 是 VB 系统时间函数
End Sub
```

程序运行后，即可见到如图 4.11 所示的电子时钟。

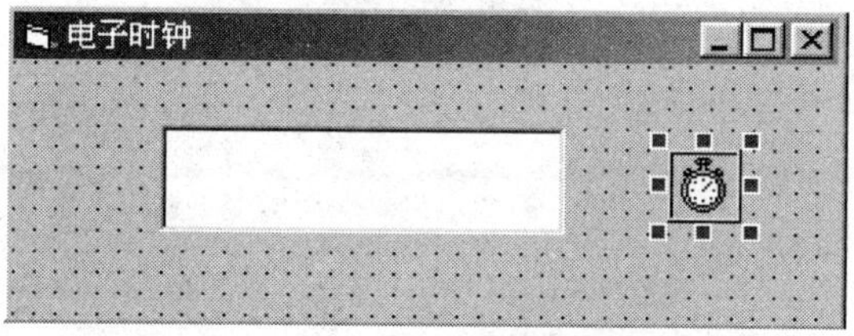

图 4.10　例 4.7 的设计界面

图 4.11　例 4.7 的运行界面

【例 4.8】 实现字体的放大。

利用计时器可以按指定间隔时间对字体进行放大。设计步骤如下：

(1) 创建应用程序的用户界面和设置对象属性。在窗体(Form1)上建立一个计时器控件(Timer1)和一个标签(Label1)，如图 4.12 所示。标签处于窗体的左上角，大小任意。计时器采用默认的属性值，即 Enabled 属性值为 True(真)，Interval 属性值为 0。程序运行界面如图 4.13 所示。

(2) 编写程序代码。

在 Form_Load 事件过程中，把标签的高度和宽度设置为与窗体相同的尺寸，把计时器的 Interval 属性设置为 800，即每隔 0.8 秒触发一次 Timer 事件。在计时器事件过程中，采用 If 语句判断标签的字号是否小于 140。如果是，每隔 0.8 秒将字号扩大 1.2 倍；如果大于或等于 140，把字号恢复为 8，以后又可以继续放大标签的字号。

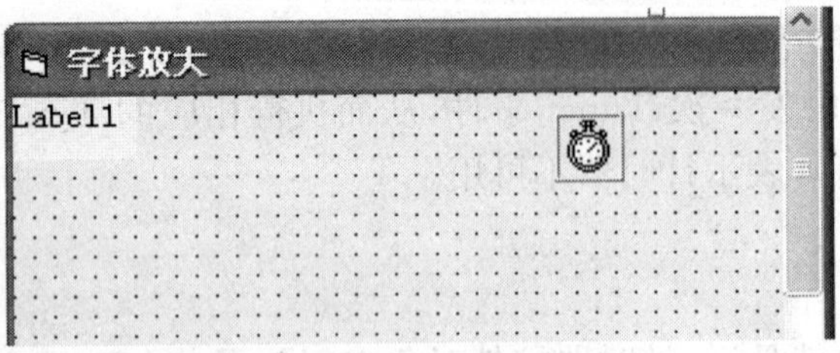

图 4.12　例 4.8 的设计界面

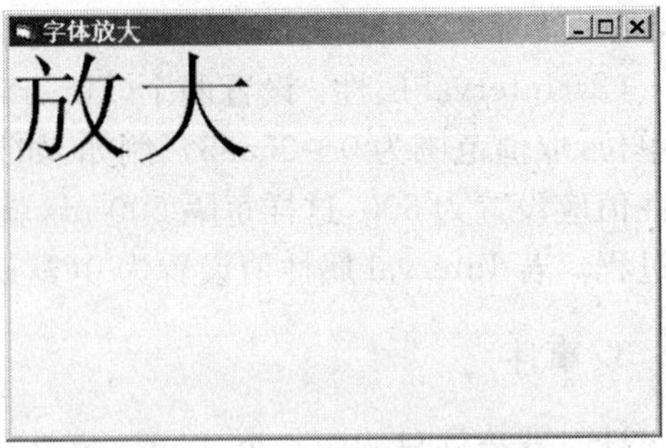

图 4.13　例 4.8 的运行界面

程序代码如下：

```
Private Sub Form_Load()
    Label1.Caption="放大"
    Label1.Width=Form1.Width
    Label1.Height=Form1.Height
    Timer1.Interval=800
End Sub
Private Sub Timer1_Timer()
    If Label1.FontSize < 140 Then
        Label1.FontSize=Label1.FontSize * 1.2          '每次放大 1.2 倍
    Else
        Label1.FontSize=8                              '恢复为 8 号字
    End If
End Sub
```

4.6　程序举例

【例 4.9】　设计一个倒计时器。先由用户给定倒计时的初始分秒数，然后开始倒计时，每隔 1 秒，时间值(总秒数)减 1，直到时间值为 0，停止倒计时。

(1) 在窗体上建立一个计时器(Timer1)、两个标签、两个文本框(Text1 和 Text2)和一个命令按钮(Command1)，如图 4.14 所示。

计时器采用默认的属性值，即 Enabled 属性值为 True，Interval 属性值为 0。两个文本框 Text1 和 Text2 分别用于显示倒计时的分钟数和秒数。

(2) 编写程序代码。

程序中用变量 t 表示总秒数，由于 t 要在不同过程中使用，因此把它声明为模块级变量(模块级变量的概念将在 7.4.2 节介绍)。模块级变量要在窗体模块的声明段中声明，其作用范围是该窗体模块的所有过程，即在窗体模块的所有过程中都可以访问变量 t。

```
Dim t As Integer                       '在窗体模块的声明段中声明模块级变量
Private Sub Form_Load()
```

```
    Timer1. Interval = 1000                           '设置每隔 1 秒触发 1 次 Timer 事件
    Timer1. Enabled = False                           '关闭计时器
End Sub
Private Sub Command1_Click()                          '"倒计时"
    t = Val(Text1. Text) * 60 + Val(Text2. Text)
    If t = 0 Then
        MsgBox "请输入倒计时的初始时间"
        Exit Sub                                      '退出过程
    End If
    Timer1. Enabled = True                            '打开计时器
End Sub
Private Sub Timer1_Timer()                            '每隔 1 秒自动执行一次
    Dim m As Integer, s As Integer
    t = t-1
    m = t \ 60                                        '分钟数
    s = t Mod 60                                      '秒数
    Text1. Text = Format(m, "00")
    Text2. Text = Format(s, "00")
    If t = 0 Then
        Timer1. Enabled = False                       '关闭计时器
        MsgBox "倒计时时间到!!"
    End If
End Sub
```

程序运行后,输入倒计时的初始时间,单击"倒计时"按钮开始倒计时,运行界面如图 4.15 所示。

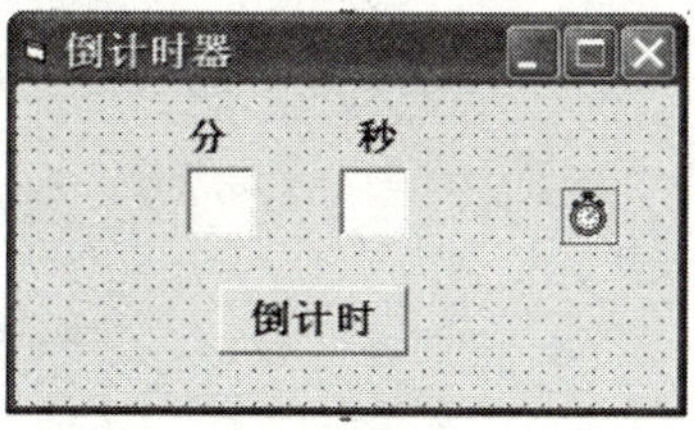

图 4.14　倒计时器的设计界面

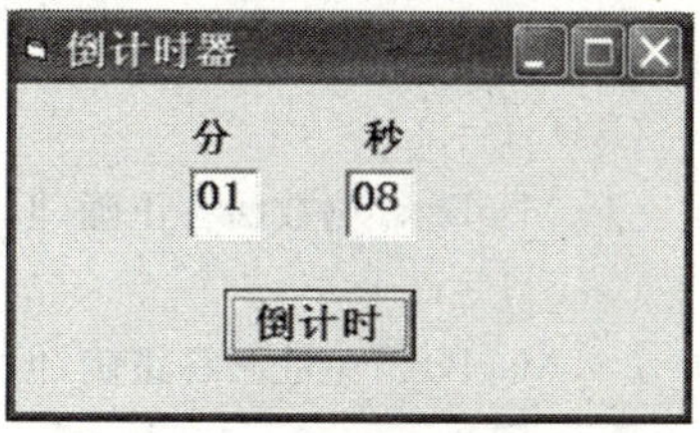

图 4.15　倒计时器的设计界面

【例 4.10】　设计程序,在窗体上显示以下考题:鸡兔同笼,已知鸡和兔总头数为 23,总脚数为 56,求鸡兔各有多少?

再提供输入对话框由学生回答问题,然后使用消息对话框显示对答案的评判意见。

分析:设鸡、兔各有 x,y 只,则方程式如下:

$$\begin{cases} x + y = h & (h\text{ 表示总头数}) \\ 2x + 4y = f & (f\text{ 表示总脚数}) \end{cases}$$

解方程,求出

$$\begin{cases} x=(4b-f)/2 \\ y=(f-2h)/2 \end{cases}$$

设计步骤如下:

(1) 在窗体上设置一个命令按钮 Command1,其 Caption 属性为"答题",如图 4.16 所示。

(2) 编写程序代码。

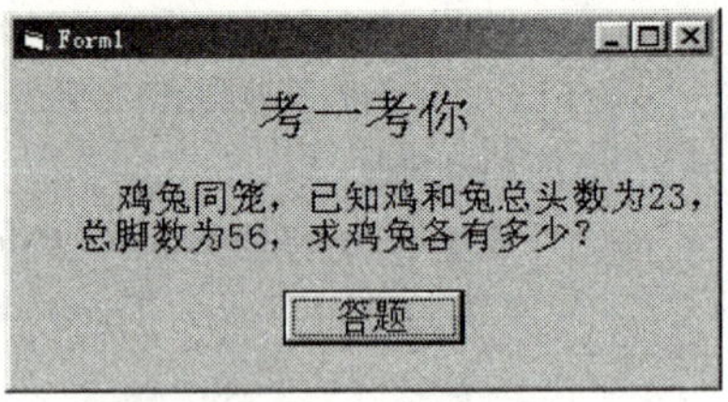

图 4.16　例 4.10 的运行界面

```
Private Sub Form_Load()
    Show
    Print
    FontSize=18
    Print Spc(9); "考一考你"
    FontSize=13
    Print
    Print Spc(5); "鸡兔同笼,已知鸡和兔总头数为 23,"
    Print Spc(3); "总脚数为 56,求鸡兔各有多少?"
End Sub
Private Sub Command1_Click()                          '"答题"
    h=23 : f=56                                       '总头数及总脚数
    j1=(4 * h - f) / 2                                '求出的鸡数
    t1=(f - 2 * h) / 2                                '求出的兔数
    j2=Val(InputBox("鸡的只数是多少?","请回答"))     '用户回答
    t2=Val(InputBox("兔的只数是多少?", "请回答"))
    Select Case True                                  '选择真值
      Case j1=j2 And t1=t2
         MsgBox "回答完全正确!"
      Case j1=j2
         MsgBox "鸡数回答正确,但兔数不对!"
      Case t1=t2
         MsgBox "兔数回答正确,但鸡数不对!"
      Case Else
         MsgBox "回答错误!"
    End Select
End Sub
```

程序开始运行时,出现的用户界面如图 4.16 所示。当用户单击"答题"按钮时,程序提供输入对话框,由用户输入答案,再通过消息对话框显示评判意见。

说明:上述 Command1_Click()事件过程中,Select Case 语句的"测试表达式"采用逻辑值 True,其含义是以 True(真)值依次与后面的每个 Case 的值进行比较,即先计算逻辑表达式"j1=j2 And t1=t2"的值,如果该值是真值(与"Select Case True"中的测试值 True 相符合),

则执行该 Case 的语句块(即语句 MsgBox "回答完全正确!"),否则判断下一个 Case 的逻辑表达式,依次类推。

采用逻辑值“True”或“False”直接作为条件表达式的值,是编程的一种方法,类似的还有 If True Then…,Do While True 等。

【例 4.11】 设计程序,输入一个月份,输出该月份有多少天。

(1) 分析:不管哪一年,1,3,5,7,8,10,12 月份都有 31 天;4,6,9,11 月份都有 30 天;而对 2 月份则要看是否是闰年,若是闰年有 29 天,平年有 28 天。

判断某一年是否闰年的逻辑表达式请见例 4.1。

(2) 如图 4.17 所示,在窗体上建立 3 个标签,分别用于显示有关提示内容,建立 3 个文本框 Text1,Text2 及 Text3,分别用于输入年份、输入月份和输出该月份的天数。

(3) 编写程序代码。

```
Private Sub Command1_Click()                              '“输出”
    Dim y As Integer, m As Integer, d As Integer
    y = Val(Text1.Text)
    m = Val(Text2.Text)
    Select Case m
        Case 1, 3, 5, 7, 8, 10, 12
            d = 31
        Case 4, 6, 9, 11
            d = 30
        Case 2
            If (y Mod 4 = 0 And y Mod 100 <> 0) Or (y Mod 400 = 0) Then
              d = 29                                      '闰年的 2 月有 29 天
            Else
              d = 28                                      '平年的 2 月有 28 天
            End If
        Case Else
            Text3.Text = "非法月份!!"
            Exit Sub                                      '退出过程
    End Select
    Text3.Text = d
End Sub
```

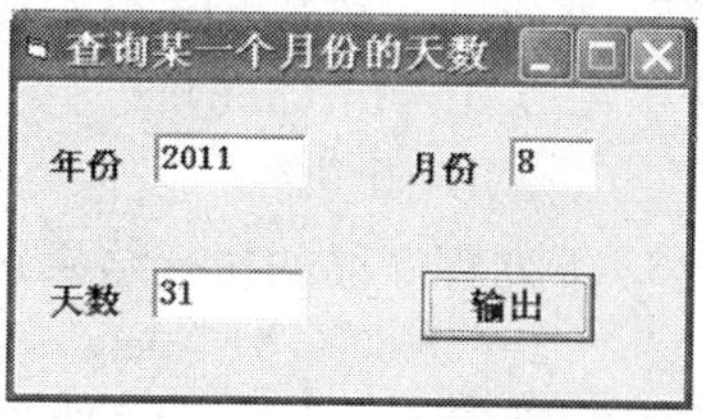

图 4.17　例 4.11 程序运行效果

程序运行效果如图 4.17 所示。

习　题　4

一、单选题

1. 设 a=−1,b=2,下列逻辑表达式为真值的是______。

A. Not a>=0 And b<2

B. a * b<−5 And a/b<−5

C. a+b>=0 Or Not a−b>=0

D. a=−2 * b Or a>0 And b>0

2. 如果要将文本型数据"12"、"6"、"56"按升序排列,其排列的结果是______。

A. "12"、"6"、"56"　　B. "12"、"56"、"6"

C. "56"、"6"、"12"　　D. "56"、"12"、"6"

3. 表示条件"X 是大于等于 5,且小于 95 的数"的条件表达式是______。

A. 5<=X<95　　B. 5<=X, X<95

C. X>=5 and X<95　　D. X>=5 and <95

4. 关于语句"If s=1 Then t=1",下列说法正确的是______。

A. s 必须是逻辑型变量

B. t 不能是逻辑型变量

C. s=1 是关系表达式,t=1 是赋值语句

D. s=1 是赋值语句,t=1 是关系表达式

5. 要判断正整数 a 是否能被 b 整除,不可以采用______。

A. a/b=Int(a/b)　　B. a/b=Fix(a/b)

C. a\b=0　　D. a Mod b=0

6. 下列程序段的执行结果是______。

```
a="abcde" : b="cdefg"
c=Right(a, 3) : d=Mid(b, 2, 3)
If c<d Then
  y=c+d
Else
  y=d+c
End  If
Print y
```

A. abcdef　　B. cdebcd　　C. cdeefg　　D. cdedef

7. 执行下列程序段后,变量 x 的值是______。

```
x=10
y=IIf(x>0,x Mod 3,0)
Select Case y
        Case Is < 5
            x=x + 1
        Case 5,7,9
            x=x + 2
        Case 10 To 15
            x=x + 3
        Case Else
            x=x + 4
End Select
Print "x=x+1";
```

```
Print x + 1
```

A. 8　　B. 7　　C. 12　　D. 11

8. 设窗体上有一个命令按钮 Command1 和一个文本框 Text1，并有以下事件过程：

```
Private Sub Command1_Click()
    Text1.Text = UCase(Text1.Text)
    Text1.SetFocus
End Sub
Private Sub Text1_GotFocus()
    If Text1.Text <> "BASIC" Then
      Text1.Text = ""
    End If
End Sub
```

程序运行后，在 Text1 文本框中输入"Basic"，然后单击"Command1"按钮，则产生的结果是______。

A. 文本框中无内容，焦点在文本框中

B. 文本框中为"Basic"，焦点在文本框中

C. 文本框中为"Basic"，焦点在按钮上

D. 文本框中为"BASIC"，焦点在文本框中

9. 窗体上有一个命令按钮(Command1)和一个标签(Label1)，运行时采用标签来显示命令按钮被单击的次数，即当第 1 次单击按钮时，标签显示为"第 1 次单击"，当第 2 次单击按钮时，标签显示为"第 2 次单击"，依次类推。当单击次数超过 10 次时，则又从 1 开始算起，相应地标签显示的内容也随之改为"第 1 次单击"，"第 2 次单击"，……完善下列程序代码。

```
Dim n As Integer                'n 为模块级变量
Private Sub Command1_Click()
    ____(1)____
    Label1.Caption="第" & n & "次单击"
    If ____(2)____ Then
      ____(3)____
    End If
End Sub
```

(1) A. n=1　　B. n=0　　C. Dim n As Integer　　D. n=n + 1

(2) A. n=10　　B. n > 10　　C. n < 10　　D. n <= 10

(3) A. n=1　　B. n=0　　C. n=n + 1　　D. 10 − n

10. 下列关于单选按钮的叙述中，错误的是______。

A. 单选按钮的 Enabled 属性能确定该按钮是否被选中

B. 一个窗体上(不含其他容器)的所有单选按钮一次只能有一个被选中

C. 在运行期间用鼠标单击单选按钮时，按钮的 Value 属性变为真值

D. 在代码中采用语句 Option1. Value=True，把单选按钮 Option1 的 Value 属性值从原 False 值改为 True 值，将会触发 Click 事件

11. 下列关于计时器(Timer)的叙述中，正确的是______。

A. 可以设置计时器的 Visible 属性使其在窗体上可见

B. 可以在窗体上设置计时器的大小(高度和宽度)

C. 计时器可以识别 Click 事件

D. 如果计时器的 Interval 属性值为 0,则计时器无效

二、填空题

1. 如果要使计时器每分钟触发一个 Timer 事件,则 Interval 属性应设置为______。

2. 一个单选按钮的标题为"Open",若要为其设置访问键 p,可将其 Caption 属性值设置为______。

3. 已知变量 CharS 中存放一个字符,以下程序段用于判断该字符是数字、字母还是其他字符,并输出结果。补充下列程序代码。

```
Select Case CharS
    Case ____(1)____
        Print "这是数字"
    Case ____(2)____
        Print "这是字母"
    Case ____(3)____
        Print "这是其他字符"
End Select
```

编程及上机调试

按照下列各题的要求进行编程练习。各题的程序文件名分别为 ex0401(第 1 题)~ex0406(第 6 题),保存在用户文件夹下的"第 4 章"子文件夹中。

1. 输入一个 1~35000 整数,判断该数的奇偶性,如输入 89,则输出"奇数"。某同学编程如下:

```
Private Sub Form_Load()
  Dim x As Integer, s As String
  x = Val(InputBox("输入一个整数(1~35000)"))
  If x Mod 2 = 0 Then s = "偶数"
  s = "奇数"
  MsgBox s
End Sub
```

测试时发现程序有错,需要修改,请从下面修改方法中选择一个或多个正确选项,并对修改后的程序进行上机验证。

A. 把 Dim 语句中变量 x 的数据类型 Integer 改为 Long

B. 把 If 语句中的条件表达式 x Mod 2 = 0 改为 x Mod 2<>0 或 Int(x/2)<>x/2

C. 把 If 语句与 s = "奇数"语句的位置互换

D. 把语句 MsgBox s 改为 MsgBox "s"

2. 设计程序,在窗体上建立 5 个文本框和 1 个命令按钮,利用 4 个文本框输入 4 个数,单

击命令按钮进行处理，求出这 4 个数中的最大数，把最大数显示在第 5 个文本框中。

【提示】① 数值的数据类型可以定义为单精度型；② 可以分两组数（2 个数为一组）进行比较，再从两组数中的较大数中求出最大数。

3. 已知学号由 8 个数码组成，如 11234301，其中从左算起前 2 位表示年级，第 5 个数码表示学生类型，学生类型规定如下：

2——博士生，3——硕士生，4——本科生，5——专科生

设计程序，从文本框中输入一个学号，单击命令按钮时进行处理，然后在另外两个文本框中显示该生的年级及学生类型（中文表示）。

4. 设计程序，利用 3 个复选框来代表红、绿、蓝 3 种颜色值，当选中复选框时表示颜色值为 255，不选中复选框时表示颜色值为 0，把通过 RGB 函数（见附录 B）调配的颜色作为一个标签的背景色（BackColor）。

【提示】为便于处理，在窗体上添加一个命令按钮，当用户选定颜色后，单击命令按钮时执行相应的事件过程。

5. 在窗体上建立一个标签 LabClk 和一个计时器 TimClk，标签标题内容设置为 0（右对齐），BorderStyle 属性为 1，Font 属性为二号、黑体。编写适当的事件过程，使得在运行时，每隔一秒钟标签中数字加 1。要求程序中不得使用变量。

6. 设计一个复制文本的演示程序，设计界面如图 4.18 所示。

要求：

(1) 程序刚运行时 2 个命令按钮均不能响应（灰色，不能使用）。

(2)当选定文本框内文本之后（被选定的文本长度 SelLength 应大于 0），“复制”按钮能够响应。

【提示】① 用鼠标选定文本会触发 MouseUp 事件，见 10.1.2 节；② SelText 属性表示选定的文本内容，见 3.5.4 节。

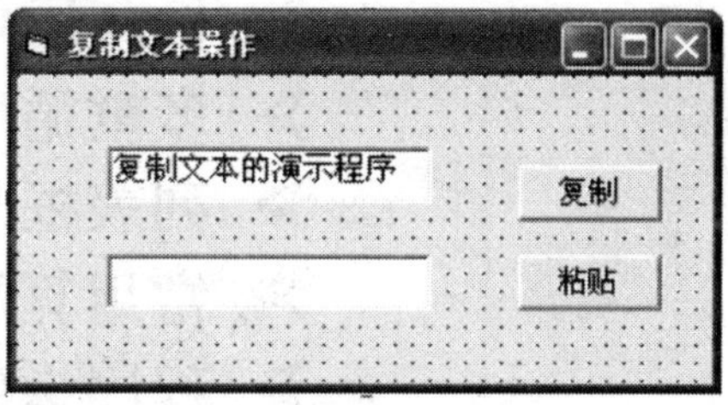

图 4.18　演示程序的设计界面

(3) 单击“复制”按钮，只有“粘贴”按钮能够响应。

(4) 单击“粘贴”按钮，已选定的文本复制到下面的文本框上，同时 2 个命令按钮不能响应。

第5章

循环结构程序设计

本章导读

- 循环语句
- 多重循环
- 列表框与组合框
- 常用算法
- 程序举例

循环结构是用于执行重复操作的结构。在程序中如果遇到需要反复多次处理的问题，就可以使用循环结构来实现。利用循环结构设计程序，只需编写少量的程序执行重复操作，就能完成大量相同或相似的计算要求，简化了程序，提高了效率。

VB 提供的循环语句有 Do...Loop（Do 循环语句），For...Next（For 循环语句），While...Wend(While 循环语句)，For Each...Next 等。其中最常用的是 For 循环语句和 Do 循环语句。

5.1　循环语句

VB 提供了两种类型的循环语句，一种是计数型循环语句，另一种是条件型循环语句。

5.1.1　For 循环语句

For 循环语句是计数型循环语句，一般用于控制循环次数已知的循环结构。先看一个简单的例子。

【例 5.1】　在窗体上显示 2～10 间各偶数的平方数。

采用 Print 直接在窗体上输出结果，程序代码如下：

```
Private Sub Form_Load()
    Dim k As Integer
    Show
    For k=2 To 10 Step 2
        Print k * k
    Next k
End Sub
```

程序运行结果是：

```
4
16
36
64
100
```

在上述 For 循环语句中，循环变量 k 的初值、终值和步长值分别为 2,10 和 2，即从 2 开始，每次加 2，到 10 为止，控制循环 5 次。每次循环都将循环体(即语句 Print k * k)执行一次，因此运行后的输出结果是 4,16,36,64 和 100。

For 循环语句按指定的次数重复执行循环体，其语法格式如下：

```
For 循环变量=初值 To 终值 [Step 步长值]
    语句组
    [Exit For]
Next 循环变量
```

说明：

(1) 循环体是指 For 语句和 Next 语句之间的语句序列,它们将被重复执行指定的次数。

(2) “初值”、“终值”和“步长值”都是数值表达式,步长值可以是正数(称为递增循环),也可以是负数(称为递减循环)。若步长值为 1,则 Step 1 可以省略。

(3) “Exit For”语句的作用是退出循环。For 循环中可以在任何位置放置任意个 Exit For 语句,以便根据需要中途退出循环。

For 循环语句执行的流程图如图 5.1 所示,其执行步骤如下(假设循环体内无转出循环的语句):

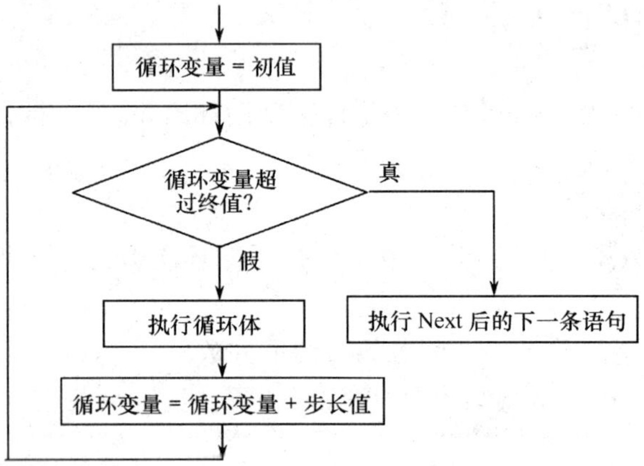

图 5.1　For 循环语句的执行流程图

(1) 将初值赋给循环变量。

(2) 判断循环变量值是否超过终值(步长值为正时,指大于终值;步长值为负时,指小于终值)。超过终值时,退出循环,执行 Next 后的下一条语句。

(3) 未超过终值时,执行循环体。

(4) 遇到 Next 语句时,修改循环变量值,即把循环变量的当前值加上步长值后再赋给循环变量。

(5) 转到(2)去判断循环条件和继续执行。

在例 5.1 中,第 1 次循环时,循环变量 k 等于 2;执行循环体(显示 4)后,遇到 Next 语句,修改 k 值为 4,因不大于终值 10,则继续执行循环体。以后执行第 2 次、第 3 次、第 4 次循环。当第 4 次循环后,遇到 Next 语句,k 被修改为 10,因不大于 10,故还要执行循环体一次(显示 100);再执行 Next 语句,k=12 时,停止循环。

注意:退出循环时,循环变量 k 的值是 12 而不是 10。

【例 5.2】　求 s=1 + 2 + 3 + … + 8,把结果显示在窗体上。

采用 Print 直接在窗体上输出结果,程序代码如下:

```
Private Sub Form_Load()
    Show
    s=0
    For k=1 To 8
        s=s + k
```

```
    Next k
    Print "s="; s
End Sub
```

程序运行结果如下：

s=36

语句 s=s+k(循环体语句)第 1 次循环时，s 和 k 的值为 0 和 1，求和结果 1 赋值给 s；第 2 次循环时，s 和 k 的值为 1 和 2，求和结果 3 赋值给 s；第 3 次循环时，s 和 k 的值为 3 和 3，求和结果 6 赋值给 s；依次类推。第 8 次循环时，s 和 k 的值为 28 和 8，求和结果 36 赋值给 s。因为第 8 次循环后，循环变量 k 值修改为 9，因此循环结束(只循环 8 次)，故 s 的最终值为 36。

由此可见，本程序是采用累加方法来求解的。程序中设置一个累加数 s，并用 k 存放"加数"(即每次要加入的数)，k 依次表示的数值为 1，2，…，8。通过 s=s+k(也称为加法器)和循环 8 次，每次加一个数，就可以把 8 个数加起来。

不难看出，如果要计算的是 s=1 + 2 + 3 + … +n(如 n=10 000)，则程序结构不必改动，只需将上述程序代码中的终值 8 改为 n(如 10 000)就行了。

【例 5.3】　求 T=8！=1×2×3×… ×8。

采用 Print 直接在窗体上输出结果，程序代码如下：

```
Private Sub Form_Load()
    Show
    t=1
    For c=1 To 8
        t=t * c
    Next c
    Print "T="; t
End Sub
```

程序运行结果是：

T=40320

语句 t=t＊c(也称乘法器)起着连乘的作用，在连乘之前，先将 t 置 1(不能置 0)。

在循环程序中，常用累加器和乘法器来完成各种计算任务。

【例 5.4】　用级数 $\frac{\pi}{4}=1-\frac{1}{3}+\frac{1}{5}-\frac{1}{7}+\cdots$，求 π 的近似值，要求取前 5 000 项来计算。

分析：以 pi 代表 π 的近似值，它是由多项式中各项累加而得到的。各项的分母为 1，3，5，7，…，9999，共 5000 项。程序中使用循环语句 For c=1 To 9999 Step 2 中的循环变量 c 来表示各项的分母，c 从 1 开始，每次加 2，直至 9999 为止。每循环一次累加一次值(1/c)。由于多项式中各项的符号不同，因此要在每项前面乘以 1 或－1 以体现正或负值，用 s 代表"符号"，它的初值为+1，以后依次变为－1，+1，－1，+1，…，只要每次使 s 乘以－1 即可。

程序流程图如图 5.2 所示。采用 Print 直接在窗体上输出结果，程序代码如下：

```
Private Sub Form_Load()
    Dim pi As Single, c As Integer, s As Integer
    Show
```

```
    pi=0
    s=1                                    's表示加或减运算
    For c=1 To 9999 Step 2
        pi=pi + s / c
        s=-s                               '交替改变正、负号
    Next c
    Print "π="; pi * 4
End Sub
```

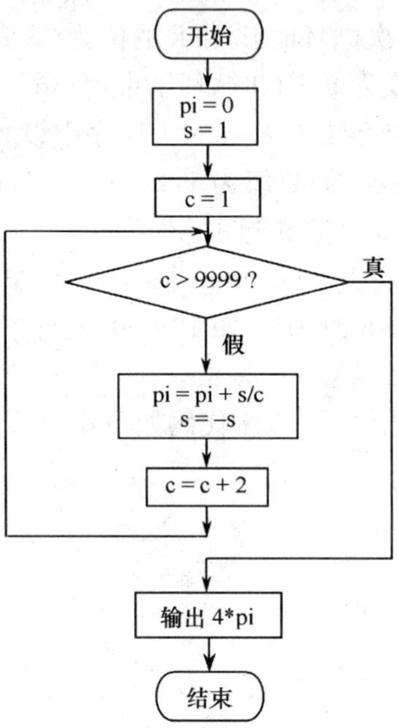

图 5.2 例 5.4 的程序流程图

程序运行结果是:

π=3.141397

显然,累加项数愈多,近似程度愈好。读者不妨把该程序的循环终值从 9999 改为 99999、999999 等,看看得到的 π 的近似值是不是会更好些。

也许有读者会提出用 s = (−1)^c 来代替 s = −s。虽然 s = (−1)^c 也能交替改变正、负号,但乘幂运算速度会慢些。循环体内语句需要重复执行,编程时要尽量采用运算强度弱的语句,能用加减,就不用乘除,尽量避免使用乘方运算。

5.1.2 Do 循环语句

Do 循环语句是条件型循环语句,它根据循环条件是真(True)或假(False)决定是否循环。Do 循环语句有两种语法格式:前测型循环结构和后测型循环结构。两者区别在于判断条件的先后次序不同。

1. 前测型 Do 循环语句

前测型 Do 循环语句是“条件”在前,先判断条件再循环。语句格式:

```
Do {While|Until} 条件
    语句组
    [Exit Do]
Loop
```

Do While ... Loop(当型循环)语句的功能：当“条件”成立(为真)时，执行循环体；当“条件”不成立(为假)时，终止循环。

Do Until ... Loop(直到型循环)语句的功能：当“条件”不成立(为假)时，执行循环体，直到“条件”成立(为真)时，终止循环。

【例 5.5】　利用 Do While ... Loop 语句求 $s=1^2+2^2+\cdots+100^2$。

采用 Print 直接在窗体上输出结果，程序代码如下：

```
Private Sub Form_Load()
    Dim n As Integer, s As Long
    Show
    n=1: s=0
    Do While n <=100
        s=s + n * n
        n=n + 1
    Loop
    Print "s="; s
End Sub
```

程序运行结果：

```
s=338350
```

说明：

(1) 执行到 Do While 时，系统先判断条件 n<=100 是否成立，因为 n 的初值为 1，条件成立，则进入第 1 次循环。

(2) 第 1 次执行循环体后，n 值为 2。遇到 Loop 语句时，再次判断条件 n<=100 是否成立。因为条件成立，进入第 2 次循环。其余依次类推，一共循环 100 次。

(3) 第 100 次执行循环体后，n 值为 101，再遇到 Loop 语句时，判断条件 n<=100 是否成立。因为条件不成立，则结束循环，转去执行 Loop 后面的第一条语句。

如果采用 Do Until ... Loop 来编写例 5.5 的程序，只需将 Do While n<=100 改为 Do Until n>100 就行了。

【例 5.6】　用级数 $\frac{\pi}{4}=\left(\frac{1}{2}+\frac{1}{3}\right)-\frac{1}{3}\left(\frac{1}{2^3}+\frac{1}{3^3}\right)+\frac{1}{5}\left(\frac{1}{2^5}+\frac{1}{3^5}\right)-\frac{1}{7}\left(\frac{1}{2^7}+\frac{1}{3^7}\right)+\cdots$，求 π 的近似值，当最后一项的绝对值小于 10^{-5} 时，停止计算。

用上述公式求 π/4 的近似值，即逐项进行累加，直到某项 1 / n * (1 / 2 ^ n + 1 / 3 ^ n) $<10^{-5}$ 为止(该项不累加)。

采用 Print 直接在窗体上输出结果，程序代码如下：

```
Private Sub Form_Load()
    Dim pi As Single, n As Long
    Dim t As Single, s As Integer
    Show
    pi = 0: s = 1                               's表示符号
    n = 1                                       'n表示变动值,第1项时n=1,第2项时n=3,…
    t = (1 / 2 + 1 / 3)                         't表示累加项。先取第1项的值。
    Do While t >= 10^(-5)                       '逐项累加的条件,累加到t<10^(-5)为止
        pi = pi + s * t                         '把当前项进行累加
        s = -s                                  '交替改变正、负号
        n = n + 2                               '变动值n加2
        t = 1 / n * (1 / 2 ^ n + 1 / 3 ^ n)     '求当前项的绝对值
    Loop
    Print "π="; pi * 4
End Sub
```

程序运行结果:

π=3.141562

2. 后测型 Do 循环语句

后测型 Do 循环语句是"条件"在后,先循环后判断条件。语句格式:

```
Do
    语句组
    [Exit Do]
Loop {While|Until} 条件
```

功能:先执行循环体,然后判断条件,根据条件决定是否继续执行循环。

注意:本语句执行循环的最少次数为 1,而前测型 Do ... Loop 语句的最少次数为 0(即一次都不执行循环)。

【例 5.7】 输入两个正整数,求它们的最大公约数。

用"辗转相除法"求两个数 m,n 的最大公约数,算法如下:求出 m/n 的余数 p,若p=0,n 即为最大公约数;若 p 非 0,则把原来的分母 n 作为新的分子 m,把余数 p 作为新的分母 n 继续求解。

设计步骤如下:

(1) 创建应用程序的用户界面和设置对象属性。在窗体上建立 4 个标签、3 个文本框和 1 个命令按钮。3 个文本框的名称分别为 Text1,Text2 和 Text3,Text 属性均为空。按钮名称为 Command1,其 Caption 属性为"计算",如图 5.3 所示。

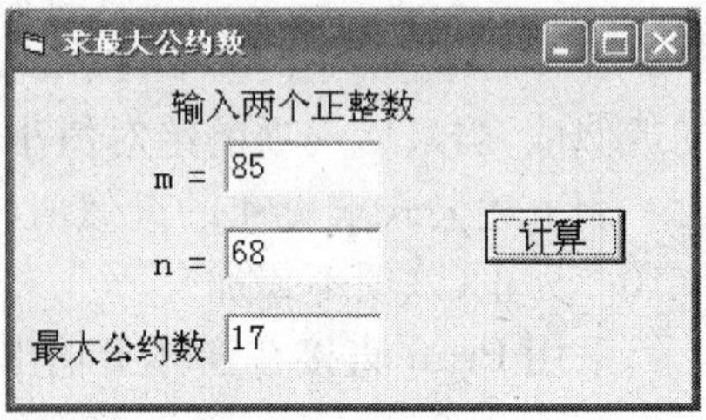

图 5.3　例 5.7 的程序运行界面

(2) 编写程序代码。

当用户在文本框 Text1 和 Text2 中输入数据后,单

击"计算"按钮(Command1),则在文本框 Text3 中输出结果(两个数的最大公约数)。

编写的"计算"按钮 Click 事件的过程代码如下:

```
Private Sub Command1_Click()                    '"计算"
    Dim m As Integer, n As Integer, p As Integer
    m=Val(Text1.Text)
    n=Val(Text2.Text)
    If m <= 0 Or n <= 0 Then
        MsgBox "数据错误!"
        Exit Sub                                '退出过程
    End If
    Do
        p=m Mod n                               '求 m/n 的余数 p
        m=n                                     '原分母 n 作为新的分子 m
        n=p                                     '余数 p 作为新的分母 n
    Loop While p <> 0                           '执行循环体后才判断循环条件
    Text3.Text=m                                '取 m Mod n=0 时的 n 值
End Sub
```

如果输入的 m 和 n 的值为 85 和 68,程序运行结果如图 5.3 所示。

5.1.3　While 循环语句

While 语句也是条件型循环语句。语句格式:

```
While 条件
    语句组
Wend
```

功能:当条件成立(为真)时,执行循环体;当条件不成立(为假)时,终止循环。

本语句与上述 Do While... Loop 循环语句相似,其差别是:While... Wend 语句中不能使用 Exit 语句跳出循环。

5.1.4　循环出口语句

通常情况下,程序中的循环能够正常结束,但有时可能需要不等循环完毕就要提前退出循环,此时可采用循环出口语句 Exit。其语句格式如下:

```
Exit {For|Do}
```

功能:直接从 For 循环或 Do 循环中退出。

当程序运行遇到 Exit 语句时,不再执行循环体中的任何语句而直接退出循环,转到循环语句(Next,Loop)后的下一条语句继续执行。

Exit 语句通常都用在 If 或 Select Case 语句中,这是因为 Exit 语句总是在一定条件下发生的。

【例 5.8】　设计一个"加法器"程序,该程序的作用是将每次输入的数累加。当输入－1

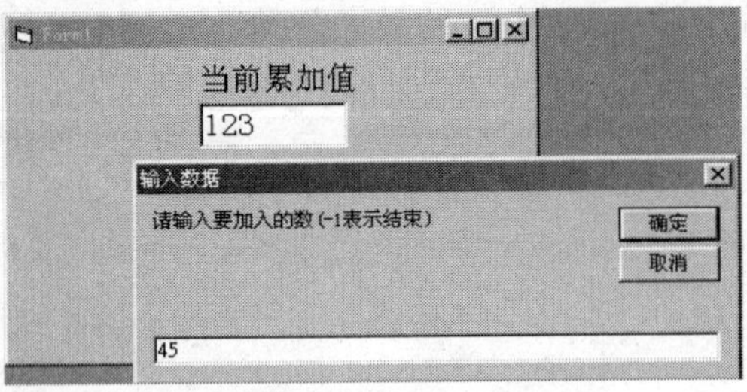

图 5.4 例 5.8 的程序运行效果

时结束程序的运行。

本程序采用 InputBox 函数输入数据,因此窗体上只要设置一个文本框来显示每次的累加值就行了。

(1) 如图 5.4 所示,在窗体上建立一个标签和一个文本框。标签的 Caption 属性为“当前累加值”,文本框名称为 Text1,其 Text 属性为空。

(2) 编写程序代码。

```
Private Sub Form_Load()
    Dim x As Single,Sum As Single
    Show
    Sum=0
    Do While True                      '条件为真,允许循环无终止进行下去
        x=Val(InputBox("请输入要加入的数(-1 表示结束)", "输入数据"))
        If x=-1 Then                   '当输入-1 时,跳出循环
            Exit Do
        End If
        Sum=Sum + x
        Text1.Text=Sum
    Loop
    MsgBox "累加运算结束"
End Sub
```

程序运行效果如图 5.4 所示。

程序中以-1 作为“终止循环标志”(假设要累加的数不会等于-1),当判别到用户输入数为-1 时,就会执行 Exit Do 来结束循环。

5.2 多重循环

前面介绍的例子都是单层循环,其循环体内不再有循环语句。多重循环是指循环体内含有循环语句的循环,又称多层循环或嵌套循环。

多重循环的执行过程是:外层循环每执行一次,内层循环就要从头开始执行一轮。

【例 5.9】 多重循环程序示例。

```
Private Sub Form_Load()
    Show
    For i=1 To 3                       '外循环
        For j=5 To 7                   '内循环
            Print i, j
        Next j
```

```
    Next i
End Sub
```

程序运行结果：

```
1    5
1    6
1    7
2    5
2    6
2    7
3    5
3    6
3    7
```

这个二重循环程序的运行过程是：

(1) 把初值 1 赋给 i，并以 i=1 执行外循环的循环体，而该循环体又是一个循环(称为内循环)。因此在 i=1 时，j 从 5 变化到 7，Print 方法(内循环的循环体)被执行 3 次，输出 1 和 5 到 1 和 7。

执行第 1 次外循环后，i 值修改为 2。

(2) 以 i=2 执行外循环的循环体，输出 2 和 5 到 2 和 7。

执行第 2 次外循环后，i 值修改为 3。

(3) 以 i=3 执行外循环的循环体，输出 3 和 5 到 3 和 7。

执行第 3 次外循环后，i 值修改为 4，因为 i 值大于终值 3，因此结束循环。

在使用多重循环时，注意内、外循环层次要分清，不能交叉，例如：

正例

```
For i=...
...
  For j=...
  ...
  Next j
...
Next i
```

错例

```
For i=...
...
For j=...
...
Next i
...
Next j
```

【例 5.10】　设计程序，输出如图 5.5 所示的图形。

图 5.5　例 5.10 输出的图形

分析：本例可采用二重循环来实现。外循环控制输出 7 行，内循环控制每行要输出的字符数。在进入内循环之前，使用 Print Tab()来对起始输出位置定位。退出内循环后，使用 Print 来控制换行。

采用 Print 直接在窗体上输出结果，程序代码如下：

```
Private Sub Form_Load()
    Show
    For i=1 To 7
        Print Tab(10 - i);
        For j=1 To 2 * i - 1
            Print Chr(i + 48);
        Next j
        Print
    Next i
End Sub
```

要说明的是，对于内循环体内的 Print Chr(i+48)，它与 Print i 有所不同。尽管它们的功能都是第 1 行输出 1 个 1，第 2 行输出 3 个 2，等等，但 Print i 输出的是数字，其前后留有空格。Print Chr(i+48)输出的是前后不留空格的字符，例如 Print Chr(1+48)等价于 Print "1"。

【例 5.11】 取 1 元、2 元、5 元的硬币共 10 枚，付给 25 元钱，问有多少种不同的取法？

(1) 分析：设 1 元硬币为 a 枚，2 元硬币为 b 枚，5 元硬币为 c 枚，可列出方程

$$\begin{cases} a+b+c=10 \\ a+2b+5c=25 \end{cases}$$

利用两重循环，设外循环的循环变量为 a，a 从 0～10；设内循环的循环变量为 b，b 从 0～10；而 $c=10-a-b$ 且 c 不能小于 0。程序中，逐一判断这样得到的 a,b,c 是否满足 $a+2b+5c=25$，满足时即为一组解。

(2) 在窗体上建立一个标签，在标签的标题(Caption)上写入题目内容，如图 5.6所示。

(3) 编写程序代码。

程序通过 Print 方法把处理结果输出在标签的下方。程序代码如下：

```
Private Sub Form_Load()
    Show
    CurrentX=0 : CurrentY=1500              '确定开始显示的 x 坐标和 y 坐标
    Print , "5 元", "2 元", "1 元"           '第 1 个区段留空
    n=0                                     '记录解的组数
    For a=0 To 10
        For b=0 To 10
            c=10 - b - a
            If a + 2 * b + 5 * c=25 And c >= 0 Then
                n=n + 1                     '解的组数加 1
                Print "("; n; ")", c, b, a
```

```
            End If
        Next b, a                              '合并两个 Next 语句
    End Sub
```

程序运行结果如图 5.6 所示。

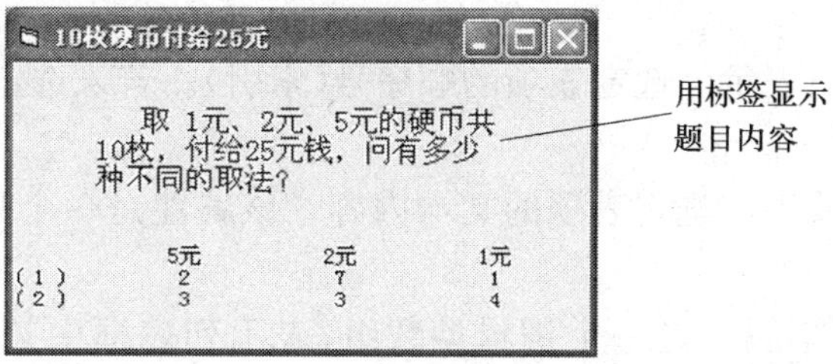

图 5.6　例 5.11 的程序运行结果

5.3　列表框与组合框

列表框和组合框都是 VB 工具箱中的标准控件，它们都能为用户提供若干个选项，供用户任意选择。两种控件的特点是为用户提供大量的选项，且又占用很少的屏幕空间，操作简单方便。

5.3.1　列表框

1. 列表框的用途

列表框(ListBox)用于列出可供用户选择的项目列表，用户可从中选择一个或多个选项。如果项目数超过列表框可显示的数目，控件上将自动出现滚动条，供用户上下滚动选择。

在列表框内的项目称为表项，表项的加入是按一定的顺序号进行的，这个顺序号称为索引。

2. 常用属性

(1) Name 属性：设置控件对象的名称。列表框的默认名称为 List1，List2，…。

(2) List 属性：该属性是一个字符型数组(数组的概念将在第 6 章介绍)，用于存放列表框的表项。List 数组的下标(可以理解为索引，通过它可以指定数组中的某一个元素)从 0 开始。例如，在图 5.7 中，List1. List (0) 的值为“教授”，List1. List(1)的值为“副教授”，依次类推。

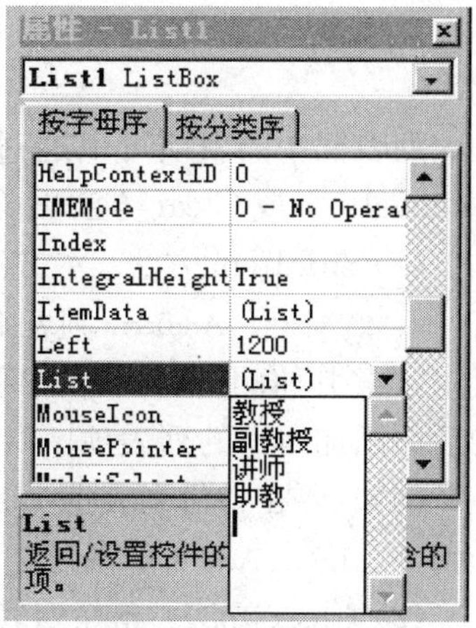

图 5.7　List 属性

可以通过 List 属性向列表框添加表项，其操作是：在属性窗口中单击 List 属性，再单击其右端的下箭头，用户可以在该下拉方框中输入列表框中的表项。每输入一项按 Ctrl＋Enter 键换行，全部输入完后按 Enter 键，所输入的表项即出现在列

表框中。

(3) ItemData 属性：该属性用于为列表框的每个表项设置一个对应的数值，是一个整型数组，其个数与表项的个数一致，通常用于作为表项的索引或标识值。

(4) ListCount 属性：表示列表框中表项的数目。ListCount－1 表示列表中最后一项的序号。

(5) ListIndex 属性：表示已选定表项的顺序号(索引)。若未选定任何项，则 ListIndex 的值为－1。

(6) Text 属性：存放当前选定表项的文本内容。该属性是一个只读属性，可在程序中引用 Text 属性值。

(7) Selected 属性：本属性是一个逻辑型数组，表示列表框中某一表项是否被选中。例如，List1. Selected(2)为 True 时，表示 List1 的第 3 项被选中；若为 False，表示未选中。

(8) Sorted 属性：设置列表框中各表项在运行时是否按字母顺序排列。True 为按字母顺序排列，False 为不按字母顺序排列(默认)。

(9) MultiSelect 属性：确定是否允许同时选择多个表项。0 为不允许(默认)，1 为允许(用单击或按空格键来选定或取消)，2 也为允许(按 Ctrl 键的同时单击或按空格键来选定或取消；单击第一项，再按 Shift 键的同时单击最后一项，可以选定连续项)。

(10) SelCount 属性：当允许同时选定多个表项时，该属性表示当前已选定的表项的总个数，即列表框中 Selected 属性值为 True 的表项总个数。

(11) Columns 属性：确定列表框是水平滚动还是垂直滚动，以及显示列表中表项的方式。默认值为 0，表示每一个表项占一行，列表框按单列垂直滚动方式显示。当属性值为 n(大于 1)时，多个表项占一行，列表框按多列水平滚动方式显示。

(12) Style 属性：确定控件的样式。默认值为 0，表示标准形式；设置该属性值为 1 时，表示复选框形式，即在每个表项前增加一个复选框以表示该表项是否被选中。

3. 事件

列表框可接收 Click，DblClick 等事件。

4. 方法

列表框中的表项可以通过 List 属性设置，也可以在程序中用 AddItem 方法来添加，用 RemoveItem 或 Clear 方法删除。

(1) AddItem 方法：本方法用于把一个列表项加入到列表框中。语法格式为：

```
[对象.]AddItem 列表项[,索引]
```

其中，“索引”值不能大于表中项数(ListCount)。若省略“索引”参数，则自动在最后一个表项的后面添加所需的列表项。

例如，要在省份列表框 List1 的第 28 个位置后插入“海南省”，可以采用

```
List1. AddItem "海南省",28
```

(2) Clear 方法：删除列表框中的所有列表项。语法格式为：

```
[对象.]Clear
```

(3) RemoveItem 方法:从列表框中删除一个列表项。语法格式为:

[对象.]RemoveItem 索引

5. 列表框表项的输出

输出列表框中的表项,有 3 种常用方法:

(1) 用鼠标单击列表框内某一表项,则该表项值存放在 Text 属性中。例如:

```
x=List1.Text                    '把选定的表项值存放在 x 变量中
```

(2) 指定索引号来获取表项的值,例如:

```
List1.ListIndex=3
x=List1.Text
```

(3) 从 List 数组中读取表项的值,例如:

```
x=List1.List(3)
```

【例 5.12】 设计程序,找出 4 位数中能被 16 整除的完全平方数,把这些 4 位数显示在列表框中,其个数显示在标签中。

(1) 分析:某数 n 能被 16 整除且为完全平方数的判别条件是(n Mod 16=0) And (Sqr(n)=Int(Sqr(n)))。

(2) 创建应用程序的用户界面和设置对象属性,如图 5.8 所示。窗体上含有一个列表框、一个标签和一个命令按钮。

命令按钮名称为 Command1,其 Caption 属性为"显示";标签 Label1 用于显示操作提示;列表框 List1 用于显示符合条件的自然数。建立列表框的方法与其他控件类似,即单击工具箱中的列表框控件(ListBox),然后在窗体中适当位置处拖放成所需的大小。

(3) 编写程序代码。

编写的 2 个事件过程代码如下:

```
Private Sub Form_Load()
    Label1.Caption="按"显示"按钮,可以在列表框中显示 4 位数中" _
                          & "能被 16 整除的完全平方数"
End Sub
Private Sub Command1_Click()                          '"显示"
    List1.Clear
    For n=1000 To 9999
        If (n Mod 16=0) And (Sqr(n)=Int(Sqr(n))) Then
            List1.AddItem n
        End If
    Next n
    Label1.Caption="符合条件的 4 位数的个数为:" & List1.ListCount
End Sub
```

程序运行结果如图 5.8 所示。

【例 5.13】 设计一个选课程序,用户界面如图 5.9 所示。窗体上含有 2 个标签、2 个列表框和 2 个命令按钮。左列表框(List1)显示可供选修的课程名,用户可以用鼠标在该列表框中选择一个或多个(操作方法见上面的 MultiSelect 属性)选修课。当用户单击“显示”按钮时,在右列表框(List2)中显示选中的所有课程。单击“清除”按钮时,将清除右列表框中的内容。

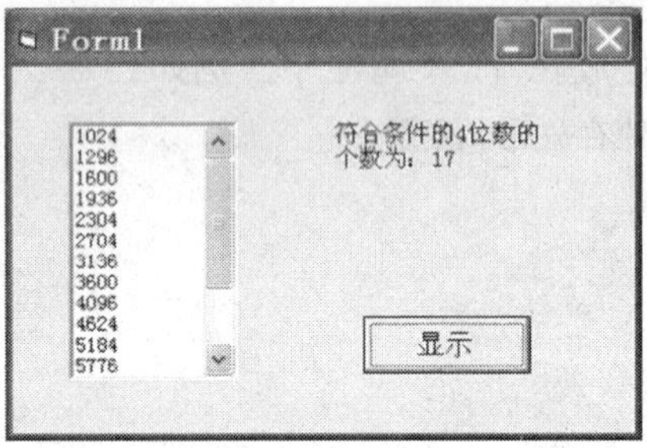

图 5.8　例 5.12 程序运行结果

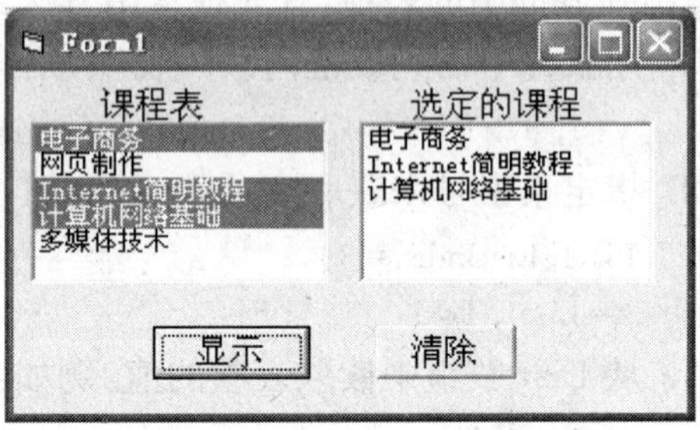

图 5.9　例 5.13 的程序运行界面

(1) 创建应用程序的用户界面和设置对象属性。2 个列表框命名为 List1 和 List2。为允许用户选择多门课程,将左列表框(List1)的 MultiSelect 属性设置为 2。

(2) 编写程序代码。

为使程序开始运行时就把所有课程名都显示在列表框(List1)中,可以利用 Form_Load 事件过程来实现这一操作。在“显示”按钮(Command1)单击事件过程中,依次判断左列表框中各个选修课是否被选中(选中时系统会自动赋予 Selected 属性值为真值),如果被选中,则将其添加到右列表框中。

编写的 3 个事件过程代码如下:

```
Private Sub Form_Load()
    List1.AddItem "电子商务"
    List1.AddItem "网页制作"
    List1.AddItem "Internet 简明教程"
    List1.AddItem "计算机网络基础"
    List1.AddItem "多媒体技术"
End Sub
Private Sub Command1_Click()                     '“显示”
    List2.Clear                                 '清除列表框的内容
    For i=0 To List1.ListCount - 1              '逐项判断
        If List1.Selected(i) Then               '真时为选中
            List2.AddItem List1.List(i)
        End If
    Next i
End Sub
Private Sub Command2_Click()                     '“清除”
    List2.Clear
End Sub
```

程序运行结果如图 5.9 所示。

5.3.2　组合框

有时用户不仅要求能从已有的列表选项中进行选择，还希望自己能输入列表中不包括的内容。例如，在例 5.13 中，如果用户需要输入列表中未包括的课程名，如“VB 程序设计教程”，就要用到组合框(ComboBox)。

组合框的 3 种类型如图 5.10 所示，它实际上是列表框和文本框的组合。组合框具有列表框和文本框的大部分属性和方法，还有一些自己的属性。

(1) Style 属性：该属性取值为 0，1 或 2，分别决定了组合框的 3 种不同类型，即下拉组合框(默认)、简单组合框和下拉列表框，如图 5.10 所示。

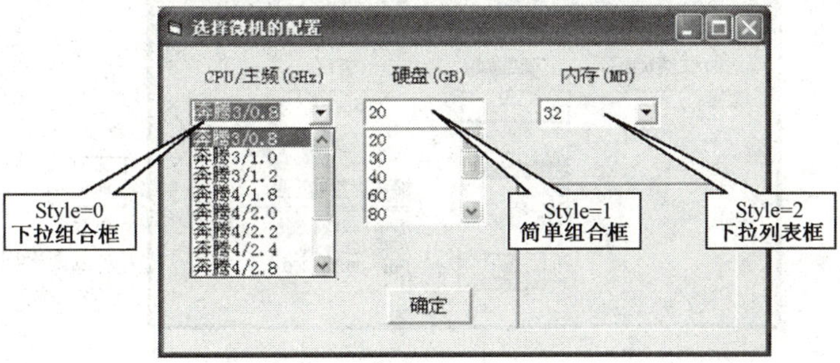

图 5.10　Style 属性的使用

① 下拉组合框(Dropdown Combo)：执行时，用户可以直接在文本框内输入内容，也可单击其下拉箭头，再从打开的列表框中选择，选定内容会显示在文本框上。

② 简单组合框(Simple Combo)：它列出所有的项目供用户选择，没有下拉箭头，列表框不能收起。这种组合框也允许用户直接在文本框内输入内容。

③ 下拉列表框(Dropdown List)：不允许用户输入内容，只能从下拉列表框中选择。

(2) Text 属性：该属性是用户所选定项目的文本或直接从文本框输入的文本。

【例 5.14】　在窗体上设置 3 个组合框，用于选择微机部分配置，包括 CPU/主频、硬盘及内存。运行时，用户在选择了各项内容之后，单击“确定”按钮显示所选择的机器配置。

创建如图 5.10 所示的用户界面。窗体上从左至右含有 Combo1，Combo2，Combo3 3 个组合框，其 Style 属性分别为 0，1 和 2，即除了“内存”容量大小只能从列表中选择外，其余内容既可以从列表中选择，也可以由用户输入。在属性窗口中通过 List 属性向各组合框添加表项，如向组合框 Combo1 加入“奔腾 3/0.8”、“奔腾 3/1.0”……。窗体上右下方的图片框 Picture1 用来显示选择的结果。

编写的两个事件过程代码如下：

```
Private Sub Form_Load()
    Combo1.Text=Combo1.List(0)
    Combo2.Text=Combo2.List(0)
    Combo3.Text=Combo3.List(0)
```

```
End Sub
Private Sub Command1_Click()                    '"确定"
    Picture1.Cls
    Picture1.Print "微机的基本配置"
    Picture1.Print String(20, "=")
    Picture1.Print "CPU:"; Combo1.Text
    Picture1.Print "硬盘(GB):"; Combo2.Text
    Picture1.Print "内存(MB):"; Combo3.Text
End Sub
```

程序运行效果如图 5.11 所示。

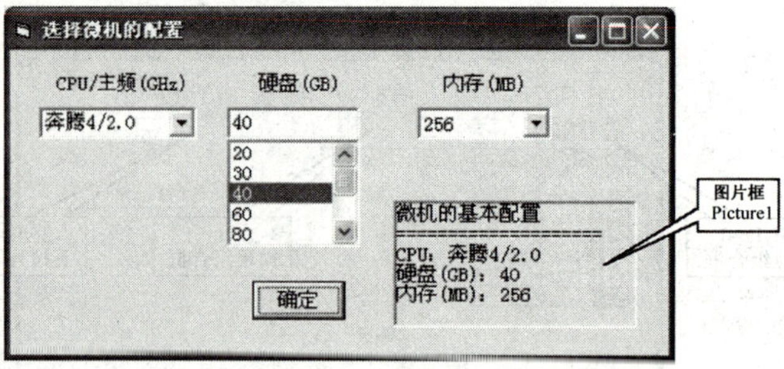

图 5.11　例 5.14 的程序运行效果

5.4　常用算法

使用计算机解题时，首先要找到问题的解决方法或步骤，再选用语句来实现这些解决方法，例如，前面例 5.7 介绍的求最大公约数的问题，我们应该先从数学的角度找到问题的求解方案(如"辗转相除法")，然后再选择使用怎么样的控制结构、控制语句来实现这些解法。在编写代码前必须要确定解决问题的思路和方法，并正确地写出求解步骤，这就是算法。

算法是对某个问题求解过程的描述。程序流程图就是图形化了的算法。常用的算法有：穷举法、递推法、排序法、查找法、递归法等。本节将介绍几种常用且易学的算法，后面还会陆续涉及这方面的内容。算法的具体内容也有专门的资料介绍。

1. 累加、连乘和计数

在循环程序中，常用的算法是累加、连乘和计数。上面例 5.2 和例 5.3 已经介绍了累加和连乘方法。累加(如 s=s+k)是在原有和的基础上一次一次地每次加一个数，连乘(如 t=t*c)则是在原有积的基础上一次一次地每次乘一个数。

计数用于统计满足某种条件的个数，它类似于累加，不同的是，计数通常每次增加的值不是一个加数，而是 1。如上面例 5.11 就是用计数方法 n=n+1(也称"计数器")来记录有多少组解，在计数之前，计数器必须清 0(n=0)。

2. 穷举法

“穷举法”也称“枚举法”，它是计算机解题常用的一种方法。其做法是：对所有可能的解，逐个进行试验，若满足条件，就得到一个解，否则不是。直到条件满足或判别出无解为止。

【例 5.15】　用 100 元买 100 只鸡，母鸡 3 元 1 只，小鸡 1 元 3 只，问各应买多少只？

下面采用穷举法来解此题。令母鸡为 x 只，小鸡为 y 只，根据题意可知 $y=100-x$，开始先让 x 初值为 1，以后逐次加 1，求 x 为何值时，条件 $3x+y/3=100$ 成立。如果当 x 达到 30 时还不能使条件成立，则可以断定此题无解。因为买的母鸡数不可能超过 30，超过 30 就不能买到 100 只鸡。

采用 Print 直接在窗体上输出结果，程序代码如下：

```
Private Sub Form_Load()
    Dim x As Integer, y As Integer
    Show
    For x=1 To 30
        y=100 - x
        If 3 * x + y / 3=100 Then
            Print "母鸡只数为:"; x,
            Print "小鸡只数为:"; y
        End If
    Next x
End Sub
```

运行结果是：

　　母鸡只数为:25　　　　　小鸡只数为:75

3. 递推法

“递推法”也称“迭代法”，其基本思想是把一个复杂的计算过程转化为简单过程的多次重复。每次重复都从旧值的基础上递推出新值，并由新值代替旧值。

【例 5.16】　用递推法求 $x=\sqrt{a}$。求平方根的递推公式为

$$x_{n+1}=\frac{1}{2}\left(x_n+\frac{a}{x_n}\right)$$

通过 InputBox 函数输入 a 值，并以 a 作为 x 的初值。要求前后两次求出的 x 的差的绝对值小于 10^{-5}。

分析：这是一个“递推”问题，先从 a 推出第一个 x 值［即 $(a+a/a)/2\rightarrow x$］，再以该 x 值（旧值）推出 x 的新值［即 $(x+a/x)/2\rightarrow x$］，依次向前推，每次以 x 旧值推出 x 的新值［即 $(x+a/x)/2\rightarrow x$］。当 x 旧值与新值之差的绝对值小于 10^{-5} 时，此时的 x 新值为所求。

程序代码如下：

```
Private Sub Form_Load()
    Dim a As Single, xn0 As Single, xn1 As Single
```

```
    Show                                   '用 xn0 表示旧值,xn1 表示新值
    a=Val(InputBox("请输入一个正数"))
    xn1=a                                  '以 a 作为 x 的初值
    Do
        xn0=xn1                            '确定旧值
        xn1=(xn0 + a / xn0) / 2            '计算新值
    Loop While Abs(xn0 - xn1) >= 0.00001   '判断
    Print a; "的平方根为"; xn1
End Sub
```

如果输入的 a 值为 3,程序运行结果是:

3 的平方根为 1.732051

5.5 程序举例

【例 5.17】 从键盘输入一个正整数,然后把该数的每位数字按逆序输出。例如:输入 3485,则输出 5843;输入 100000,则输出 000001。

以下采用两种不同解法。

(1) 数值处理方法。① 通过表达式 x Mod 10 取出该整数 x 的个位数并输出,如对于 x=3485,则取出 5;② 利用赋值语句 x = x\10 截去 x 的个位数,如对于 x=3485,处理后 x=348;③ 重复执行①和②,直到 x<10,最后输出一次 x。

程序代码如下:

```
Private Sub Form_Click()
    Dim x As Long
    x = Val(InputBox("请输入一个正整数"))
    Do While x >= 10
        Print x Mod 10;
        x = x\10
    Loop
    Print x
End Sub
```

(2) 字符串处理方法。把该整数作为一个数字字符串,从字符串后部往前逐个取出字符,即可实现按逆序输出。

程序代码如下:

```
Private Sub Form_Click()
    Dim x As String
    x = InputBox("请输入一个正整数")     '把该数以字符串方式赋给变量 x
    For k = Len(x) To 1 Step -1
        Print Mid(x, k, 1);              '从后部往前逐个取出字符并显示
```

```
        Next k
    End Sub
```

【例 5.18】 求解 s = 1! + 2! + 3! + … + 10! 的值。

以下采用两种不同解法。

(1) 解法一。采用两重循环,外循环 10 次,每次循环计算一次阶乘,把每次阶乘值累加起来,即得求解结果。

程序代码如下:

```
Private Sub Form_Click()
    Dim s As Long, t As Long
    s = 0
    For j = 1 To 10          '计算 10 个阶乘
        t = 1                '计算 1 个阶乘前,先赋初值
        For k = 1 To j       '计算 j!,需要循环 j 次
            t = t * k        '连乘 j 次
        Next k
        s = s + t            '把每次计算得到的阶乘值 t 累加
    Next j
    Print s
End Sub
```

(2) 解法二。这 10 个阶乘有一个特点,后一个阶乘为上一个阶乘再乘以一个数,如 2! = 1! * 2, 3!=2! * 3, 4!=3! * 4, …, k!=(k−1)! * k 。根据这一特点,程序只需采用单重循环就可以求解。

程序代码如下:

```
Private Sub Form_Click()
    Dim s As Long, t As Long
    s = 0
    t = 1
    For k = 1 To 10          '循环 10 次,每次求 1 个阶乘
        t = t * k            '求 k!,其值等于(k−1)! *k,即 t*k
        s = s + t            '每次加入一个阶乘值 t
    Next k
    Print s
End Sub
```

【例 5.19】 设计程序,把一批课程名放入组合框,再对组合框进行项目显示、添加、删除、全部删除等操作。

设计步骤如下:

(1) 创建应用程序的用户界面,如图 5.12 所示。窗体上含有 2 个标签、1 个组合框、1 个文本框和 4 个命令按钮。

(2) 设置对象属性。

① 组合框：Name 属性为 Combo1,Style 属性为 0,TabIndex(键序)为 0。

② 2 个标签的 Caption 属性为“选修课程”和“选修课程总数”。

③ 4 个命令按钮名称为 Command1(添加)、Command2(删除)、Command3(全清)和 Command4(退出),其 Caption 属性如图 5.12 所示。

④ 文本框名称为 Text1,用来显示当前的选修课程总数。

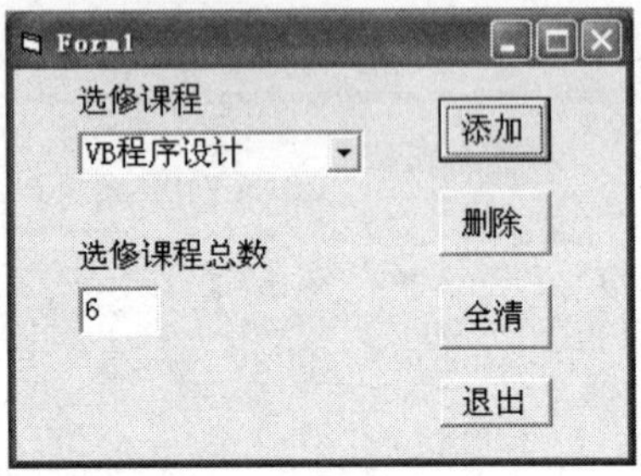

图 5.12　例 5.19 的程序运行界面

(3) 各按钮的功能。

① 添加(Command1)：在下拉组合框中输入要添加的表项内容,单击“添加”按钮,即可加入该表项内容。

② 删除(Command2)：在组合框中选定某一表项,单击“删除”按钮,即可删除该表项。

③ 全清(Command3)：单击“全清”按钮,可以清除组合框中的全部表项。

④ 退出(Command4)：单击该按钮,可以结束程序的运行。

(4) 编写程序代码。

编写 4 个事件过程代码如下：

```
Private Sub Form_Load()
    Combo1.AddItem "电子商务"
    Combo1.AddItem "网页制作"
    Combo1.AddItem "Internet 简明教程"
    Combo1.AddItem "计算机网络基础"
    Combo1.AddItem "多媒体技术"
    Combo1.Text=""                              '置空值
    Text1.Text=Combo1.ListCount                 '表项个数
End Sub
Private Sub Command1_Click()                    '“添加”
    If Len(Combo1.Text) > 0 Then                '判定是否有内容
        Combo1.AddItem Combo1.Text
        Text1.Text=Combo1.ListCount
    End If
    Combo1.Text=""
    Combo1.SetFocus                             '设置焦点
End Sub
Private Sub Command2_Click()                    '“删除”
    Dim ind As Integer
    ind=Combo1.ListIndex
    If ind <> -1 Then                           '-1 表示无选定表项
        Combo1.RemoveItem ind                   '删除已选定的表项
        Text1.Text=Combo1.ListCount
```

```
        End If
    End Sub
    Private Sub Command3_Click()                    '"全清"
        Combo1.Clear
        Text1.Text=Combo1.ListCount
    End Sub
    Private Sub Command4_Click()                    '"结束"
        End
    End Sub
```

程序运行效果如图 5.12 所示。

习 题 5

一、单选题

1. 写出下列程序段的运行结果。

```
s=0
For k=10 To 50 Step 15
    s=s + k
Next k
Print s
```

A. 20　　B. 130　　C. 75　　D. 55

2. 窗体上有一个命令按钮 Com1,并有如下程序:

```
Private Sub Com1_Click()
  Dim x As Integer, y As Integer
  y = 0
  For k = 1 To 10
      x = Int(Rnd * 90 + 10)
      y = y + x Mod 2
  Next k
  Print y
End Sub
```

程序运行后,单击命令按钮,输出的结果是______。

A. 十个数中偶数的累加和　　B. 十个数中奇数的累加和

C. 十个数中偶数的个数　　D. 十个数中奇数的个数

3. 分析下列程序段,回答以下问题:

(1) 语句 s=s+n 被执行的次数为______。

(2) 执行程序段后,变量 s 的值是______。

```
s=0
For m=1 To 3
    n=1
```

```
    Do While n<=m
        s=s + n
        n=n +1
    Loop
Next m
```

(1) A. 3　　B. 4　　C. 5　　D. 6

(2) A. 4　　B. 7　　C. 10　　D. 15

4. 以下程序代码所计算的数学式是______。

```
s=1 : n=2
Do While n < 1000
        s=s + n
        n=n + 2
Loop
Print "s="; s
```

A. $s=1+2+4+6+\cdots+998$

B. $s=1+2+4+6+\cdots+1000$

C. $s=2+4+6+\cdots+998$

D. $s=2+4+6+\cdots+1000$

5. 数列 0,1,1,2,3,5,8,… 称为波契纳数列,它的前两个数是 0 和 1,以后每一个数都是前两个数之和。输出这个数列的前 20 个数。

采用递推法可以求解该序列问题。将下列程序代码补充完整。

```
a=0: b=1
Print a; b;
For k=3 To 20
    ____(1)____
    Print c;
    ____(2)____
    ____(3)____
Next k
```

(1) A. c=a　　B. c=a+b　　C. c=b　　D. a=c+b

(2) A. b=a　　B. a=c　　C. a=b　　D. c=b

(3) A. b=a　　B. b=c　　C. a=b　　D. c=a

6. 下列叙述中错误的是______。

A. 列表框和组合框都有 List 属性

B. 列表框和组合框都有 Style 属性

C. 列表框有 Selected 属性,而组合框没有

D. 组合框有 Text 属性,而列表框没有

7. 读取列表框中的第 3 个表项值,把值赋给变量 x,不可以采用______。

A. x=List1. List(2)　　B. x=List1. text(2)

C. List1. Selected(2)=True　　D. List1. ListIndex=2
x=List1. Text　　x=List1. Text

8. 在组合框 Combo1 中选定某一表项后，单击命令按钮(名称为 DelItem)即可删除该表项，DelItem 的单击事件过程是：

```
Private Sub DelItem_Click()
    If Combo1. ListIndex <> -1 Then
        Combo1. RemoveItem ______
    End If
End Sub
```

A. Combo1. ListCount　　B. Combo1. ListIndex
C. Combo1. Text　　D. Combo1. MultiSelect

9. 下面程序在调试时出现了死循环。

```
Private Sub Command1_Click()
  n = InputBox("请输入一个整数")
  Do Until n=100
    If n Mod 2=0 Then
      n=n+1
    Else
      n=n+2
    End If
  Loop
End Sub
```

下面关于死循环的叙述中正确的是______。

A. 只有输入的 n 是偶数时才会出现死循环，否则不会
B. 只有输入的 n 是奇数时才会出现死循环，否则不会
C. 只有输入的 n 是大于 100 的整数时才会出现死循环，否则不会
D. 输入不是 100 的任何整数都会出现死循环

二、填空题

1. 设 n 和 s 均为整型变量，分别具有初值 1 和 10。试指出下列循环语句的循环体各执行多少次，以及结束循环后 n 值各为多少?

```
(1) Do While n<=s        (2) Do Until n * s>40      (3)While n<s
      n=n+3                    n=n * 2                   n=n+3
    Loop                     Loop                      Wend
(4) Do                   (5) Do
      n=3 * n                  n=s\n
    Loop Until n>s             n=n+2
                             Loop While n<s
```

2. 如果只允许在列表框中每次只能选择一个列表项，则必须将其 MultiSelect 属性设置为______。

3. 用户可以通过___(1)___属性来设置 3 种不同风格的组合框，在这 3 种组合框中，仅供

选择其中表项数据，但不允许添加数据的组合框是___(2)___。

4. 在下拉组合框中添加表项，可以使用____(1)____方法；为组合框删除部分表项，可以使用____(2)____方法。

5. 设窗体上有一个列表框 List1 和一个标签 Label1，并编写如下 3 个事件过程：

```
Private Sub Form_Load()
    List1.AddItem "ItemA"
    List1.AddItem "ItemB"
    List1.RemoveItem 1
    List1.AddItem "ItemC"
    List1.AddItem "ItemD", 1
    List1.RemoveItem 2
End Sub
Private Sub Form_Click()
    Label1.Caption=List1.List(List1.ListCount - 1)
End Sub
Private Sub List1_DblClick()
    Label1.Caption=List1.Text
End Sub
```

运行程序后，开始时在列表框中显示的表项内容是____(1)____及____(2)____。单击窗体，则在标签中显示____(3)____。当双击列表框中的列表项"ItemA"时，则在标签中显示____(4)____。

编程及上机调试

按照下列各题的要求进行编程练习。各题的程序文件名分别为 ex0501(第 1 题)～ex0508(第 8 题)，保存在用户文件夹下的"第 5 章"子文件夹中。

1. 用 For 循环语句编写程序，计算和输出 1～100 范围内的奇数和。

2. 求级数 s=1/(1+1) + 2/(1+2 * 2) + 3/(1+3 * 3) + … + n/(1+n * n) + … 的前 200 项之和(取 1 位小数，第 2 位小数四舍五入)。

3. 为计算 s = 1×2 + 3×4 + 5×6 + 7×8 + … + 99×100 的值，某同学编程如下：

```
k = 2
s = 0
Do While k<101
    k = k + 2
    s = s + k * (k-1)
Loop
Print s
```

调试时发现运行结果有错，需要修改。请从下面的 4 个修改方案中选择一个正确方案，并对修改后的程序上机验证。

A. 把循环前的赋值语句 k = 2 改为 k = 0

B. 把循环条件 Do While k<101 改为 Do While k<=100

C. 把循环体内两条赋值语句 k = k+2 和 s = s+k * (k−1)的位置互换

D. 把语句 s = s+k * (k−1)改为 s = s+k * (k+1)

4. 如果一个 3 位整数等于它的各位数字的立方和，则此数称为“水仙花数”，如 $153=1^3+5^3+3^3$。编制程序求所有水仙花数。

【提示】处理的关键是要求出 3 位数的百位数字、十位数字和个位数字，请参考第 3 章“编程及上机调试”第 1 题。

5. 某 4 位数 ABCD 能够被 78 整除，它的前两位数字相同，后两位数字也相同(即 A=B,C=D)，求出这个数。

6. 在窗体上已经建立了两个文本框(Text1 及 Text2)和一个命令按钮(Command1)，用户在文本框 Text1 中输入文本，单击命令按钮时，则从文本框 Text1 中取出英文字母，并按输入顺序显示在文本框 Text2 中，如输入“12aA3b4B5”，则在文本框 Text2 中显示为“aAbB”。通过上机调试来完善下列程序代码。

```
Private Sub Command1_Click()
    Dim s As String, y As String, t As String
    s=Trim(Text2.Text)
    y=""
    For k=1 To ____(1)____
        x=____(2)____
        t=UCase(x)
        If t >= "A" And t <= "Z"  Then
            y=____(3)____
        End If
    Next k
    Text2.Text=y
End Sub
```

7. 设计程序，在窗体上建立一个列表框 List1 和一个“显示”命令按钮 Command1。列表框中已有 5 个列表项，依次为“表项 1”～“表项 5”。程序运行后，可以通过多次单击来选中多个列表项。单击“显示”按钮，在窗体上输出所有选中的列表项，如图 5.13 所示。

8. 猜数字。设有算式：

```
    A B C D
－) B A A C
―――――――――――
      D D A
```

A,B,C,D 均为非负非零的一位数字。算式中的 ABCD 及 BAAC 为 4 位数，DDA 为 3 位数。设计程序，找出满足以上算式的 A,B,C 及 D。

图 5.13 第 7 题的显示效果

【提示】对 4 位数字的所有可能的组合，检测以上算式是否成立，可用四重循环实现。

第6章 数　组

本章导读

- 数组的概念
- 数组的基本操作
- 动态数组
- For Each...Next 循环语句
- 控件数组
- 程序举例

在前面的程序中，所涉及的数据不太多，使用简单变量就可以进行存取和处理，但对于成批的数据处理，就要用到数组。在 VB 中，除了可以使用一般概念上的数组（称为一般数组或变量数组），还可以使用控件数组。

6.1　数组的概念

6.1.1　数组与数组元素

在实际应用中，常常需要处理成批的数据，例如，统计一个班、一个年级，甚至全校学生的成绩，若按简单变量进行处理，就非要引入很多个变量名不可。例如，为了存储和统计 100 个学生的成绩，就得命名 100 个变量，这很不方便。如果学生人数更多或课程门数更多，就变得很困难了。使用数组，可以用一个数组名代表一批数据。例如，可以用一个数组 t 来存放上述 100 个学生的成绩，这时，这些学生成绩就表示为

t(0)，t(1)，t(2)，…，t(98)，t(99)

其中，t(*k*)(*k*=0，1，2，…，99)为数组元素（或称下标变量），它表示第 *k*+1 个学生的成绩，*k* 称为下标变量的下标。

在 VB 中，数组是一组按一定顺序排列的数据的集合。例如，上述学生成绩[t(0)，t(1)，…，t(99)]是一个数组，三元一次方程组的系数矩阵

$$\begin{pmatrix} a_{11} & a_{12} & a_{13} \\ a_{21} & a_{22} & a_{23} \\ a_{31} & a_{32} & a_{33} \end{pmatrix}$$

也是一个数组。

组成数组的元素各自处于数组中的某一位置，即它们各自带有对应的下标，因此数组元素又称为有序的变量——下标变量。下标变量用数组名后加一个含有对应下标的圆括号来表示。没有特别说明时，下标从 0 开始。

例如，由一行共 5 个元素组成的数组 x，它的 5 个下标变量为

x(0)　x(1)　x(2)　x(3)　x(4)

由 3 行 4 列元素组成的数组 y，它的 12 个下标变量可表示为

y(0,0)　y(0,1)　y(0,2)　y(0,3)

y(1,0)　y(1,1)　y(1,2)　y(1,3)

y(2,0)　y(2,1)　y(2,2)　y(2,3)

6.1.2　下标和数组的维数

下标表明下标变量在数组中的位置。下标可以是常数值，也可以是变量（包括下标变量）或数值表达式。当下标值带有小数部分时，系统会自动对它四舍五入取整，如 x(7.7)将作为 x(8)处理。

正因为下标变量的下标可以是变量，所以与简单变量相比，下标变量有不少方便之处。例

如,a(i)虽然只是一个下标变量,但当 i 取不同值时,它就表示不同的下标变量,如i=0, a(i)表示 a(0); i=1, a(i)表示 a(1),等等,使用时,只要有规则地改变下标值,就可以很方便地使 a(i)成为所需要的具体下标变量。

数组元素中下标的个数称为数组的维数,上述成绩数组 t 和 x 只有一个下标,称为一维数组;数组 y 有两个下标,称为二维数组。在 VB 中最多可以使用 60 维的数组。

6.1.3 数组声明语句

在程序中使用某个数组之前,必须先定义该数组,以便让系统给该数组分配相应的内存单元。使用 Dim 语句可以定义数组,其语法格式为

Dim 数组名([下界 1 to]上界 1[,[下界 2 to]上界 2 …])[As 数据类型]

功能:指定数组的维数、各维的上下界和数据类型,并给数组分配存储空间。例如:

```
Dim sum(10) As Long                   '声明长整型数组 sum,下标号从 0～10,共 11 个元素
Dim ary(1 To 15) As Integer           '声明整型数组 ary,下标号从 1～15,共 15 个元素
Dim d(1 To 5,1 To 20) As Double       '声明双精度二维数组 d
```

说明:

(1) 数组的命名规则与简单变量相同。在同一过程(如事件过程)中,数组名与变量名不能同名。

(2) 在声明数组时,如省略下界,默认下界为 0。有时为了使用更直观,通常将数组的每一维的下界声明为 1,此时可以使用 Option Base 语句,其格式为

Option Base n

本语句在模块(如窗体模块)层的通用声明段中使用,用来指定模块中数组下标的默认下界。n 为数组下标的下界,只能是 0 或 1。例如:

```
Option Base 1               '在模块层的通用声明段中声明
……
Dim Data(20) As Single      '下标号从 1～20
```

(3) "As 数据类型"为数组指定数据类型,此时数组所有元素具有相同的数据类型。当数组为变体型时,其各个元素可以保存不同类型的数据。

(4) 声明数组后,VB 自动对数组元素进行初始化(如将数值型数组元素值置为 0)。

除了 Dim 语句外,还可以使用 Public,Static,Private 等语句来声明数组。这些语句可以定义不同作用域的数组(变量作用域的概念见 7.4.2 节)。

【例 6.1】 输入某小组 5 个同学的成绩,计算总分和平均分(取小数后一位)。

本例利用 InputBox 函数来输入成绩,输入完毕后经过计算,再采用 Print 直接在窗体上输出结果。

编写的程序代码如下:

```
Private Sub Form_Load()
        Dim d(1 To 5) As Integer
        Dim i As Integer, j As Integer, total As Single, average As Single
        Show
```

```
    For i = 1 To 5                              '输入成绩
        d(i) = Val(InputBox("请输入第" & i & "个学生的成绩", "输入成绩"))
    Next i
    total = 0
    For j = 1 To 5                              '计算总分
        total = total + d(j)
    Next j
    average = total/5                           '计算平均分
    Print "总分:"; total
    Print "平均分:"; Format(average, "##.0")
End Sub
```

程序中,通过 Dim 语句声明一个整型数组 d(),该数组包含了 d(1)～d(5)五个数组元素。由 InputBox 函数为数组输入数据,第 1 次循环时,i = 1,输入的数据赋给 d(1);第 2 次循环时,i = 2,输入的数据赋给 d(2);……第 5 次循环时,i = 5,输入的数据赋给 d(5)。程序段 For j = 1 To 5～Next j 的功能是把 d(1),d(2),d(3),d(4),d(5)五个数组元素值依次累加到变量 total 中。

6.2　数组的基本操作

建立一个数组后,就可以使用数组了,即可以对数组元素进行各种操作,包括对数组元素的引用、输入和输出。利用循环可以控制数组的下标按一定规则变化,因此一般通过循环语句来配合处理数组中的元素。

1. 数组元素的引用

数组元素的引用方法是在数组名后面的括号中指定下标,引用格式为:

数组名(下标,…)

数组元素只不过是带有下标的变量,一般来说,程序中凡是简单变量出现的地方,都可以用数组元素代替,数组元素可以参加表达式的运算,也可以被赋值。

例如,设有两个一维整型数组 x(6)和 y(6),则下列语句是合法的:

```
y(1) = 1
x(2) = y(1) * 3
x(y(1)+2)) = 5
```

在引用数组元素时,要注意以下几点:

(1) 数组名、类型及维数必须与定义数组时一致。

(2) 下标值必须在数组定义的各维的上下界之内。例如:

```
Dim Arry(10)
Arry(11) = 1
```

运行时将出现"下标越界"错误。

(3) 要区分数组声明中的下标和数组引用中的下标。两者的写法相同,但意义不一样。

例如：

```
Dim a(5) As Integer            '声明整型数组 a(5)
a(5) = 8                       '将数值 8 赋给数组元素 a(5)
```

2. 数组元素的输入

对数组元素的输入可以有多种方法，例如，可以使用赋值语句、InputBox 函数、Array 函数、文本框等。

(1) 使用赋值语句

用赋值语句为数组元素赋值的方法与给普通变量赋值相同，可以将一个常量、变量、表达式及数组元素的值赋给一个数组元素。

(2) 使用循环语句

对一维数组的操作一般使用一重循环，对二维数组的操作一般会用到二重循环。

例如，利用以下循环语句，可以为一维数组 d()的所有元素赋值。

```
Dim  d(100)  As  Integer
For  i = 0  To  100
  d(i) = Int(90 * Rnd+10)
Next  i
```

(3) 使用 InputBox 函数

使用 InputBox 函数为数组元素赋值，增强了与用户的交互性。但使用 InputBox 函数要等待用户输入，因此这种方法不适合大批量数据的输入。例子见例 6.1。

(4) 使用 Array 函数

Array 函数可用来为数组元素赋值，即把一组数据读入某个数组中。其格式如下：

数组变量名 = Array(数组元素值)

其中，"数组变量名"是预先定义的数组名，"数组元素值"是一个用逗号隔开的值表。

例如：

```
Dim d As Variant
d = Array(1,2,3,4)
```

执行上述语句后，将把 1,2,3,4 这 4 个数赋值给数组 d()的各个元素，即 1→d(0)，2→d(1)，3→d(2)，4→d(3)。

说明：(1) 数组变量名后面也可以有括号(如 Dim d() As Variant)，但不能有维数和上、下界。下界默认为 0 或由 Option Base 语句决定，上界一般由 Array 函数括号内数值个数决定。

(2) 数组变量只能是变体类型(Variant)，不能是其他数据类型。

(3) Array 函数只能给一维数组赋值，不能给二维或多维数组赋值。

通过 Array 函数给数组赋值后，就可以像使用一般数组一样来引用该数组了。

3. 数组元素的输出

因为每个数组元素都是一个数据，所以输出数组元素同输出其他数据一样，可以使用 Print 方法，也可以使用控件，如标签、文本框、列表框、组合框等。需要注意的是，二维数组多以矩阵形式输出。

在使用二重循环输出一个二维数组时，通常内层循环用于控制列号的变化，外层循环用于控制行号的变化，因此在两层循环之间，要注意有分行输出的语句。

【例 6.2】 使用 Array 函数给一维数组 a()输入数据，再用数组 a()中的数据存入二维数组 b(,)中，然后将二维数组 b(,)以矩阵形式输出到窗体及多行文本框中。

在窗体上建立一个多行文本框 Text1(MultiLine 属性为 True)，如图 6.1 所示。

程序代码如下：

```
Option  Base  1                                       '声明数组下标的下界默认值为 1
Private  Sub  Form_Load()
  Dim a As Variant, b(3, 4) As Integer
  Dim i As Integer, j As Integer
  a = Array(11, 12, 13, 14, 15, 16, 17, 18, 19, 20, 21, 22)
  For i = 1 To 3
    For j = 1 To 4
        b(i, j) = a((i - 1) * 4 + j)                  '用一维数组 a()的数据存入二维数组 b(,)
    Next j
  Next i
  Show
  For i = 1 To 3                                      '以矩阵形式输出二维数组 b(,)
    For j = 1 To 4
        Print b(i, j);                                '输出在窗体上
        Text1.Text = Text1.Text & Str(b(i, j))        '输出在文本框上
    Next j
    Print                                             '换行
    Text1.Text = Text1.Text  &  vbCrLf                '加入换行控制符 vbCrLf(或 Chr(13)+Chr(10))
  Next i
End Sub
```

程序运行后，输出结果如图 6.1 所示。

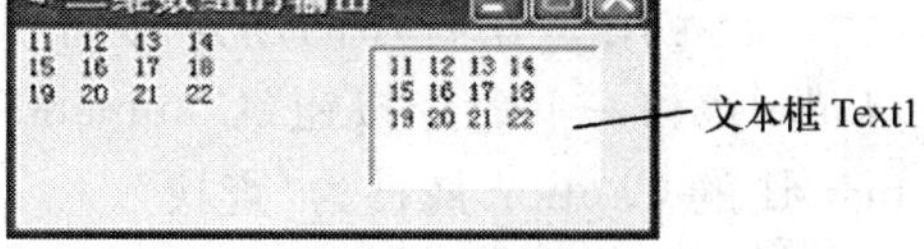

图 6.1　例 6.2 的输出结果

【例 6.3】 生成 20 个两位随机数作为原始数据，存放在 4 行 5 列的二维数组 a(,)中，然后求各列元素的和，把这些和数存放在一个一维数组 t()中。

程序中采用两个二重循环来实现程序的功能。第 1 个二重循环为二维数组 a(,)输入数据，第 2 个二重循环用于求各列元素的和。

在第 2 个二重循环中，外循环 j 控制列的变化，内循环 i 控制行的变化。第 1 次外循环时 j 值为 1(表示第 1 列)，i 从 1 变化到 4(表示第 1 行到第 4 行)，于是累加第 1 列 4 个数组元素 a(1,1)、a(2,1)、a(3,1)、a(4,1)之和，临时结果放在变量 s 中，实际上这是在进行累加操作，s 每次累加前都置一次 0 值(s = 0)。

第 2 次外循环时 j 值为 2(表示第 2 列)，i 从 1 变化到 4，于是累加第 2 列 4 个数组元素

a(1,2)、a(2,2)、a(3,2)、a(4,2)之和,临时结果放在变量 s 中,依次类推。

编写程序代码如下:

```
Private Sub Form_Load()
    Dim a(4, 5) As Integer, t(5) As Integer
    Dim i As Integer, j As Integer, s As Integer
    Randomize
    Show
    For i = 1 To 4                                   '控制行数
        For j = 1 To 5                               '控制列数
            a(i, j) = Int(90 * Rnd + 10)             '随机数存放在数组的 i 行 j 列中
        Next j
    Next i
    For j = 1 To 5                                   '控制列数
        s = 0                                        '合计前清 0
        For i = 1 To 4                               '控制行数
            s = s + a(i, j)                          '累加同一列元素值
        Next i
        t(j) = s                                     '列元素之和存放于数组 t()中
        Print "第" & j & "列元素的和:" & t(j)        '输出当前列元素之和
    Next j
End Sub
```

【例 6.4】 通过 Array 函数输入 10 名学生的成绩,求最高分和最低分。

(1) 分析:本例中求最高分、最低分的问题实际上就是求一组数的最大值、最小值。设 n 名学生的成绩存于一维数组 cj()中,求数组 cj()的最大值,可以按以下方法进行:

① 设一个存放最大值的变量 max,其初值为数组中的第一个元素值,即 max = cj(1)。

② 依次将 max 与 cj(2)到 cj(n)的所有数据进行比较,如果数组中的某个数 cj(i)>max,则用该数替换 max,即 max = cj(i)。所有数组元素比较完后,max 中存放的数即为整个数组的最大值。

求最小值的方法与求最大值类似。

(2) 创建应用程序的用户界面和设置对象属性,如图 6.2 所示。窗体上含有一个标签(Label1)和一个命令按钮(Command1)。标签 Label1 用于显示有关信息。命令按钮 Command1 的 Caption 属性为“查找”。

(3) 编写程序代码。

在 Form_Load 事件过程中,通过 Array 函数为数组 cj 赋值。单击“查找”按钮(Command1)时,开始查找最高分和最低分,找到后显示在标签 Label1 上。

程序代码如下:

```
Option Base 1                                '在模块层声明段中声明
Dim cj As Variant                            'cj 用作数组变量名
Private Sub Form_Load()
```

```
    Label1.Caption = "单击“查找”按钮开始查找最高分和最低分"
    cj = Array(89, 96, 81, 67, 79, 90, 63, 85, 95, 83)
End Sub
Private Sub Command1_Click()              '“查找”
    Dim max As Integer, min As Integer    'max 和 min 分别存放最高分和最低分
    max = cj(1)                           '设定初值
    min = cj(1)
    For i = 2 To 10                       '从第 2 个数组元素开始比较
      If max<cj(i) Then                   '找最高分
          max = cj(i)
      End If
      If min>cj(i) Then                   '找最低分
          min = cj(i)
      End If
    Next i
    Label1.Caption = "最高分:" + Str(max) + vbCrLf + "最低分:" + Str(min)
End Sub
```

程序运行结果如图 6.3 所示。

图 6.2　例 6.4 的设计界面

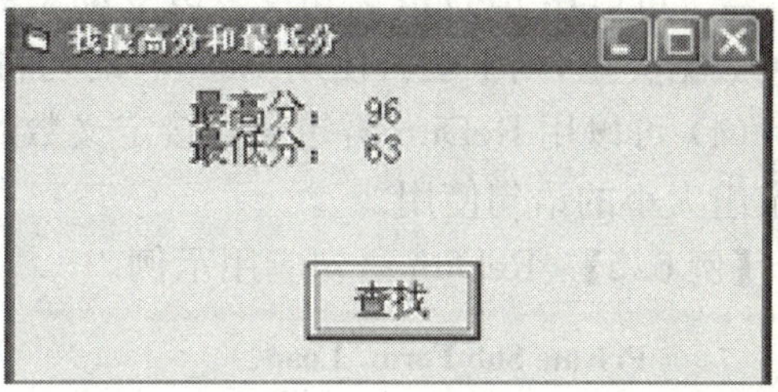

图 6.3　例 6.4 的运行界面

6.3　动态数组

VB 中有两种形式的数组:静态数组和动态数组。静态数组是指数组元素的个数固定不变,而动态数组的元素个数在程序运行时可以改变。在前面例子中,使用的都是静态数组。当通过 Dim 声明一个静态数组后,其维数及各维的上下界将不得改变。

有时,在程序设计阶段,并不知道数组究竟有多大,而无法声明数组大小。如果在程序一开始,就声明一个大数组,这些存储区长期被占用,会降低系统效率。遇到这种情况,可以使用动态数组。动态数组可以在运行过程中改变其大小。

6.3.1　建立动态数组

创建动态数组分两步进行:第一步,声明一个没有下标(或称空维数)的数组为动态数组;

第二步,在过程中用 ReDim 语句重新定义带下标的动态数组。

ReDim 语句格式:

ReDim[Preserve] 数组名([下界 1 To]上界 1[,[下界 2 To]上界 2…])[As 数据类型]

功能:本语句用来重新定义动态数组,按定义的上下界重新分配存储单元。

例如:

```
Private Sub Command1_Click()
    Dim F() As Integer                    '声明一个整型动态数组
    ......
    Size=20
    ReDim F(Size)                         '重新定义
    ......
End Sub
```

说明:

(1) 在本语句重新定义的动态数组中,每一维的上界和下界可以是包含常量、变量的表达式。

(2) 当重新分配动态数组时,数组中的内容将被清除,但如果在 ReDim 语句中使用了 Preserve 选择项,可保持数组中原有的数据不变。

(3) 可以用 ReDim 语句反复改变动态数组元素及维数的数目。如果已将一个数组声明为某种数据类型,则不能再使用 ReDim 语句将该数组改为其他数据类型。

(4) 可以用 ReDim 语句来直接定义数组(像 Dim 语句一样),但通常只是把它作为重新声明数组大小的语句使用。

【例 6.5】 ReDim 语句应用示例。

```
Private Sub Form_Load()
    Dim a() As Integer              '声明动态数组 a()
    Show
    ReDim a(800)                    '定义动态数组 a(),下标 0~800
    k = 0
    For x = 100 To 200
        If x Mod 8 = 0 Then
            k = k + 1
            a(k) = x                '将能被 8 整除的数存入数组
        End If
    Next x
    ReDim Preserve a(k)             '重新定义动态数组 a(),下标 0~k,保留数组中原有数据
    For j = 1 To k
        Print a(j)
    Next j
End Sub
```

6.3.2　数组刷新语句

数组刷新语句(Erase)可以作用于动态数组和静态数组,其格式为

Erase 数组名[,数组名]…

功能:该语句用来清除静态数组的内容,或者释放动态数组占用的内存空间。例如:

```
Dim Array1(20) As Integer
Dim Array2() As Single
ReDim Array2(9,10)
……
Erase Array1,Array2
```

说明:

(1) 对于静态数组,Erase 语句将数组重新初始化,即把所有数组元素置为 0(数值型)或空字符串(字符型)。

(2) 对于动态数组,Erase 语句将释放动态数组所使用的内存空间,也就是说,经 Erase 处理后动态数组不复存在。静态数组经 Erase 处理后仍然存在,只是其内容被清 0。

6.4　For Each ... Next 循环语句

For Each ... Next 语句与前面介绍的循环语句 For ... Next 类似,都可用来执行已知次数的循环。但 For Each ... Next 语句专门作用于数组或对象集合中的每一成员。它的语法格式是:

```
For Each 成员 In 数组名
    语句组
    [Exit For]
Next 成员
```

其中,“成员”是一个 Variant 变量,它实际上代表数组中的每一个元素。

本语句可以对数组元素进行读取、查询或显示,它所重复执行的次数由数组中元素的个数确定。这在不知道数组中元素的数目时非常有用。

【例 6.6】 用 For Each ... Next 循环语句,求 1! + 2! +…+10! 的值。

本例采用 Print 直接在窗体上输出结果,程序代码如下:

```
Private Sub Form_Load()
  Dim a(1 To 10) As Long, sum As Long, t As Long, n As Integer
  Show
  t = 1
  For n = 1 To 10
      t = t * n
      a(n) = t                    '把 n! 的值存入 a(n)
  Next n
```

```
    sum = 0
    For Each x In a
        sum = sum + x            '累加
    Next x
    Print "1! + 2! + 3! + … + 10! ="; sum
End Sub
```

输出结果如下：

1! + 2! + 3! +…+10! =4037913

上述 For Each... Next 语句能根据数组 a 的元素个数来确定循环次数，语句中 x 用来代表数组元素。开始执行时，x 是数组 a 的第一个元素的值；第 2 次循环时，x 是第 2 个元素的值，依次类推。

6.5 控件数组

6.5.1 控件数组的概念

在 VB 中，除了提供前面介绍的一般数组之外，还提供控件数组。控件数组由一组相同类型的控件组成，它们具有以下特点：

(1) 具有相同的控件名(即控件数组名)，并以下标索引号(Index，相当于一般数组的下标)来识别各个控件。每一个控件称为该控件数组的一个元素，表示为

控件数组名(索引号)

控件数组至少应有一个元素，最多可达 32 767 个元素。第一个控件的索引号默认为 0，也可以是一个非 0 的整数。VB 允许控件数组中控件的索引号不连续。

例如，Label1(0)，Label1(1)，Label1(2)，…就是一个标签控件数组。但要注意，Label1，Label2，Label3，…不是控件数组。

(2) 控件数组中的控件具有相同的一般属性。

(3) 所有控件共用相同的事件过程。控件数组的事件过程会返回一个索引号(Index)，以确定当前发生该事件的是哪个控件。

例如，在窗体上建立一个命令按钮数组 Command1，运行时不论单击哪一个按钮，都会调用以下事件过程：

```
Sub Command1_Click(Index As Integer)
        '在此过程中，可以根据 Index 的值来确定当前按下的是哪个按钮，并以此做出相应的处理
        ……
End Sub
```

6.5.2 控件数组的建立

建立控件数组有 3 种方法：

(1) 给多个控件取相同的名称。

(2) 将现有的控件复制并粘贴到窗体或框架、图片框上。

(3) 给控件设置一个 Index 属性值(0～32 767)。

6.5.3　控件数组的使用

【例 6.7】　控件数组的使用示例。

按图 6.4 设计窗体,其中控件数组 Text1 由 4 个文本框组成。运行程序时,先在控件数组中输入一组数,单击"计算总数"按钮,则计算这一组数的总数并把结果输出在文本框 Text2 中。

设计步骤如下:

(1) 设计控件数组 Text1,其中包含 4 个文本框对象。具体操作方法如下:

① 建立第一个文本框控件,名称采用默认的 Text1。设置文本框的 Text 属性为空值,Alignment属性为 1－RightJustify(右对齐)。

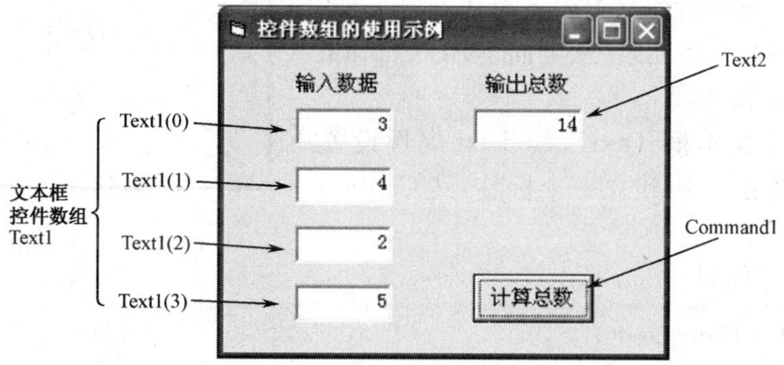

图 6.4　例 6.7 的运行界面

② 选定文本框,单击工具栏上的"复制"按钮(或按 Ctrl＋C)。

③ 单击工具栏上的"粘贴"按钮(或按 Ctrl＋V),此时系统弹出一个如图 6.5 所示的对话框,单击"是"按钮,就建立一个控件数组元素,其 Index 属性为 1,而已建立的第一个控件的 Index属性值为 0。用户通过鼠标可以把新控件拖放到第一个控件的下方。

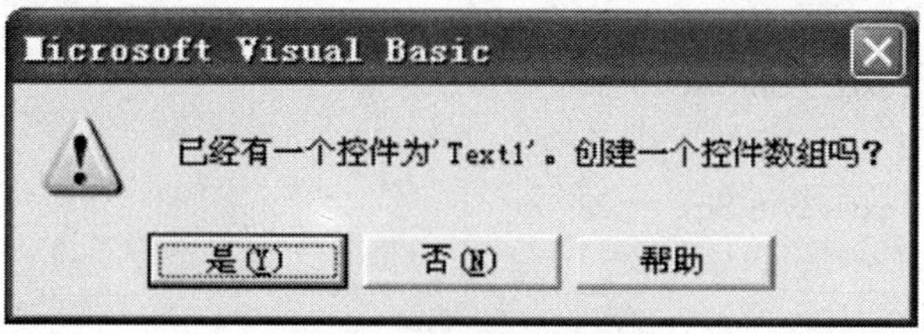

图 6.5　确认创建控件数组

④ 继续单击"粘贴"按钮(或按 Ctrl＋V)和调整控件位置,可得到控件数组中的其他 2 个控件,其 Index 属性值分别为 2 和 3(即从上而下为 0,1,2,3)。

(2) 在窗体上设置如图 6.4 所示的其他控件。

(3) 编写程序代码。

```
Private Sub Command1_Click()
    Dim sum As Long, k As Integer
    sum = 0
    For k = 0 To 3
        sum = sum + Val(Text1(k).Text)
    Next k
    Text2.Text = sum
End Sub
```

【例 6.8】 按图 6.6 设计窗体,其中一组(共 3 个)单选按钮构成控件数组,要求当单击某个单选按钮时,能够改变文本框中文字的大小。

设计步骤如下:

(1) 设计控件数组 Option1,其中包含 3 个单选按钮对象。其 Index 属性值从上而下为 0,1 和 2。

(2) 设置控件数组各元素(从上而下)的 Caption 属性分别为 12,20 和 28。

(3) 建立一个文本框 Text1,其 Text 属性设置为“控件数组的使用”。再建立一个标签,其 Caption 属性为“字号控制”。

(4) 编写程序代码。

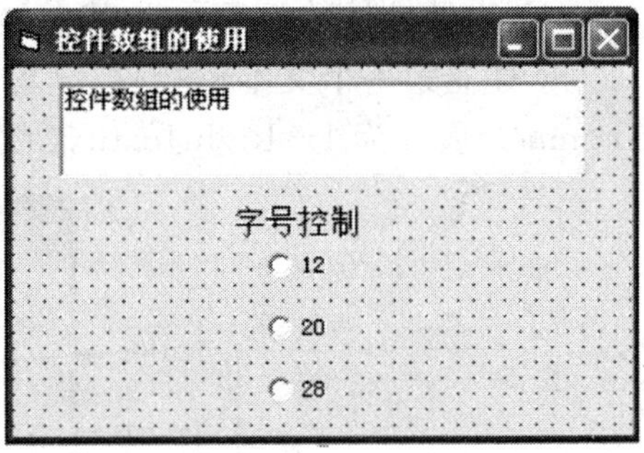

图 6.6 例 6.8 的设计界面

```
Private Sub Form_Load()
    Option1(0).Value = True             '选中第一个单选按钮
    Text1.FontSize = 12                 '设定文本框中的字号
End Sub
Private Sub Option1_Click(Index As Integer)
    Select Case Index                   '系统提供 Index 值
        Case 0
            Text1.FontSize = 12
        Case 1
            Text1.FontSize = 20
        Case 2
            Text1.FontSize = 28
    End Select
End Sub
```

6.6 程序举例

数组是程序设计中广泛使用的一种数据结构,它可以方便灵活地组织和使用数据。在数组的基础上可以实现许多重要的操作。

【例 6.9】 通过文本框输入一批学生成绩(不超过 100 个),成绩之间以逗号分隔,要求按分隔符分离出成绩,放入数组中,然后统计各分数段的学生人数。

(1) 分析:解此题分两步实现,一是从成绩数字串中分离出成绩,二是统计各分数段人数。

① 从成绩数字串中分离出成绩。假如通过文本框输入的成绩数字串用 s 表示,本题的处理方法是:从数字串 s 中查找第 1 个逗号(p = InStr(s,",")),若找到(p>0),则从 s 中读出前头的一个成绩并保存在数组 cj()中,再从 s 中去掉该成绩和随后的逗号,照此进行下去,直到找不到逗号(p = 0)为止。因为成绩个数未知,程序中采用 Do While 循环来实现。

② 统计各分数段人数。分数段有 11 个,需要为每一个分数段都设置一个计数器,因此共有 11 个计数器。

程序中使用另一个数组 t(10)作为计数器。用 t(0)统计 0～9 分的学生数,t(1)统计 10～19 分的学生数,t(2)统计 20～29 分的学生数,…,t(10)统计 100 分的学生数。从这里可以看出,数组元素 t(h)的下标 h 与分数范围有一定的关系,可利用公式 h = Int(x/10)换算,例如分数 x 为 23,则 h = Int(23/10) = Int(2.3) = 2,即 t(2)加 1。

(2) 如图 6.7 所示,在窗体上建立 3 个标签、1 个文本框、2 个列表框和 2 个命令按钮。文本框 Text1 用于输入成绩数字串,其 Multiline 属性设置为 True(允许多行输入)。列表框 List1 用于输出分离出来的成绩(即数组 cj()中的数据),列表框 List2 用于输出各分数段的人数。

(3) 编写程序代码。

```
Dim cj(100) As Integer, n As Integer              '声明模块级变量
Private Sub Command1_Click()                      '"分离"
    Dim s As String, p As Integer, k As Integer
    s = Text1.Text
    n = 1                                         'n 为数组 cj()的下标,表示有多少个成绩
    p = InStr(s, ",")                             '查找第 1 个逗号","
    Do While p > 0                                '找到逗号时执行循环
        cj(n) = Val(Left(s, p - 1))               '取出前头的一个成绩并存入数组
        s = Mid(s, p + 1)                         '取其余成绩数字串(不含刚取出的成绩)
        n = n + 1                                 '下标加 1
        p = InStr(s, ",")
    Loop
    cj(n) = Val(s)                                '保存最后一项
    List1.Clear
    For k = 1 To n
        List1.AddItem "cj(" & k & ")=" & cj(k)
    Next k
End Sub
Private Sub Command2_Click()                      '"统计"
    Dim t(10) As Integer, k As Integer
    For k = 1 To n
        h = Int(cj(k) / 10)                       '根据分数推算出计数数组元素的下标值
        t(h) = t(h) + 1                           '相应的分数段人数加 1
```

```
    Next k
    List2. Clear
    For k = 0 To 9
        List2. AddItem k * 10 & "~" & k * 10 + 9 & "：" & t(k)
    Next k
    List2. AddItem "100：" & t(10)
End Sub
```

程序运行后，从文本框中输入一批学生成绩，单击“分离”按钮后再单击“统计”按钮，输出结果如图 6.7 所示。

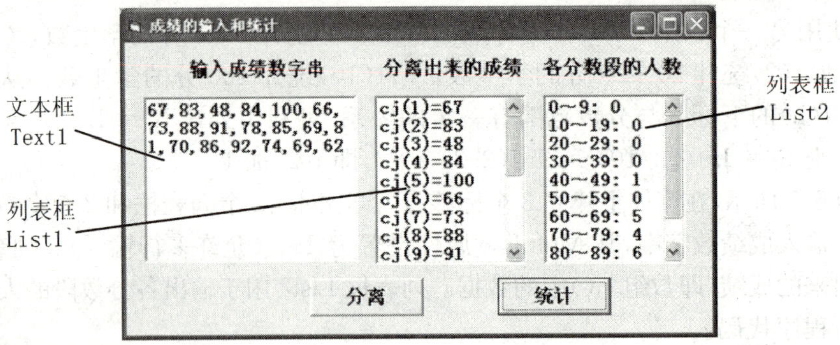

图 6.7 例 6.9 的程序输出效果

【例 6.10】 插入数组元素。生成 10 个 1~99 的随机整数作为原始数据，存于数组 d() 中，然后向数组中的指定位置插入一个指定数。如果指定位置小于 1，则将指定的数插在数组的第一个位置，如果指定位置大于现有数组元素的个数，则将指定的数插在数组的最后一个位置。将插入前、后的数组元素分别显示在两个文本框中。

(1) 分析：将某数 x 插在数组中的位置 p，需要将数组中的原 p 位置的元素到最后一个元素全部向后移动一个位置，而插入的新数作为数组的 p 位置的元素。插入操作后数组元素的总个数增加 1。例如，要将数 37 插入到数组第 7 位置，其过程如图 6.8 所示。

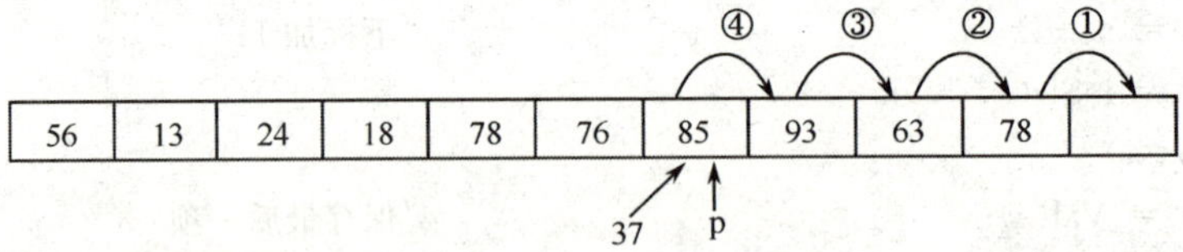

图 6.8 插入元素示意图

对数组中原 p 位置的元素到最后一个元素全部向后移动一个位置，需要从后面的元素开始逐个向后进行移动操作，即执行以下操作（n 为数组元素的个数）：

```
d(n+1) = d(n)
d(n) = d(n-1)
……
d(p+1) = d(p)
```

(2) 设计界面如图 6.9 所示。文本框 Text1 用于显示原数组元素，文本框 Text4 用于显示插入后的数组元素。插入的数据和插入的位置分别由 Text2 和 Text3 输入。

(3) 编写程序代码。

① 为了适应多次插入的需要,允许改变数组元素的个数,因此将数组 d()设置为动态数组。

② 在窗体的 Load 事件过程中生成 10 个 1～99 之间的随机整数,显示在文本框 Text1 中。

③ 单击“插入”按钮时将已输入的数据插入到数组中,并在 Text4 中显示插入的结果。

程序代码如下:

```
Dim n As Integer, d() As Integer          '在窗体模块的声明段中声明动态数组 d(),n 为下标数
Private Sub Form_Load()
  Text1.Text = ""
  n = 10                                   'n 初始值为 10
  ReDim d(n)                               '定义动态数组
  For k = 1 To n
    d(k) = Int(Rnd * 99 + 1)
    Text1.Text = Text1.Text & Str(d(k))   '数组中数据显示在 Text1 中
  Next k
End Sub
Private Sub Command1_Click()
  Dim num As Integer, pos As Integer, k As Integer
  Text4.Text = ""
  num = Val(Text2.Text)                    '插入数
  pos = Val(Text3.Text)                    '插入的位置
  If pos < 1 Then pos = 1                  '若 pos 小于 1,则按 1 处理
  If pos > n Then pos = n + 1              '若 pos 大于 n(最大下标数),则按 n+1 处理
  ReDim Preserve d(n + 1)                  '重新分配动态数组,保留数组中原有数据
  For k = n To pos Step -1                 '从后面的元素开始逐个向后进行移动操作
    d(k + 1) = d(k)
  Next k
  d(pos) = num                             '将插入数放入数组的 pos 位置
  n = n + 1                                '将数组下标数(即数组的总个数)增加 1
  For k = 1 To n
    Text4.Text = Text4.Text & Str(d(k))   '插入后结果显示在 Text4 中
  Next k
End Sub
```

程序运行后,在第 7 位置插入数 55,其显示结果如图 6.10 所示。

图 6.9 例 6.10 的设计界面

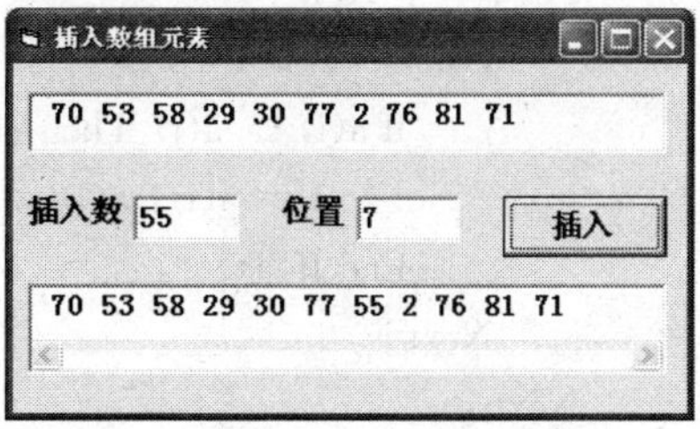

图 6.10 例 6.10 的运行界面

【例 6.11】 数组的排序。产生 10 个 10～100 的随机整数作为原始数据，按数值从小到大顺序排序，最后输出结果。

(1) 分析：这是一个排序问题，排序的算法有很多，常用的有选择法、冒泡法、插入法和合并法等。下面采用选择法进行排序。

将 10 个数放入数组 a 中，对下标变量 a(1)，a(2)，a(3)，…，a(10)进行排序处理。

① 第 1 轮比较。从这 10 个下标变量中，选出最小值，通过交换把该值存入 a(1)中。

② 第 2 轮比较。除 a(1)之外(a(1)已存放最小值)，从其余 9 个下标变量 a(2)～a(10)中选出最小值(即 10 个数中的次小值)，通过交换把该值存入 a(2)中。

③ 第 3 轮比较。采用上述方法，选出 a(3)～a(10)中的最小值，通过交换，把该值存入 a(3)中。

④ 第 4～8 轮比较。重复上述处理过程至 a(8)，可使 a(1)～a(8)按由小到大顺序排列。

⑤ 第 9 轮比较。选出 a(9)及 a(10)中的最小值，通过交换把该值存入 a(9)中，此时a(10)存放的就是最大值。

经过 9(n－1，n 为个数)轮比较后，这 10 个数就按从小到大的顺序排列好了。

(2) 程序结构。完成上述比较及排序处理过程，可以采用二重循环结构，外循环的循环变量 i 从 1 到 9，共循环 9 次；内循环的循环变量 j 从 i＋1 到 10。

本例采用默认的用户界面，所需数据由随机函数产生，处理后的结果通过 Print 方法直接输出在窗体上。

程序代码如下：

```
Private Sub Form_Load()
    Show
    Randomize
    Dim a(1 To 10) As Integer
    Dim n As Integer, i As Integer, j As Integer
    Print "原始数据:"
    n=10                                         '个数 n 为 10
    For j = 1 To n                               '产生 n 个随机数
        a(j) = Int(91 * Rnd + 10)
        Print a(j);
    Next j
    Print: Print
    For i = 1 To n-1                             '进行 n-1 轮比较
        For j = i + 1 To n                       '在数组 i~n 个元素中选最小元素
            If a(i) > a(j) Then                  'a(i)与 a(i+1)~a(n)比较
                t = a(i): a(i) = a(j): a(j) = t  '交换位置
            End If
        Next j
    Next i
    Print "排序结果:"
```

```
    For j = 1 To n
        Print a(j);
    Next j
End Sub
```

程序运行效果如图 6.11 所示。

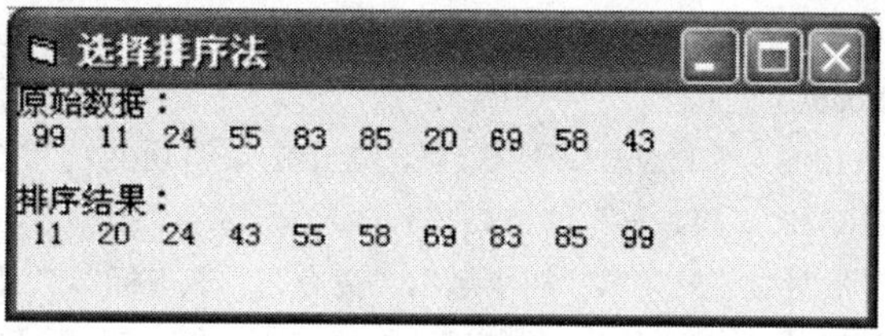

图 6.11　例 6.11 的程序运行结果

上述程序代码中，中间程序段“For i=1 To n−1”～“Next i”(共 7 个程序行)用于实现数据的排序。也可以把这个程序段改为

```
For i = 1 To n-1
    k = i                                     'k 用来记录每次选择的最小值的下标
    For j = i + 1 To n
        If a(k) > a(j) Then
            k = j
        End If
    Next j
    t = a(k): a(k) = a(i): a(i) = t          '交换位置
Next i
```

本程序段在原程序段的基础上增设一个变量 k，用来记录每一次选出的最小值的下标，其目的是不必在每发现一个小于 a(i)的 a(j)时，就使 a(i)与 a(j)换位，而只需在本次比较结束后，使 a(i)与 a(k)一次换位即可。

下面介绍如何从数组中查找所需的数据。最常用的查找方法有两种：顺序查找和折半查找。

【例 6.12】 采用顺序查找算法，从一批学号中查找指定学号，找到后显示学生的姓名。

(1) 分析：顺序查找的方法就是从数组的第 1 个元素开始，根据查找的关键值与数组中的元素逐一比较，若相同，查找成功；若找不到，则查找失败。顺序查找法适合于被查找数据集无序的场合。

(2) 如图 6.12 所示，在窗体上建立 2 个标签、2 个文本框和 1 个命令按钮。文本框 Text1 用来输入要查找学生的学号，文本框 Text2 用来显示查到的学生姓名。

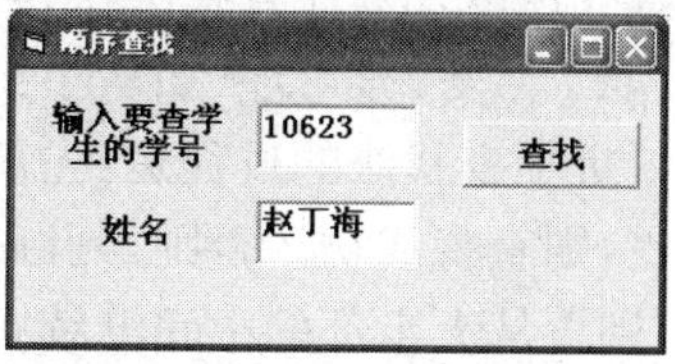

图 6.12　例 6.12 的显示效果

(3) 编写程序代码。

在窗体的 Load 事件过程中，通过 Array 函数输入 10 名学生学号及姓名作为原始数据，存放在数组 xh()和 xm()中。

两个数组的数据对应存放,即 xh(1)及 xm(1)存放第 1 个学生的学号及姓名,xh(2)及 xm(2)存放第 2 个学生的学号及姓名,……,依次类推。在窗体模块的声明段中声明了这两个数组变量名。

程序代码如下:

```
Option Base 1                                   '在窗体模块的声明段中声明
Dim xh As Variant, xm As Variant                '声明数组变量名 xh 和 xm
Private Sub Form_Load()
    xh = Array("11203", "11205", "10523", "11187", "11402", "11513", "11207", _
            "10623", "11360", "11437")
    xm = Array("张明", "吴兵", "胡小敏", "黄力", "李玉标", "宋英", "林清", _
            "赵丁海", "王民", "张南")
End Sub
Private Sub Command1_Click()                    '"查找"
    Dim key As String, flag As Integer, k As Integer, n As Integer
    flag = 0                                    '查找标记,0 表示未找到
    n = 10
    key = Text1.Text                            '要查的学生的学号,即查找的关键值
    For k = 1 To n
        If key = xh(k) Then                     '关键值与数组中的元素逐一比较
            Text2.Text = xm(k)                  '找到时,显示学生的姓名
            flag = 1                            '1 表示找到
            Exit For
        End If
    Next k
    If flag = 0 Then
        Text2.Text = "无此学号!"
    End If
    Text1.SetFocus                              '设置焦点
End Sub
```

运行程序,输入学号"10623",单击"查找"按钮,显示效果如图 6.12 所示。

【例 6.13】 采用折半查找算法,从一批学号中查找指定学号,找到后显示学生的成绩。

(1) 分析:折半查找法也称二分查找法,是一种效率较高的查找方法。对于大型数组,它的查找速度比顺序查找法快得多。在采用折半查找法之前,要求将数组按查找关键值(如学号、职工号等)排好序(如从小到大)。

折半查找法的过程是:先从数组中间开始比较,判别中间的那个元素是不是要找的数据,若是,则查找成功。否则,判断被查找的数据是在该数组的上半部还是下半部。如果是上半部,则再从上半部的中间继续查找,否则从下半部的中间继续查找。若用变量 top,bott 分别表示每次"折半"的首位置和末位置,则中间位置

$$m = \mathrm{Int}((top + bott)/2)$$

这样就将[top,bott]分成两段,即[top,m－1]和[m＋1,bott],若要找的数据小于由 m 指示的数据,则该数据在[top,m－1]范围内;反之,则在[m＋1,bott]范围内。照此进行下去,直到找到目标数据或者 top＞bott 时结束查找。top＞bott 时表示找不到。

每进行一次折半查找,查找数据的个数就减少一半。

有如下一组有序数,首位置 top 和末位置 bott 的初值分别为 1 和 10,m 第 1 次取值 5。假设待查找的数据 key ＝ 46,则折半查找的过程如图 6.13 所示。

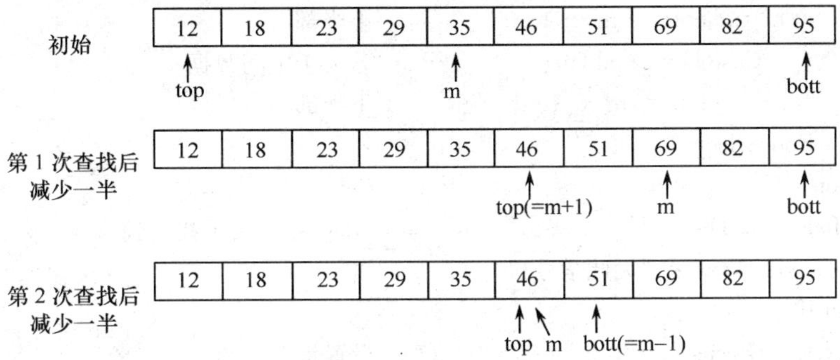

图 6.13　折半查找过程

(2) 如图 6.14 所示,在窗体上建立 2 个标签、2 个文本框和 1 个命令按钮。文本框 Text1 用来输入要查找的学生的学号,文本框 Text2 用来显示查到的学生的成绩。

(3) 编写程序代码。

在窗体的 Load 事件过程中,通过 Array 函数输入 10 名学生学号及成绩的原始数据,存放在数组 xh()和 cj()中。两个数组的数据对应存放,即 xh(1)及 cj(1)存放第 1 个学生的学号及成绩,xh(2)及 cj(2)存放第 2 个学生的学号及成绩,……,依次类推。在窗体模块的声明段中声明了这两个数组变量名。

数组 xh()中的学号(查找的关键值)按值从小到大排好序,因此可以直接采用折半查找法。

程序代码如下:

```
Option Base 1                                      '在窗体模块的声明段中声明
Dim xh As Variant, cj As Variant                   '声明数组变量名 xh 和 cj
Private Sub Form_Load()
    xh = Array("10523", "10623", "11187", "11203", "11205", "11207", "11360", _
               "11402", "11437", "11513")
    cj = Array(84, 93, 73, 69, 56, 79, 64, 91, 86, 72)
End Sub
Private Sub Command1_Click()                       '"查找"
    Dim key As String, flag As Integer, m As Integer, top As Integer, bott As Integer
    flag = 0                                       '查找标记,0 表示未找到
    top = 1: bott = 10                             '初始值
    key = Text1.Text                               '要查的学生的学号,即查找的关键值
    Do While top <= bott
```

```
        m = Int((top + bott) / 2)            '取中点
        Select Case True
            Case key = xh(m)                 '找到
                flag = 1                     '设置找到标志
                Text2. Text = cj(m)          '显示学生的成绩
                Exit Do
            Case key < xh(m)                 '若小于中间数据
                bott = m - 1                 '上半部
            Case key > xh(m)                 '若大于中间数据
                top = m + 1                  '下半部
        End Select
    Loop
    If flag = 0 Then                         ' flag = 0 表示找不到
       Text2. Text = "无此学号!"
    End If
    Text1. SetFocus                          '设置焦点
End Sub
```

运行程序,输入学号“11437”,单击“查找”按钮,显示效果如图 6.14 所示。

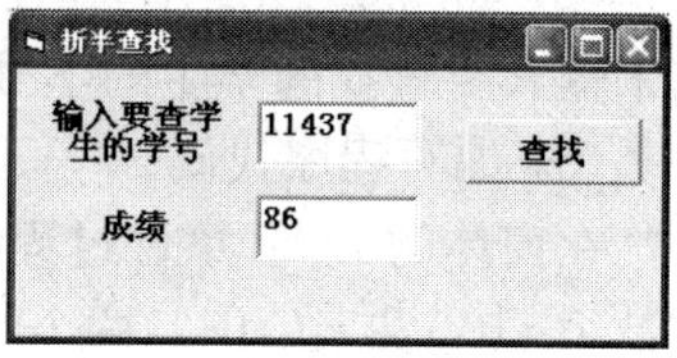

图 6.14　例 6.13 的显示效果

习　题　6

一、单选题

1. 假设已经使用了语句 Dim a(3,5),下列下标变量中不允许使用的是________。

　A. a(1, 1)　　B. a(2－1, 2＊2)　　C. a(3, 1.4)　　D. a(－1, 3)

2. 下列语句所定义的数组的元素个数为________。

```
Dim Ary(3 To 6, -2 To 2)
```

　A. 20　　B. 16　　C. 24　　D. 25

3. 阅读下列程序段代码,按要求选择答案。

```
Dim d(0 To 2) As Integer
For k = 0 To 2
    d(k) = k
    If k < 2 Then d(k) = d(k) + 3
    Print d(k);
Next k
```

该程序段运行后,输出的结果是________。

　A. 4　5　6　　B. 3　4　2　　C. 3　2　1　　D. 3　4　5

4. 下列程序段的运行结果是________。

```
Dim a(3, 3) As Integer
```

```
For i = 1 To 3
    For j = 1 To 3
        If i = j Then a(i, j) = 1 Else a(i, j) = 0
        Print a(i, j);
    Next j
    Print
Next i
```

1 1 1	0 0 0	1 0 0	1 0 1
A. 1 0 1	B. 0 1 0	C. 0 1 0	D. 0 1 0
1 1 1	0 0 0	0 0 1	1 0 1

5. 下列程序段的运行结果是________。

```
Option Base 1
Private Sub Command1_Click()
    Dim d
    d = Array(1,2,3,4,5)
    n = 1
    For k = 5 To 3 Step -1
        s = s + d(k) * n
        n = n * 10
    Next k
    Print s
End Sub
```

A. 123　　B. 234　　C. 345　　D. 112

6. 若窗体中已经有若干不同的单选按钮,要把它们改为一个单选按钮数组,在属性窗口中需要且只需要进行的操作是______。

A. 把所有单选按钮的 Index 属性改为相同值

B. 把所有单选按钮的 Index 属性改为连续的不同值

C. 把所有单选按钮的 Caption 属性值改为相同

D. 把所有单选按钮的名称改为相同,且把它们的 Index 属性改为连续的不同值

7. 在窗体(Form1)上建立了一个命令按钮数组,数组名为 Com1。请在下面空白处填入合适的内容,使之单击任一个命令按钮时,将该按钮的标题作为窗体标题。

```
Private Sub Com1_Click(Index As Integer)
    Form1. Caption =________
End Sub
```

A. Com1(Index). Caption　　B. Com1. Caption(Index)

C. Com1. Caption　　D. Com1(Index + 1). Caption

8. 使用语句"Dim t(5) As Integer"声明数组 t 之后,以下叙述中正确的是________。

A. t 数组中的所有元素值为 0

B. t 数组中的所有元素值为空字符串

C. t 数组中的所有元素值不确定

D. 使用 ReDim 语句可以改变数组 t 的维数

9. 以下叙述中正确的是______。

A. 使用 ReDim 语句可以改变数组的类型

B. 使用 ReDim 语句将释放动态数组所占的存储空间

C. 使用 ReDim 语句可以保留动态数组中原有的内容

D. 使用 Erase 语句将释放静态数组所占的存储空间

二、填空题

1. 设有数组声明语句：

```
Option Base 1
Dim d(3, -1 To 2)
```

以上语句所定义的数组 d 为________维数组，共有________个元素，第一维下标从________到________，第二维下标从________到________。

2. 下列程序段的运行结果是________。

```
Dim a(4, 4)
For i = 1 To 4
  For j = 1 To 4
      a(i, j) = Abs(i - j)
      Print a(i, j);
  Next j
  Print
Next i
```

3. 控件数组的名称由__________属性指定，而数组中每个元素的索引值由__________属性指定。

4. 删除数组元素。生成 10 个 1～99 的随机整数作为原始数据，存于数组 d()中，然后删除指定位置的数组元素。如果指定位置小于 1 或大于数组元素的个数，则不执行删除操作。将删除前、后的数组元素分别显示在两个文本框中。将下列程序代码补充完整。

【提示】 删除指定位置 p 的数组元素，只要从 p+1 位置的元素到最后一个元素全部向前移动一个位置，删除操作后数组元素的总个数减 1。为了适应多次删除的需要，允许改变数组元素的个数，因此将数组 d()设置为动态数组。

下列程序中，文本框 Text1 用于显示原数组元素，文本框 Text3 用于显示删除后的数组元素。删除的位置 p 由文本框 Text2 输入。

程序代码如下：

```
Dim n As Integer, d() As Integer        '在窗体模块的声明段中声明动态数组 d()，n 为下标数
Private Sub Form_Load()
    Text1.Text = ""
    n = 10                              'n 初始值为 10
    ReDim d(n)                          '定义动态数组
```

```
    For k = 1 To n
        d(k) = Int(Rnd * 99 + 1)
        Text1.Text = Text1.Text & Str(d(k))    '数组中数据显示在 Text1 中
    Next k
End Sub
Private Sub Command1_Click()
    Text4.Text = ""
    pos = Val(Text3.Text)                     '删除的位置
    If pos < 1 Or pos > n Then Exit Sub       '若 pos 超界,则不执行删除操作,退出本事件过程
    For k = pos To ____(1)____                '从 pos+1 位置的元素开始逐个向前进行移动操作
      _____(2)____
    Next k
    n = n - 1                                 '将数组下标数(即数组的总个数)减 1
    _____(3)_____                             '重新分配动态数组,保持数组中原有数据
    For k = 1 To n
        Text4.Text = Text4.Text & Str(d(k))   '插入后结果显示在 Text4 中
    Next k
End Sub
```

5. 设在窗体上有一个标签 Label1 和一个文本框数组 Text1，数组 Text1 有 10 个文本框,索引号 0～9,其中存放的都是数字数据。现由用户单击选定任一个文本框,然后计算从第一个文本框开始,到该文本框为止的多个文本框中的数值总和,把计算结果显示在标签中,请完成下列事件过程。

```
Private Sub Text1_Click(Index As Integer)
    Dim s As Single
    s = 0
    For k =____(1)____
        s = s +____(2)____
    Next k
    Label1.Caption = s
End Sub
```

编程及上机调试

按照下列各题的要求进行编程练习。各题的程序文件名分别为 ex0601(第 1 题)～ex0607(第 7 题),保存在用户文件夹下的“第 6 章”子文件夹中。

1. 某同学编写了如下程序,通过随机函数生成 10 个正整数,存放在数组中,然后查找这 10 个数中的最小数及其位置(即下标)。

```
Private Sub Command1_Click()
    Dim a(10) As Integer, min As Integer, pos As Integer
    Randomize
    For i = 1 To 10
```

```
        a(i) = Int(Rnd * 90 + 10)
        Print a(i);
    Next i
    Print
    min = a(1)
    pos = 0
    For k = 2 To 10
        If a(k) < min Then
            min = a(k)
        End If
        pos = k
    Next k
    Print "最小数:"; min, "位置:"; pos
End Sub
```

运行程序后发现,大多数情况下,程序显示的最小数位置是错的,程序需要修改。请从下面修改方案中选择一个或多个正确选项,并上机验证修改后的程序。

A. 把 min = a(1) 改为 min = 0

B. 把 pos = 0 改为 pos = 1

C. 把 If a(k)<min Then 改为 If a(k)>min Then

D. 把 pos = k 与 End If 的位置互换

2. 设有如下两个组数:

第 1 组:3,4,2,1,5,7,8,11,13

第 2 组:10,6,12,9,13,8,8,1,16

设计一个程序,使用 Array 函数将上述两组数分别读入两个一维数组 a 和 b 中,然后将这两个数组中对应的元素相加,其结果放入第三个数组 c 中(c 也是一维数组),最后输出数组 c 中的数据。

3. 输入一个正整数 n,再定义一个有 n 个元素的一维数组,生成 n 个 −50~50 范围内的随机整数,保存到数组中,然后将数组两端的元素对调,即将第 1 个元素与第 n 个元素对调,将第 2 个元素与第 n−1 个元素对调……,分别输出对调前、后的数组元素。

4. 编写程序,用数组建立一个 8×8 的矩阵,数组元素值是 10~99 范围内的随机整数,求解下列问题并输出结果:

(1) 求所有元素之和;

(2) 求各行元素之和;

(3) 求主对角线元素之和;

(4) 求所有靠边元素之和。

5. 设计程序,随机产生 64 个 100~999 范围内的整数,存放在 8×8 数组中,然后找出该数组中最大值的元素(若有多个最大值元素,只需找出其中一个),并输出其值及行号和列号(行号和列号都从 1 算起)。

6. 在窗体 WinForm1 中建立 1 个单选按钮组 Opt1 和 1 个命令按钮 Cmd1,单选按钮组包含 3 个单选按钮,其标题分别为“单选 1”、“单选 2”和“单选 3”,下标分别为 0,1 和 2。初始状态下,“单选 2”单选按钮被选中,以后每次单击命令按钮时,依次选中 1 个单选按钮。

7. 产生 20 个互不相同的 10～99 随机整数,完成下列程序。

【提示】 设数组为 a(),要实现数组元素互不相同,每当生成一个新数时,用此数与前面每一个元素,即 a(1)～a(k)比较,若与前面的元素不同(标记 f 值为 0),则将该数作为数组元素a(k+1);若与前面的元素相同(标记 f 值为 1),则将该数丢弃。然后再生成一个新数,再进行比较,照此进行下去。

```
Private Sub Form_Load()
    Dim a(20) As Integer
    Randomize
    a(1) = Int(10 + 90 * Rnd)                 '产生第一个随机数
    k = 1                                     'k 表示随机数的个数
    Do While k<20
        x = Int(10 + 90 * Rnd)                '产生一个随机数 x
        f = 0                                 'f 标记是否存在相同数,0 表示未找到相同数
        For j = 1 To k                        '从 a(1)～a(k)中判定数值 x 是否已经存在
            If x=a(j) Then
                ________(1)________
                Exit For
            End If
        Next j
        If f = 0 Then                         '若不存在相同数,则保存
                k = ________(2)________
                ________(3)________
        End If
    Loop
    Show
    For j = 1 To 20                           '输出结果
        Print a(j)
    Next j
End Sub
```

第7章 过　　程

本章导读

- 通用过程
- 参数传递
- 嵌套调用与递归调用
- 过程、变量的作用域
- 多窗体与 Sub Main 过程
- 程序举例

对于一个复杂的应用问题，往往要把它分解成较小的部分，这些部分称为过程。VB 中的过程是完成某种功能的一组独立的程序代码。VB 应用程序是由若干过程组成的。

过程有两个重要作用：一是把一个复杂的任务分解为若干小任务，可以用过程来表达，从而使任务更易理解，更易实现，更易维护；二是代码重用，使同一段代码多次复用。

VB 有两大类过程：事件过程和通用过程。前面各章中使用的都是事件过程。事件过程是当某个事件发生时，对该事件做出响应的程序段，它是 VB 应用程序的主体。本章主要介绍通用过程。

7.1　通用过程

有时，多个不同的事件过程要用到一段相同的程序代码（执行相同的任务），为了避免程序代码的重复，可以把这一段代码独立出来，作为一个过程，这样的过程称为"通用过程"。通用过程独立于事件过程之外，可供事件过程或其他通用过程调用。

通用过程一般由编程人员建立，它既可以保存在窗体模块中，也可以保存在标准模块中。通用过程与事件过程不同，它不依附于某一对象，也不是由对象的某一事件驱动和由系统自动调用的，而是必须被调用语句（如 Call 语句）调用才起作用。通用过程也称为"子过程"，可以被多次调用，调用该过程的过程称为"调用过程"。

图 7.1 是一个过程调用的示例。调用过程在执行过程中，首先遇到"Call SubA"的语句，于是转到子过程 SubA 的入口处去执行。执行完子过程 SubA 之后，返回调用过程的调用语句处继续执行随后的语句。执行过程中再次遇到"Call SubA"的语句，于是再次进入子过程 SubA 去执行，执行完后返回调用处继续执行其后的语句。同样，遇到"Call SubB"语句时，转到子过程 SubB 中去执行，执行完子过程 SubB 后返回调用处，继续执行其后的语句。

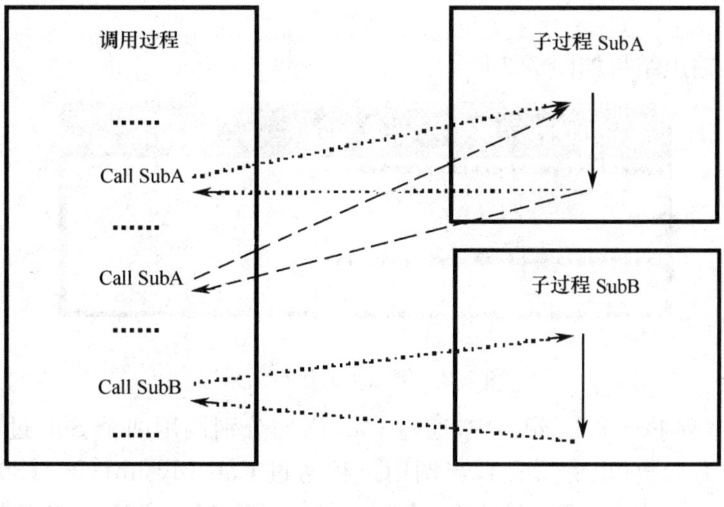

图 7.1　过程调用示意图

在 VB 中,通用过程分为两类:Sub(子程序)过程和 Function(函数)过程。Sub 过程和 Function 过程的相似之处是,它们都可以被调用,都是一个可以获取参数,执行一系列语句,并能够改变其参数值的独立过程。它们的主要不同点是,Sub 过程不返回值,因此 Sub 过程不能出现在表达式中,且不具有数据类型;而 Function 过程具有一定的数据类型,能够返回一个相应数据类型的值,可以像变量一样出现在表达式中。

7.1.1　Sub 过程

为使读者对使用 Sub 过程有一个初步认识,先举一个简单例子。

【例 7.1】　Sub 过程示例。

程序代码如下:

```
Private Sub Form_Load()
    Show
    Call Mysub1(30)
    Call Mysub2
    Call Mysub2
    Call Mysub2
    Call Mysub1(30)
End Sub
Private Sub Mysub1(n As Integer)
    Print String(n, "*")              '输出连续 n 个"*"号
End Sub
Private Sub Mysub2()
    Print "*"; Tab(30); "*"           '输出头尾各一个"*"号
End Sub
```

程序运行后,输出结果如图 7.2 所示。

图 7.2　例 7.1 的运行结果

在上述事件过程 Form_Load()中,通过 Call 语句分别调用两个 Sub 过程。在 Sub 过程 Mysub1(n)中,n 为参数(也称形参),当调用过程通过 Call Mysub1(30)(30 称为实参)调用时,就把 30 传给 n。这样,调用后输出 30 个"*"号。过程 Mysub2()不带参数,其功能是输出左右两边的"*"号。

1. Sub过程的定义

定义Sub过程的语句格式如下：

```
[Private|Public|Static]Sub 过程名([参数表])
    语句组
    [Exit Sub]
End Sub
```

说明：

(1) 如果选用Private(局部的)，只有该过程所在模块(如窗体模块)中的过程才能调用该过程；如果选用的是Public(公用的)，表示在应用程序中的任何地方都可以调用该Sub过程。系统默认为Public。

(2) 如果选用Static，表示Sub过程中的局部变量是静态变量，在过程中被调用后，其值仍然保留。如果不用Static属性，则局部变量是动态的(或称自动的)，即每次调用Sub过程时，局部变量的初始值为零值(或空字符)。关于局部变量的概念见7.4.2节。

(3) 参数表用来指明从调用过程传递给Sub过程的参数个数及类型。参数表内的参数又称为形式参数(简称形参)，其定义格式如下：

```
[ByVal | ByRef] 变量名 [()][As 数据类型]…
```

其中，ByVal表示该参数按值传递，ByRef表示该参数按地址传递。默认为ByRef。ByVal和ByRef的含义将在7.2.2节介绍。

(4) Sub过程可以获取调用过程传送的参数，也能通过参数表的参数，把计算结果传回给调用过程。

(5) 通用过程不能嵌套定义。也就是说，在Sub(或Function)过程内不能定义Sub(或Function)过程，但可以嵌套调用。

2. Sub过程的建立

Sub过程可以在窗体模块(.Frm)中建立，也可以在标准模块(.Bas)中建立。

(1) 在窗体模块中建立Sub过程，可以在代码窗口中完成。打开代码窗口后，在对象框中选择"通用"项，然后输入Sub过程头，例如输入Sub Mysub1(n)，按回车键后，窗口内显示：

```
Sub Mysub1(n)
End Sub
```

此时即可在Sub和End Sub之间输入程序代码了。

用户也可以在代码窗口中直接输入代码来创建Sub过程。

(2) 在标准模块中建立Sub过程，操作方法是：选择"工程"菜单中的"添加模块"命令，打开"添加模块"对话框；再选择"新建"或"现存"选项卡，新建一个标准模块或打开已有的一个标准模块。此后就可以在模块代码窗口中编辑Sub过程了。编辑完成后保存标准模块文件(.bas)。

(3) 在编辑Sub过程之前，还可以采用以下方法来创建Sub过程模板：选择"工具"菜

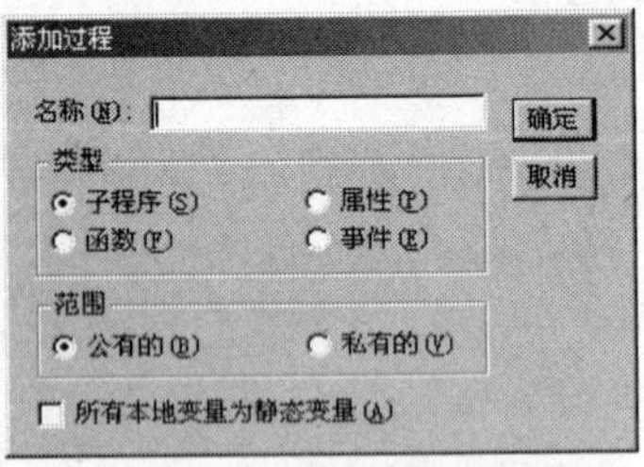

图 7.3 "添加过程"对话框

单中的"添加过程"命令，打开如图 7.3 所示的对话框；再输入过程名称，从"类型"组中选择"子程序"类别(若要创建 Function 过程，应选"函数")，从"范围"组中选择"公有的"(相当于 Public)或"私有的"(相当于 Private)；最后确认，即可创建 Sub 过程框架和进行代码编辑。

3. Sub 过程的调用

事件过程是通过事件驱动和由系统自动调用的，Sub 过程则必须通过调用语句实现调用。

调用 Sub 过程有以下两种方法。

(1) 使用 Call 语句。格式如下：

Call 过程名[(实参表)]

(2) 直接使用过程名，即把过程名作为一个语句来使用，格式如下：

过程名 [实参表]

例如，以下两个语句都可以调用名为 Mysub1 的过程：

```
Call Mysub1(10)
Mysub1 10
```

说明：①实参表是实际参数表，当有多个实参时用逗号分隔。

②使用第(1)种方法用 Call 调用 Sub 过程时，实参表必须用圆括号括起来；使用第(2)种方法调用 Sub 过程时，实参表不能用圆括号括起来，但过程名与实参表之间要加一个空格。

【例 7.2】 计算 5! + 10!。

因为计算 5! 和 10! 都要用到阶乘 n! (n! =1×2×3×…×n)，所以把计算 n! 编成 Sub 过程。

采用 Print 直接在窗体上输出结果，程序代码如下：

```
Private Sub Form_Load()
    Dim y As Long, s As Long
    Show
    Call Jc(5, y)
    s = y
    Call Jc(10, y)
    Print "5! + 10! ="; s+y
End Sub
Sub Jc(n As Integer, t As Long)
    Dim i As Integer
    t = 1
    For i = 1 To n
      t = t * i
    Next i
End Sub
```

程序运行结果如下：

5! + 10! =3628920

在上述事件过程 Form_Load 中，通过 Call Jc(5,y)和 Call Jc(10,y)来分别计算 5! 和 10!。Sub 过程 Jc(n,t)设置了两个参数 n 和 t。n 表示阶数，实际值是由调用过程赋给的。t 保存计算结果(即 n! 的值)，它通过第 2 个参数传回给调用过程。

当使用 Call 调用 Sub 过程 Jc 时，必须事先提供所需的参数值(如 5,10)，从 Sub 过程返回时，可以得到计算结果(存放在 y 中)。

7.1.2 Function 过程

VB 系统中提供了许多内部函数，如 Sin,Cos,Int 等，它们的处理程序存放在 VB 系统程序之中，用户需要时可直接调用。但这只是一般常用的函数，还不能满足使用者的需要，为此 VB 允许用户使用 Function 语句编写 Function 过程(又称函数过程)。Function 过程与内部函数一样，可以在程序中使用。

1. Function 过程的定义

Function 过程是通用过程的另一种形式，它与 Sub 过程不同的是，Function 过程可直接返回一个值给调用程序。定义 Function 过程的一般语法格式如下：

```
[Private|Public|Static] Function 函数名([参数表])[As 数据类型]
        语句组
        [函数名=表达式]
        [Exit Function]
End Function
```

说明："表达式"的值是函数的返回值。如果在 Function 过程中省略"函数名=表达式"，则该过程返回一个默认值(数值函数过程返回 0，字符串函数过程返回空字符串)。语法中的其他部分的含义与 Sub 相同。

2. Function 过程的建立

Function 过程可以在窗体模块中建立，也可以在标准模块中建立。其操作方法与 Sub 过程类似。

【例 7.3】 将例 7.2 中求 n! 的 Sub 过程改成 Function 过程，实现同样的功能。

分析：在前面例 7.2 中，因为 Sub 过程名不能返回值，所以需要在参数表中引入另一个参数 t 来返回阶乘值。如果改成用 Function 过程实现，则阶乘值可由函数名返回，因此只需要设置一个参数 n。

```
Private Sub Form_load()
    Dim s As Long
    Show
    s = jc(5) + jc(10)                '把函数作为表达式的一部分进行调用
    Print "5! + 10! ="; s
```

```
End Sub
Function jc(n As Integer) As Long            '返回值的数据类型为 Long
    Dim i As Integer, t As Long
    t = 1
    For i = 1 To n
        t = t * i
    Next i
    jc = t                                   '返回值赋给函数名
End Function
```

从上述例子读者可以看到 Sub 过程与 Function 过程在定义和调用上的区别。

【例 7.4】 输入三个数,求出它们的最大数,要求将求两个数中的大数编写成 Function 过程,过程名为 Max。

本例采用 InputBox 函数输入三个数,判断出最大数后采用 Print 直接输出在窗体上。

程序代码如下:

```
Private Sub Form_Load()
    Dim a As Single, b As Single, c As Single, s As Single
    Show
    a = Val(InputBox("输入第一个数"))
    b = Val(InputBox("输入第二个数"))
    c = Val(InputBox("输入第三个数"))
    s = Max(a, b)
    Print "三个数中的最大数是:"; Max(s, c)
End Sub
Function Max(m As Single, n As Single) As Single
    If m > n Then
        Max = m
    Else
        Max = n
    End If
End Function
```

3. Function 过程的调用

(1) 直接调用

像使用 VB 内部函数一样,只需写出函数名和相应的参数即可。例如:

```
s=Max(a,b)
Print Max(s,c)
```

(2) 用 Call 语句调用

与调用 Sub 过程一样来调用 Function 过程,例如:

```
Call Max(a,b)
```

(3) 函数名直接调用

通过函数名来直接调用 Function 过程，例如：

```
Max a,b
```

方法(2)和(3)均没有返回函数的返回值，因此极少使用。一般使用第(1)种方法，把函数作为表达式的一部分进行调用，具体的使用方法与 VB 内部函数的使用完全相同。

4. 查看过程

通用过程是程序中的公共代码段，可供各个事件过程调用，因此编写程序时经常要查看当前模块或其他模块中有哪些通用过程。

要查看当前模块中有哪些 Sub 过程和 Function 过程，可以在代码窗口的对象框中选择"通用"项，此时在过程框中会列出现有过程的名称。

如果要查看的是其他模块中的过程，可以选择"视图"菜单中的"对象浏览器"命令；然后在"对象浏览器"对话框中，从"工程/库"列表框中选择工程，从"类/模块"列表框中选择模块，此时在"成员"列表框中会列出该模块拥有的过程。

7.2 参数传递

调用过程时可以把数据传递给过程，也可以把过程中的数据传递回来。这些数据也称为过程参数。编制一个过程时，需考虑调用过程和被调过程之间的参数是如何传递的，并完成形式参数与实际参数的结合。参数传递有两种方式：按值传递和按地址传递。

7.2.1 形参与实参

形式参数(简称形参)是被调过程中的参数，出现在 Sub 过程和 Function 过程中，形式参数可以是变量名和数组名。

实际参数(简称实参)是调用过程中的参数。在过程调用时，实参数据会传递给形参。

形参表和实参表中的对应变量名可以不同，但实参和形参的个数、顺序及数据类型必须相同。以下是一个定义过程和调用过程的示例：

```
定义过程：Sub Mysub(t As Integer,s As String,y As Single,d() As Integer)
调用过程：Call Mysub(100,"计算机",1.5,cj())
```

"形实结合"是按照位置结合的，即第 1 个实参值(100)传送给第 1 个形参 t，第 2 个实参值("计算机")传送给第 2 个形参 s，第 3 个实参值(1.5)传送给第 3 个形参 y，第 4 个实参值 cj()数组传送给第 4 个形参 d()数组。数组只能按地址传递方式进行传递。

7.2.2 按地址传递和按值传递

1. 按地址传递

VB 默认的参数传递方式是按地址传递。所谓按地址传递(关键字 ByRef)，就是当调用一个过程时，将实参的地址传递给形参，使形参与实参具有相同的内存地址，即形参与实参共享同一存储单元。因此,在被调过程体中改变形参的值,则相应实参的值也被改变。

按地址传递可以实现调用过程与被调过程之间数据的双向传递。

采用这种传递方式时,实参必须是变量,不能采用常量或表达式。

在例 7.2 中,Form_Load()事件过程是通过"Call Jc(5,y)"和"Call Jc(10,y)"来调用过程 Jc(n,t)的,其中采用的第 2 个参数就是按地址来传送数据的。实参 y 和形参 t 使用相同的内存地址。执行 Call Jc(5,y)时,实参 y 值为 0,传送给过程 Jc 的形参是 t。过程 Jc 计算后,把结果 120 存放在 t 中,也就是把 y 值改为 120(形参的值改变了,实参的值也就随之改变),因此从 Sub 过程返回时,变量 y 按新值 120 进行计算。

2. 按值传递

所谓按值传递(关键字 ByVal),就是当调用一个过程时,系统将实参的值复制给形参,实参与形参断开了联系。被调过程中的形参操作是在自己的存储单元中进行的,当过程调用结束时,这些形参所占用的存储单元也同时被释放。因此在过程体内对形参的任何操作都不会影响实参。这种传值方式是"单向"的,即只能由实参传递形参,而形参的值不能返回给实参。

当实参为常量或表达式时,则必定是按值传递方式(数据的传递是单向的)。

【例 7.5】 参数传递方式示例。

本例中设置两个通用过程 Test1 和 Test2,分别按值传递和按地址传递。采用 Print 直接在窗体上输出信息,程序代码如下:

```
Private Sub Form_Load()
    Dim x As Integer
    Show
    x = 5
    Print "执行 Test1 前,x="; x
    Call Test1(x)
    Print "执行 Test1 后,Test2 前,x="; x
    Call Test2(x)
    Print "执行 Test2 后,x="; x
End Sub
Sub Test1(ByVal t As Integer)
    t = t + 5
End Sub
Sub Test2(s As Integer)
    s = s - 5
End Sub
```

运行结果如下:

执行 Test1 前,x=5
执行 Test1 后,Test2 前,x=5
执行 Test2 后,x=0

调用 Test1 过程时,是按值传递参数的,因此在过程 Test1 中对形参 t 的任何操作不会影响到实参 x。调用 Test2 过程时，是按地址传递参数的，因此在过程 Test2 中对形参 s 的任何操作都变成对实参 x 的操作，当 s 值改为 0 时，实参 x 的值也随之改变。

上述两种参数传递方式各有特点，采用按地址传递方式既能传入，又能传出；而采用按值传递方式则只能从外部向过程传入值，但不能传出。正是由于不能传出，按值传递方式中形参值变化就不会影响实参。从某种意义上说，按值传递方式可以增加程序的可靠性，也便于调试，减少各过程间的关联。

实际使用中，采用哪一种传递方式更合适，则视情况而定。一般来说，需要传出参数值时应该用地址传递，否则采用按值传递。

7.3 嵌套调用与递归调用

7.3.1 嵌套调用

在一个过程中调用另外一个过程，称为过程的嵌套调用。也就是说，某个事件过程可以调用某个过程，这个过程又可以调用另外一个过程，这种程序结构称为过程的嵌套。

【例 7.6】 输入两个数 n，m，求组合数 $C_n^m=\frac{n!}{m!\ (n-m)!}$的值。

程序代码如下：

```
Private Sub Form_Load()
    Show
    m = Val(InputBox("输入 m 的值"))
    n = Val(InputBox("输入 n 的值"))
    If m > n Then
        MsgBox "输入数据错误", 0, "检查错误"
        End
    End If
    Print "组合数是："; Calcomb(n, m)
End Sub
Private Function Calcomb(n As Single, m As Single)
    Calcomb = Jc(n) / (Jc(m) * Jc(n - m))
End Function
Private Function Jc(x As Single)
    t = 1
    For i = 1 To x
        t = t * i
    Next i
    Jc = t
End Function
```

程序中采用了过程的嵌套调用方式。在事件过程 Form_Load 中调用了 Calcomb 过程，在 Calcomb 过程中调用了 3 次 Jc 过程。

7.3.2　递归调用

一个过程调用过程本身,称为过程的递归调用。采用递归方法来解决问题时,一般必须符合以下两个条件:

(1) 可以把原问题转化为较低级别的同样的问题;

(2) 存在结束条件(也称边界条件),使这种递归会在某种条件下结束。

【例 7.7】 采用递归方法求 n!(n>0)。

根据数学定义 n! = n×(n−1)!,可以把求解 n! 转化为求解(n−1)! 的问题;同样地,可以把求解(n−1)! 转化为求解(n−2)! 的问题,……,直到 n=1 为止。1! = 1 是递归结束条件。然后由 1! 可以求出 2!,由 2! 可以求出 3!,……,由(n−1)! 可以求出 n!。

定义一个通用函数 fac(n)来求 n! 的值,fac(n)=n!,则求 n! 的公式可以写成:

$$\mathrm{Fac}(n)=\begin{cases}1 & n=1\\ n\times \mathrm{fac}(n-1) & n>1\end{cases}$$

程序代码如下:

```
Private Sub Form_Load()
    Dim n As Integer, y As Double
    Show
    n = Val(InputBox("输入 1～15 之间的整数"))
    If  n < 1 Or n > 15  Then
        MsgBox "错误数据", 0, "检查数据"
        End
    End If
    y= fac(n)
    Print  n; "! = "; y
End Sub
Private Function fac(n As Integer) As Double
    If  n > 1  Then
        fac = n * fac(n - 1)                    '递归调用
    Else
        fac = 1                                 'n=1 时,结束递归
    End If
End Function
```

以求 4! 为例,递归过程如图 7.4 所示。可以看出:① 求解递归问题的过程分两个阶段:

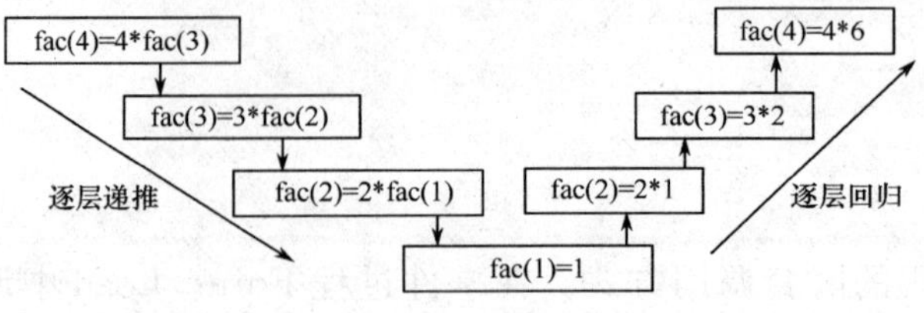

图 7.4　求 4! 的递归过程

"递推"和"回归"。在逐层递推时,若遇到递归的结束条件,便按原路径逐层返回;② 某次递推并不能立即得到 fac(n)的值,而是一次又一次地进行递推,直到 fac(1)时才有确定的值,然后在逐层回归中依次算出 fac(2),fac(3),fac(4)的值。

【例 7.8】 用递归方法求两个正整数 m 和 n 的最大公约数。

前面例 5.7 介绍了求最大公约数的解题方法,现用递归方法来求解。

定义一个通用函数 gys(m,n)来求两个正整数 m 和 n 的最大公约数,递归公式如下:

$$gys(m,n)=\begin{cases} n & m \text{ Mod } n=0 \\ gys(n, m \text{ Mod } n) & m \text{ Mod } n\neq 0 \end{cases}$$

递归结束条件是 m Mod n = 0(余数为 0)。

程序代码如下:

```
Private Sub Form_Load()
    Show
    m = Val(InputBox("输入 m 的值"))
    n = Val(InputBox("输入 n 的值"))
    Print m; "和"; n; "的最大公约数是:"; gys(m, n)
End Sub
Private Function gys(m, n)
    p = m Mod n
    If  p = 0  Then                        '结束条件
        gys = n
    Else
        gys = gys(n, p)                    'n→m,p→n,再调用
    End If
End Function
```

7.4 过程、变量的作用域

VB 应用程序由若干过程组成,在过程中会用到变量。一个过程、变量随所处位置及定义方式不同,可被访问的范围也不同,过程、变量可被访问的范围称为过程、变量的作用域。

7.4.1 代码模块的概念

VB 应用程序的组成如图 7.5 所示。VB 将代码存放在 3 种不同的模块中:窗体模块(Form)、标准模块(Module)和类模块(Class)。这些模块分别保存在具有特定类型名 .frm、.bas 和 .cls 的文件中。

(1) 窗体模块。一个 VB 应用程序包含一个或多个窗体模块,每个窗体模块分为两部分,一部分是作为用户界面的窗体,另一部分是执行具体操作的代码。窗体模块可以包括事件过程、通用过程以及变量声明部分,这些部分连同窗体一起存入窗体文件(.frm)。

(2) 标准模块。当一个应用程序中多个模块需要调用某一个通用过程时,就需要建立一个标准模块,在该标准模块中建立通用过程。一个应用程序中可以建立一个或多个标准模块。在标准模块中,可以声明全局变量、定义通用过程(Sub 过程和 Function 过程)和"Sub Main"

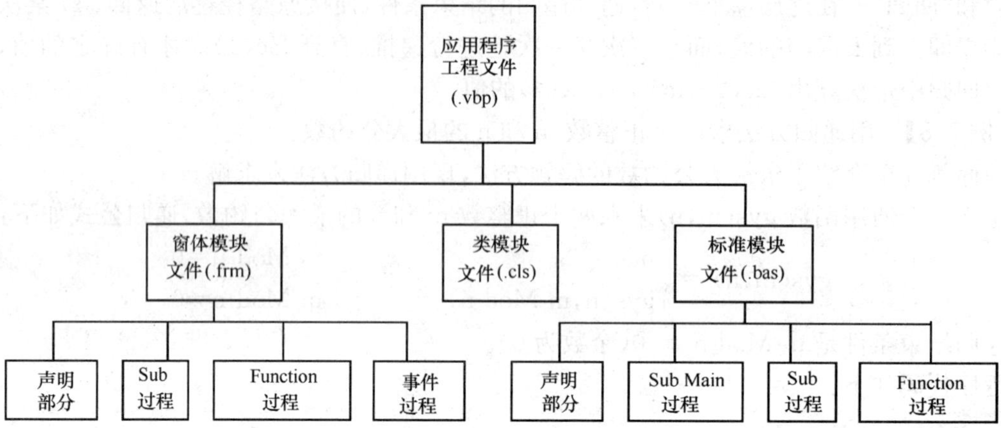

图 7.5 VB 应用程序的组成

过程(详见 7.5.2 节)。默认情况下,标准模块中的代码是公有的(Public),任何模块中的事件过程或通用过程都可以访问它。

注意:标准模块中不能出现事件过程,事件过程只能出现在窗体模块中。

在工程中添加标准模块的步骤是:选择"工程"菜单中的"添加模块"命令,然后在"添加模块"对话框中双击"模块"图标,即可建立一个标准模块 Modulen。

(3) 类模块。类模块主要用来定义类和建立 ActiveX 组件。限于篇幅,本书不介绍类模块的有关内容。

7.4.2 过程的作用域

过程的作用域分为:模块级和全局级。根据使用的关键字不同,过程有不同的作用域。

(1) 模块级过程。在窗体模块或标准模块中用关键字 Private 定义的过程,其作用域仅仅是其所在的模块(窗体模块或标准模块),在其他模块中无效。

(2) 全局级过程。在窗体模块或标准模块中用关键字 Public(或省略关键字)定义的过程,其作用域是整个应用程序的所有模块。

当全局级过程在窗体模块中定义时,在其他模块中调用时要指出窗体模块的名字,即"窗体模块名.全局级过程名[(实参表)]";当全局级过程在标准模块中定义时,在其他模块中可以直接调用。

7.4.3 变量的作用域

变量的作用域是指变量有效的范围。定义一个变量时,为了能正确地使用变量的值,应当明确在程序的什么地方可以访问该变量。

按照变量的作用域不同,可以将变量分为局部变量、模块级变量和全局变量。

1. 局部变量

在一个过程内部用 Dim 或 Static 声明的变量称为局部变量。这种变量只能在本过程中

有效。在一个窗体中可以包括许多过程,在不同过程中定义的局部变量可以同名,因为它们是互相独立的。例如,在一个窗体中定义:

```
Private Sub Command1_Click()
    Dim Count As Integer
    Dim Sum As Single
    ……
End Sub
Private Sub Command2_Click()
    Dim Sum As Integer
    ……
End Sub
```

在 Command1_Click 过程中定义了局部变量 Count 和 Sum,它们只能在本过程中使用。虽然 Command2_Click 过程也定义了局部变量 Sum,但这两个同名变量 Sum 没有任何联系。

2. 模块级变量

模块级变量指在模块(窗体模块或标准模块)的通用声明段中用 Dim 或 Private 语句声明的变量。模块级变量的作用范围为其定义位置所在的模块,可以被本模块中的所有过程访问。图 7.6 所示为声明窗体模块级变量的示例。

图 7.6　声明模块级变量

如果还允许在其他窗体和模块中引用本模块的变量,必须以 Public 来声明该变量,例如:

```
Public a As Integer          '假设本窗体为 Form1
```

这样,在另一窗体(如 Form2)或模块中可以用 Form1.a 来引用该变量 a。

3. 全局变量

全局变量的作用范围为应用程序的所有过程,可以在应用程序的所有过程中使用。全局变量要在标准模块的通用声明段中用 Global 或 Public 语句来声明。语句的语法格式是:

```
Global 变量名 As 数据类型
Public 变量名 As 数据类型
```

此外,在标准模块的通用声明段中,使用 Public Const 语句可以定义全局性符号常量。例如:

```
Public Const MIN As Integer = -1          '定义全局性符号常量 MIN
```

7.4.4 变量的生存期

变量除了作用范围外,还有作用时间(生存期),也就是变量能够保持其值的时间。根据变量的生存期,可以将变量分为动态变量和静态变量。

1. 动态变量

动态变量是指程序运行进入变量所在的过程时,才分配该变量内存单元。当退出该过程时,该变量占用的内存单元自动释放,其值消失。当再次进入该过程时,所有的动态变量将重新初始化。

使用 Dim 关键字在过程中声明的局部变量属于动态变量。在过程执行结束后,变量的值不被保留;每次重新执行过程时,变量重新声明。

2. 静态变量

静态变量是指程序运行进入该变量所在的过程,修改变量的值后退出该过程时,其值仍被保留,即变量所占的内存单元不被释放。当以后再次进入该过程时,原来的变量值可以继续使用。

使用 Static 关键字在过程中声明的局部变量属于静态变量。语句格式及功能如下:

```
Static 变量 [As 数据类型]                              '定义指定变量为静态变量
Static Sub 子程序过程名([形参表])                      '定义该过程内所有的局部变量均为静态变量
Static Function 函数过程名([形参表])[As 数据类型]      '定义该过程内所有的局部变量均为静态变量
```

【例 7.9】 Static Sub 语句示例。

在以下代码中,使用 Static Sub 对过程 Subtest 进行定义,因此该过程中的局部变量 t 为静态变量。

```
Static Sub Subtest()
    Dim t As Integer                    't 为静态变量
    t = 2 * t + 1
    Print t
End Sub
Private Sub Command1_Click()
    Call Subtest                        '调用子过程 Subtest
End Sub
```

运行后,多次单击命令按钮 Command1,执行结果为:

```
1
3
7
……
```

将 Static Sub 改为 Private Sub 后,运行过程中多次单击命令按钮 Command1,执行结果为:

```
1
1
1
……
```

7.5　多窗体与 Sub Main 过程

7.5.1　多窗体处理

在前面的例子中，都只涉及到一个窗体。而在实际应用中，特别是在较为复杂的应用程序中，单一窗体往往不能满足应用需要，通常需要用到多个窗体(MultiForm)。在多窗体程序中，每个窗体可以有自己的界面和程序代码，完成不同的操作。

1. 添加窗体

在多窗体程序中，要建立的界面由多个窗体组成。要在当前工程中添加一个新的窗体，可以通过“工程”菜单中的“添加窗体”命令来实现。每执行一次该命令，则建立一个新窗体。这些窗体的默认名称为 Form1，Form2，…。

2. 删除窗体

要删除一个窗体，可按以下步骤进行：

(1) 在工程资源管理器窗口中选定要删除的窗体。

(2) 选择“工程”菜单中的“移除”命令。

3. 保存窗体

在工程资源管理器窗口中选定要保存的窗体，再选择“文件”菜单中的“保存”或“另存为”命令，即可保存当前窗体文件。

注意，工程中的每一个窗体都需要分别保存。

4. 设置启动窗体

在单一窗体程序中，运行程序时会从这个窗体开始执行。对于多窗体程序，默认情况下，应用程序会把设计阶段建立的第一个窗体作为启动窗体，在应用程序开始运行时，此窗体先被显示出来，其他窗体必须通过 Show 等方法才能看到。

如果要设置其他窗体为启动窗体，可以采用以下操作：

(1) 从“工程”菜单中选择“工程属性”命令，打开“工程属性”对话框，如图 7.7 所示。

(2) 选择“通用”选项卡，在“启动对象”列表框中选取要作为启动窗体的窗体。

(3) 单击“确定”按钮。

5. 有关语句和方法

在 3.4 节介绍的窗体属性和方法，同样适用于多窗体程序设计。

在多窗体程序中，需要在多个窗体之间切换，即需要打开、关闭、隐藏或显示指定的窗体，这可以通过相应的语句和方法来实现。常用的语句和方法如下。

(1) 加载语句 Load

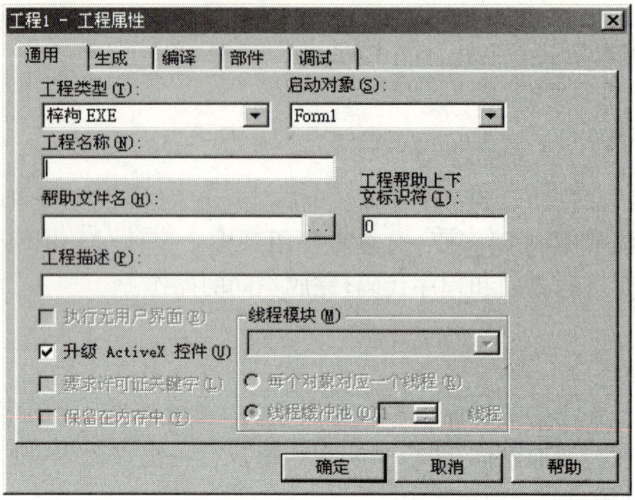

图 7.7　“工程属性”对话框

格式：Load　窗体名

功能：把一个窗体装入内存。

执行 Load 语句后，可以引用窗体中的控件及各种属性，但此时窗体没有显示出来。

例如：

```
Load Form1                    '加载窗体 Form1
```

(2) 卸载语句 UnLoad

格式：UnLoad　窗体名

功能：从内存中卸载指定的窗体。

例如：

```
UnLoad Form2                   '卸载窗体 Form2
UnLoad Me                      '卸载当前窗体
```

其中，Me 是系统关键字，用来代表当前窗体。

如果卸载的对象是程序唯一的窗体，则将终止程序的执行。

(3) Show 方法

Show 方法用于显示窗体。

(4) Hide 方法

Hide 方法用于隐藏窗体，即不在屏幕上显示，但仍在内存中，因此它与 UnLoad 的作用是不一样的。

以下是一个多窗体应用的示例。

【例 7.10】 计算两个数之和与积。

本例使用了“主窗体”、“输入数据”和“计算”3 个窗体，“主窗体”提供操作菜单，“输入数据”窗体用于输入两个运算数，“计算”窗体用于计算。

在各窗体之间需要使用公共变量来传送数据，所以建立一个标准模块 Module1。工程中的模块设置如图 7.8 所示。

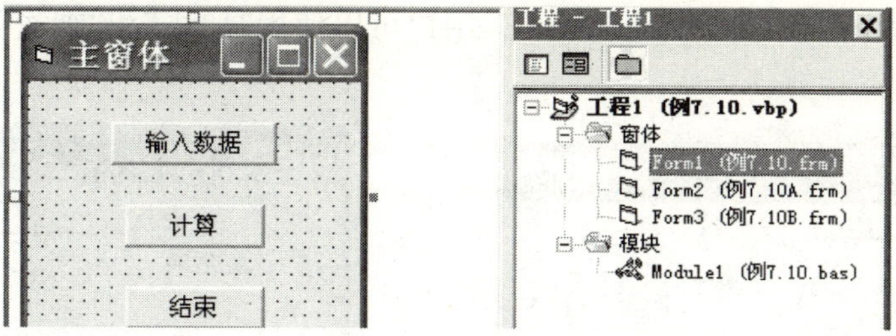

图 7.8 工程中的模块设置及主窗体

(1) 主窗体(Form1)

本窗体上建立了"输入数据"(Command11)、"计算"(Command12)和"结束"(Command13)3个命令按钮,窗体标题为"主窗体",如图 7.8 所示。本窗体被设置为启动窗体。

编写 3 个命令按钮的单击事件过程如下:

```
Private Sub Command11_Click()          '主窗体的"输入数据"
    Form1.Hide                        '隐藏主窗体
    Form2.Show                        '显示"输入数据"窗体
End Sub
Private Sub Command12_Click()          '主窗体的"计算"
    Form1.Hide                        '隐藏主窗体
    Form3.Show                        '显示"计算"窗体
End Sub
Private Sub Command13_Click()          '主窗体的"结束"
    UnLoad Form1                      '卸载窗体
    UnLoad Form2
    UnLoad Form3
    End
End Sub
```

说明:在 VB 程序结束之前,应该卸载所有已打开的窗体。

(2) "输入数据"窗体(Form2)

这是在主窗体上单击"输入数据"按钮时弹出的窗体,用于输入运算数 X 和 Y。窗体上建立了 2 个文本框(Text21 和 Text22)和 1 个"返回"命令按钮(Command21),如图 7.9 所示。

编写命令按钮单击事件过程如下:

```
Private Sub Command21_Click()          '"输入数据"窗体的"返回"
    X = Val(Text21.Text)
    Y = Val(Text22.Text)
    Form2.Hide                        '隐藏"输入数据"窗体
    Form1.Show                        '显示主窗体
End Sub
```

(3) "计算"窗体(Form3)

这是在主窗体上单击"计算"按钮时弹出的窗体。窗体上建立了 1 个标签、1 个文本框

(Text31)和 3 个命令按钮,如图 7.10 所示。用户可以使用“加法”和“乘法”两个命令按钮分别进行加法运算和乘法运算。

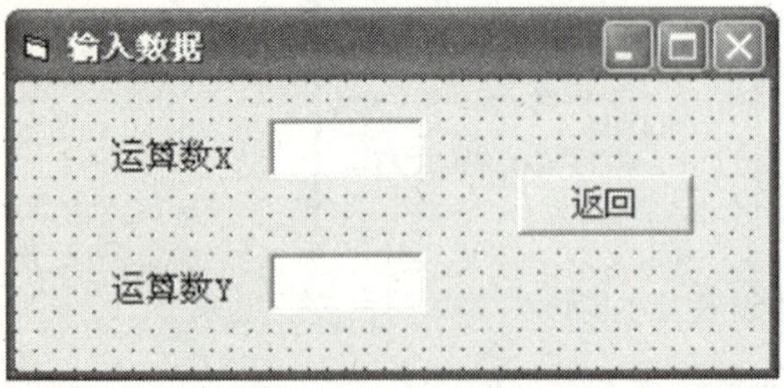

图 7.9　“输入数据”窗体

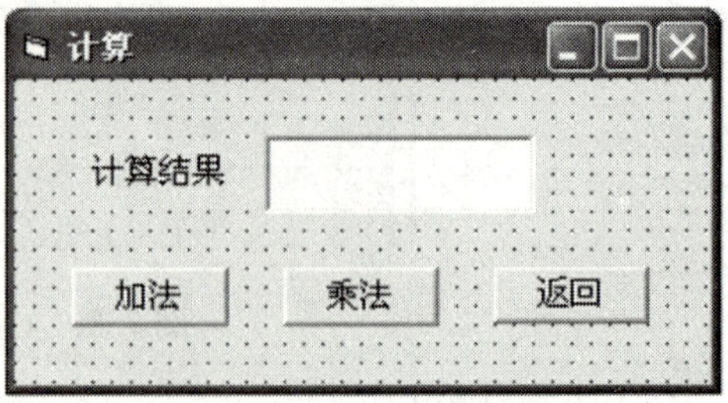

图 7.10　“计算”窗体

编写两个命令按钮单击事件过程如下:

```
Private Sub Command31_Click()                '“计算”窗体的“加法”
    Text31.Text = X + Y
End Sub
Private Sub Command32_Click()                '“计算”窗体的“乘法”
    Text31.Text = X * Y
End Sub
Private Sub Command33_Click()                '“计算”窗体的“返回”
    Form3.Hide                               '隐藏“计算”窗体
    Form1.Show                               '显示主窗体
End Sub
```

(4) 标准模块(Module1)

本标准模块对用到的全局变量 X 和 Y 进行声明。该标准模块代码窗口如图 7.11 所示。

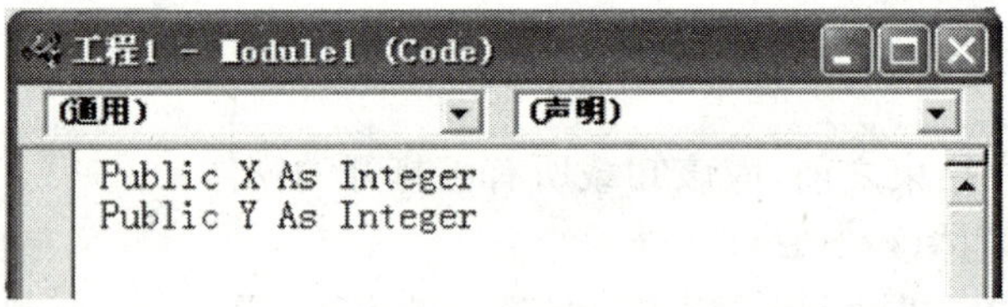

图 7.11　标准模块代码窗口

运行程序后,首先显示主窗体。在主窗体上,用户可通过“输入数据”和“计算”两个按钮来选择进入不同的窗体。例如,单击“输入数据”按钮,则主窗体消失,显示“输入数据”窗体。在“输入数据”窗体或“计算”窗体上,单击“返回”按钮,又可以隐藏当前窗体和重现主窗体。

7.5.2　Sub Main 过程

有时在程序启动时不需要加载任何窗体,而是首先执行一段程序代码。例如,需要根据某种条件来决定显示几个不同窗体中的哪一个。要做到这一点,可在标准模块中创建一个名为 Main 的 Sub 过程,把首先要执行的程序代码放在该 Sub Main 过程中,并指定 Sub Main 为

“启动对象”。在一个工程中只能有一个 Sub Main 过程。

当工程中含有 Sub Main 过程(已设置为“启动对象”)时,应用程序在运行时总是先执行 Sub Main 过程。

设置 Sub Main 过程为“启动对象”的方法是:在“工程属性”对话框(如图 7.7 所示)中选择“通用”选项卡,从“启动对象”下拉列表框选中“Sub Main”。

【例 7.11】 Sub Main 过程示例。

本例中建立两个窗体(Form1 及 Form2)和一个标准模块(Module1),如图 7.12 所示。两个窗体分别显示当前日期和时间,标准模块包含一个 Sub Main 过程。运行程序时,弹出一个输入对话框,供用户选择首先打开哪一个窗体,如果用户回答 1,则显示窗体 Form1;如果用户回答 2,则显示窗体 Form2。

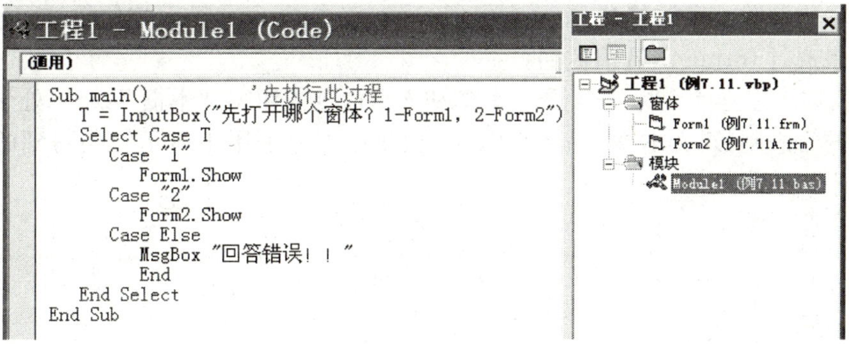

图 7.12　工程中的模块及 Sub Main 过程

(1) Sub Main 过程

编写 Sub Main 过程代码如图 7.12 所示;再设置 Sub Main 过程为“启动对象”。

(2) 窗体 Form1

本窗体显示当前日期,其 Form_Load 事件过程代码如下:

```
Private Sub Form_Load()
    Show
    Print "这里是窗体 Form1"
    Print "当前日期:"; Date
End Sub
```

(3) 窗体 Form2

本窗体显示当前时间,其 Form_Load 事件过程代码如下:

```
Private Sub Form_Load()
    Show
    Print "这里是窗体 Form2"
    Print "现在时间:"; Time
End Sub
```

程序运行时,先执行 Sub Main 过程,即弹出一个输入对话框,再根据用户回答来决定是显示 Form1,还是显示 Form2。

7.6　程序举例

【例 7.12】　输入一个十进制正整数，将其转换成二进制数、八进制数和十六进制数，如图 7.13所示。

(1) 分析：模仿十进制正整数转换成二进制数的方法(即“除 2 取余”)，采用逐次“除 r 取余”法(r 为 2,8 或 16)，即用 r 去除 d(十进制数)取余数，商赋给 d，如此不断地用 r 去除 d 取余数，直至商为 0 为止，将每次所得的余数逆序排列(以最后余数为最高位)，即得到所转换的 r 进制数。

将进制转换处理程序段定义为 Function 过程，过程名为 fntran，并设置两个参数，分别表示要转换的十进制数 d 和转换进制 r，为保留 d 值，将参数 d 设置为按值传递(ByVal)方式。进制转换结果通过 fntran 函数值返回。

(2) 在窗体上建立 4 个标签、4 个文本框和 1 个命令按钮。文本框 Text1(处于上方)用于输入要转换的十进制数，文本框 Text2、Text3 和 Text4 分别用于显示转换得到的二进制数、八进制数和十六进制数。

(3) 编写程序代码。

```
Private Sub Command1_Click()                    '“转换”
    Dim d As Long
    d = Val(Text1.Text)
    Text2.Text = fntran(d, 2)                   '调用函数 fntran,转换为二进制数
    Text3.Text = fntran(d, 8)                   '调用函数 fntran,转换为八进制数
    Text4.Text = fntran(d, 16)                  '调用函数 fntran,转换为十六进制数
End Sub
Function fntran(ByVal d As Long, r As Integer) As String
     Dim t As String, n As Integer
     t = ""
     Do While d > 0                             '直到商为 0
         n = d Mod r                            '取余数
         d = d \ r                              '求商
         If n > 9 Then                          '超过 9 转换成对应的 A~F 十六进制数表示形式
             t = Chr(n + 55) & t                '换码为字母,反序加入
         Else
             t = n & t                          '反序加入
         End If
     Loop
     fntran = t
End Function
```

程序运行效果如图 7.13 所示。

在 VB 中，已经提供了十进制正整数转换成八进制数和十六进制数的内部函数 Hex(x)和

Oct(x),可以直接调用。本例主要是介绍进制转换的算法及其程序实现。

【例 7.13】 编写一个函数判断一个数是否为素数,然后通过调用该函数求 500～1000 数中的所有素数,并把这些素数显示在列表框中。

(1) 分析:素数也称质数,是只能被 1 和它本身整除,而不能被其他整数整除的整数。例如 2,3,5,7 是质数,而 4,6,8,9 则不是。判断某数 m 是否是素数的算法是:对于 m,从 k = 2,3,4,…,m−1 依次判别能否被 k 整除,只要有一个能整除,m 就不是素数,否则不能被所有的 k 整除则 m 是素数。

下面程序中,使用 FnPrime 函数来判断 m 是否为素数,若是,则函数返回 True;否则返回 False。

(2) 创建应用程序的用户界面和设置对象属性,如图 7.14 所示。窗体上含有一个列表框 List1、一个标签 Label1 和一个命令按钮 Command1。

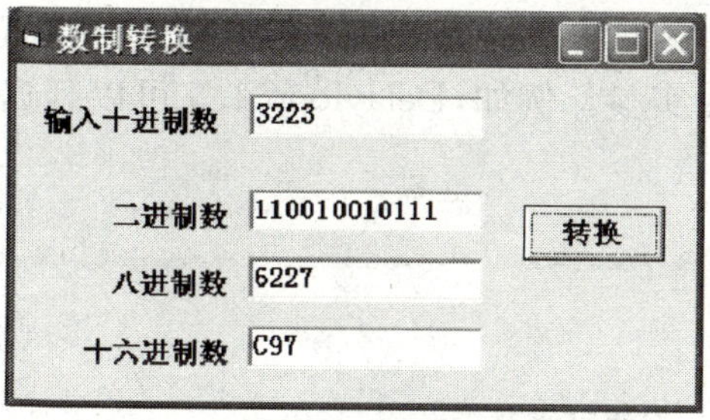

图 7.13　数制转换

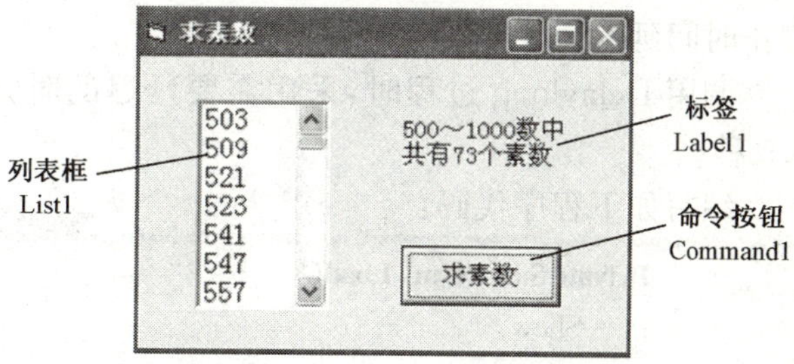

图 7.14　例 7.13 程序运行界面

(3) 编写程序代码。

```
Function FnPrime(m As Integer) As Boolean
    Dim k As Integer, f As Boolean
    f = True                          '设置 f 来表示判断状态,初值为 True
    For k = 2 To m − 1                '从 k = 2,3,4,……,m−1 依次判断
        If m Mod k = 0 Then           '判 m 是否能被 k(2～m−1 中的一个数)整除
            f = False                 '如 m 能被 k 整除,则置 f 为 False
        End If
    Next k
    FnPrime = f                       '返回函数值
End Function
Private Sub Command1_Click()          '求素数"按钮
    Dim t As Integer
    List1.Clear                       '清除列表框中的内容
    For t = 500 To 1000
        If FnPrime(t) Then            '调用函数,根据 t 是否素数返回函数值真或假
            List1.AddItem t           '若是素数,则存入列表框中
        End If
    Next t
    Label1.Caption = "500～1000 数中共有" & List1.ListCount & "个素数"
```

```
End Sub
```

程序运行结果如图 7.14 所示。

【例 7.14】 绘制一个圆，使之从小变大，再从大变小。

分析：为了得到一个圆大小变动的动画效果，先在某一位置上绘制一个圆，显示一段时间(延时)后擦除，接着在下一位置上依次处理，直到指定位置为止。擦除方法是采用底色(背景色)来掩盖图形。

采用 Circle 方法(见 11.3.2 节)可以画一个圆。

有多种方法可以实现时间延迟，最简单方法是用 For ... Next 空循环一定次数，如"For k=1 To 100000:Next k"，但很不精确。这里采用 VB 内部函数 Timer 来编写较为精确的时间延迟过程 Delayloop。Timer 函数返回系统时钟从午夜开始计算的秒数(带两位小数)，把 Timer 加上需要延迟的时间作为循环结束的时间，当 Timer 等于或大于该时间时结束循环，即停止时间延迟。

调用 Delayloop 过程时，采用需要延迟的时间作为实参。例如，Delayloop 1.5 可以延迟 1.5 秒。

编写如下程序代码：

```
Private Sub Form_Load()
    Show
    Form1.BackColor = QBColor(15)                    '设置背景颜色
    Call Pict(30, 1600, 30)                          '从小变大
    Call Pict(1600, 30, -30)                         '从大变小
End Sub
Private Sub Pict(a As Integer, b As Integer, c As Integer)  '参数 a 及 b 分别为起始及最后圆半径,
                                                            'c 为增量
    For i = a To b Step c
        Call Plot(i, 4)                              '显示圆
        Delayloop 0.1                                '延迟 0.1 秒
        Call Plot(i, 15)                             '擦除
    Next i
End Sub
Private Sub Delayloop(delaytime As Integer)          '延迟过程
    loopfinish = Timer + delaytime
    Do While Timer < loopfinish                      '利用空循环实现延迟
    Loop
End Sub
Private Sub Plot(r As Integer, clr As Integer)       '参数 r 为圆半径数,clr 为颜色码
    Form1.Circle (2400, 1600), r, QBColor(clr)       '画圆
End Sub
```

【例 7.15】 动态文字显示。

本例程序的设计界面及运行界面如图 7.15 及图 7.16 所示。在窗体上建立 3 个文本框，

使之以不同效果显示文字"2008年世界奥运会在中国北京市隆重举行"。第一个文本框 Text1 从左到右逐字显示，直到把整行文字显示出来；第二个文本框 Text2 使文字从左到右水平移动；第三个文本框 Text3 以闪动方式显示文字。

图 7.15　例 7.15 的设计界面

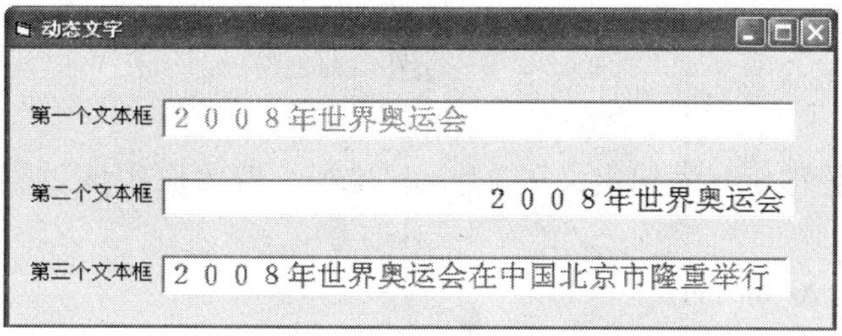

图 7.16　例 7.15 的运行界面

分析：为实现文字动态显示效果，可采用字符串函数来取得每次要显示的文字，并利用计时器按指定时间间隔显示文字，计时器的 Interval 属性值设置为 250。

本例程序中，模块级变量 n 是一个关键参数。开始时 n 为 0，以后每次进入计时器事件过程 Timer1_Timer 时 n 加 1，使函数 Left(Txt,n) 取得的文字逐次加 1 个；当 n>k(k 是一行文字的总长度)时，n 恢复为 0，从而使文字处理又从头开始，如此反复进行。

程序代码如下：

```
Dim txt As String, n As Integer, k As Integer
Private Sub Form_Load()
    n = 0
    txt = "2008年世界奥运会在中国北京市隆重举行"  '其中数字2008采用全角字符
    k = Len(txt)
    Text1.ForeColor = RGB(255, 0, 0)                '用红色显示文字
    Text2.ForeColor = RGB(0, 0, 0)                  '用黑色显示文字
    Text3.ForeColor = RGB(0, 0, 255)                '用蓝色显示文字
End Sub
Private Sub Timer1_Timer()
    n = n + 1
    If n <= k Then
        Text1.Text = Left(txt, n)
```

```
        Text2.Text = Space(2 * (k - n)) + Left(txt, n)
    Else
        n = 0
        Text1.Text = ""
        Text2.Text = ""
    End If
    If n Mod 2 = 0 Then
        Text3.Text = txt                    'n 为偶数时显示
    Else
        Text3.Text = ""                     'n 为奇数时清除
    End If
End Sub
```

习　题　7

一、单选题

1. 假设已通过下列 Sub 语句定义了 Mysub 过程。若要调用该过程，可以采用________语句。

```
Sub Mysub(x As Integer)
```

A. s=Mysub(2)　　B. Mysub 32000

C. Print Mysub(120)　　D. Call Mysub(40000)

2. 要使过程调用后返回两个参数 s 和 t，下列的过程定义语句中，正确的是________。

A. Sub Mysub1(ByRef s, ByVal t)　　B. Sub Mysub1(ByVal s, ByVal t)

C. Sub Mysub1(ByRef s, ByRef t)　　D. Sub Mysub1(ByVal s, ByRef t)

3. 以下程序段运行后，单击窗体时显示的结果是________。

```
Private Sub Form_Click()
    Dim b As Integer, y As Integer
    Call Mysub2(3, b)
    y=b
    Call Mysub2(4, b)
    Print y+b
End Sub
Sub Mysub2(x As Integer, t As Integer)
    t = 0
    For k = 1 To x
      t = t + k
    Next k
End Sub
```

A. 13　　B. 16　　C. 19　　D. 21

4. 下列程序段运行后，单击窗体时显示的结果是________。

```
Public Sub Mysub3(ByVal x As Integer, y As Integer)
```

```
    x = y + x
    y = x Mod y
End Sub
Private Sub Form_Click()
    Dim a As Integer, b As Integer
    a = 11: b = 22
    Call Mysub3(a, b)
    Print a; b
End Sub
```

A. 33　11　　B. 11　11　　C. 11　22　　D. 22　11

5. 为达到把 a,b 中的值交换后输出的目的,某同学编程如下:

```
Private Sub Command1_Click()
  Dim a As Integer, b As Integer
  a = 10 : b = 20
  Call swap(a,b)
  Print a,b
End Sub
Private Sub swap(ByVal a As Integer,ByVal b As Integer)
  c=a:a=b:b=c
End Sub
```

在运行时发现输出结果错了,需要修改。请从下面的 4 个修改方案中选择一个正确方案:

A. 调用 swap 过程的语句错误,应改为 Call swap a,b

B. 输出语句错误,应改为 Print "a ", "b"

C. 过程的形式参数有错,应改为 swap(ByRef a As Integer,ByRef b As Integer)

D. swap 中 3 条赋值语句的顺序是错误的,应改为 a=b:b=c:c=a

6. 某同学创建了 1 个工程,其中的窗体名称为 Form1;之后又添加了 1 个名为 Form2 的窗体,并希望程序执行时先显示 Form2 窗体,那么,他需要做的工作是______。

A. 在工程属性对话框中把"启动对象"设置为 Form2

B. 在 Form1 的 Load 事件过程中加入语句 Load Form2

C. 在 Form2 的 Load 事件过程中加入语句 Form2. Show

D. 在 Form2 的 TabIndex 属性设置为 1,把 Form1 的 TabIndex 属性设置为 2

7. 在窗体模块中定义有 Private 过程,______的过程可调用该过程。

A. 本窗体　　B. 本工程中所有

C. 其他窗体　　D. 标准模块中

8. 以下叙述中,正确的是______。

A. 无论在窗体模块或在标准模块中,都可以定义事件过程

B. 在整个工程中只能定义一个 Sub Main 过程,且无论在窗体模块或在标准模块中定义都行

C. 如果工程中含有 Sub Main 过程,则程序一定首先执行该过程

D. 在工程中,可以根据需要指定一个窗体为启动窗体

9. 下列叙述中,错误的是______。

A. 在某个 Sub 过程中定义的局部变量可以与其他事件过程中定义的局部变量同名

B. 如果过程被定义为 Static 类型,则该过程中的局部变量都是 Static 类型

C. 在窗体中 Activate 事件可在 Load 事件之前触发

D. 用 Hide 方法只是隐藏一个窗体,不能从内存中消除该窗体

二、填空题

1. 下列程序段运行后,单击窗体时显示的结果是______。

```
Private Sub Form_Click()
    Dim a As String, b As String, s As String
    a = "ABCDEFG": b = "12345"
    s = Fn1(a) + Fn1(b)
    Print Fn1(Fn1(Fn1(s)))
End Sub
Function Fn1(x As String) As String
    k = Len(x)
    Fn1 = Mid(x, 2, k - 2)
End Function
```

2. 在窗体上已经建立了 3 个文本框(Text1,Text2 及 Text3)和 1 个命令按钮(Command1),运行程序后单击命令按钮,则在文本框 Text1 中显示的内容是__(1)__,在文本框 Text2 中显示的内容是__(2)__,在文本框 Text3 中显示的内容是__(3)__。

```
Dim a As Integer                          '模块级变量
Private Sub Command1_Click()
    Dim b As Integer, c As Integer
    b = 1 : Call Mysub5(b, c)
    c = a + b : Call Mysub5(c, b)
    a = a + c
    Text1. Text = a
    Text2. Text = b
    Text3. Text = c
End Sub
Sub Mysub5(x, ByVal y)
    a = x + a
    x = 2 * a + y
    y = 2 * x
End Sub
```

3. 运行下列程序段后,单击窗体,显示结果是__(1)__,再次单击窗体时,显示结果是__(2)__。去掉 Static Temp 语句后,单击窗体,显示结果是__(3)__,再次单击窗体时,显示结果是__(4)__。

```
Private Sub Form_Click()
```

```
    s = Fn2(1) + Fn2(2) + Fn2(3)
    Print s
End Sub
Private Function Fn2(t As Integer)
    Static Temp
    Temp = Temp + t
    Fn2 = Temp
End Function
```

4. 从键盘输入 x 和 n(n 为正整数)的值,用递归方法计算 x^n 的值,精确到小数点后 2 位。完成下列程序,使之求出正确结果。

采用的递归公式是:若 n=1,x^n 的值为 x;若 n>1,则 x^n 的值为 $x * x^{n-1}$。

```
Private Sub Form_Load()
   Dim x As Single, n As Integer, y As Double
   x = InputBox("x=", "求 X 的 n 次方")
   n = InputBox("n=", "求 X 的 n 次方")
   y = Power(x, n)
   Show
   Print x; "的"; n; "次方="; Format(y, ___(1)___)
End Sub
Function Power(x As Single, n As Integer) As Double
   If n > 1 Then
         Power = ____(2)____
   Else
         Power = x
   End If
End Function
```

5. 设工程文件包含两个窗体文件 Form1. frm、Form2. frm 及一个标准模块文件 Module1. bas。两个窗体上分别只有一个名称为 Command1 的命令按钮。

Form1 的代码如下:

```
Public x As Integer
Private Sub Form_Load()
    x=2
    y=3
End Sub
Private Sub Command1_Click()
    Form2. Show
End Sub
```

Form2 的代码如下:

```
Private Sub Command1_Click()
    Print Form1. x+y
End Sub
```

Module1 的代码如下：

```
Public y As Integer
```

运行以上程序，单击 Form1 的命令按钮 Command1，则显示 Form2；再单击 Form2 上的命令按钮 Command1，则窗体上显示的是______。

编程及上机调试

按照下列各题的要求进行编程练习。各题的程序文件名分别为 ex0701(第 1 题)～ex0706(第 6 题)，保存在用户文件夹下的“第 7 章”子文件夹中。如程序中含有多个窗体，则采用 A，B，C，… 加以区分，如 ex0705. frm，ex0705A. frm，ex0705B. frm 等。

1. 为求解 s ＝ 1！＋ 2！＋ 3！＋ … ＋ 10！的值，某同学编程如下：

```
Private Sub Form_Click()
    Dim s As Long
    s=0
    For k=1 To 10
        s=s+jc(k)
    Next k
    Print s
End Sub
Function jc(n As Integer) As Integer
    Dim t As Long
    t=1
    For j=1 To n
        t=t * j
    Next j
    jc=n
End Function
```

调试时发现运行结果有错，需要修改。请从下面修改方法中选择一个或多个正确选项，并上机验证修改后的程序。

A. 把循环体中语句 s=s+jc(k)改为 s=jc(k)

B. 把函数定义语句改为 Function jc(n As Integer) As Long

C. 把语句 t=1 改为 t=0

D. 把语句 jc=n 改为 jc=t

2. 模仿例 7.4 程序，调用函数过程 Max 求 4 个数(通过 InputBox 输入)中的最大数。使用 Print 输出结果。

3. 编写一个标准模块，该模块包含一个能比较 3 个数大小和返回最大数的 Sub 过程。调用该过程来求 6 个数的最大数。利用文本框控件数组和文本框来分别输入数据和输出最大数。

4. 某同学编写了下面的函数 fnws，功能是返回参数 x 中数值的位数。

```
Function fnws(x As Long) As Integer
    Dim n As Integer
```

```
    n = 1
    Do While x \ 10 >= 0
        n = n + 1
        x = x \ 10
    Loop
    fnws = n
End Function
```

在调用该函数时发现返回的结果不正确，函数需要修改，请从下面的 4 个修改方案中选择一个正确方案，并编写一个调用该函数的事件过程，对修改后的函数 fnws 上机验证。

A. 把语句 fnws = n 改为 fnws = x

B. 把语句 x = x \ 10 改为 x = x Mod 10

C. 把语句 n = 1 改为 n = 0

D. 把循环条件 x \ 10 >= 0 改为 x \ 10 > 0

5. 设计有两个窗体的程序，运行开始时只显示 Form2 窗体，单击 Form2 上的 C2 按钮时，显示 Form1 窗体；单击 Form1 窗体上的 C1 按钮时，则 Form1 窗体消失。把 Form2 设置为启动对象，C1，C2 按钮上的标题分别为“隐藏”和“显示”。

6. 设计一个程序，由 3 个窗体 Form1，Form2 和 Form3 组成。Form1 用于输入用户名和密码（假设用户名和密码分别为“username”和“password”），输入正确时显示 Form2，连续三次输入错误时显示 Form3。在 Form1 中单击“结束”按钮时结束程序运行。Form2 中用文本框显示“欢迎你使用本系统”，单击“返回”按钮回到 Form1；Form3 中用文本框显示“对不起，请向管理员查询”，单击“退出”按钮结束程序运行。

第8章

程序调试与错误处理

本章导读

- 错误类型
- 程序调试
- 错误处理

在编写程序的过程中，错误是难免的，因此程序调试是一个不可缺少的步骤。程序调试需要程序员对程序有清晰的认识，还需要借助各种调试工具。VB 提供了多种调试工具，可以方便而有效地查找错误。VB 也有专门的错误处理机制，允许编写程序对错误进行响应。本章介绍 VB 程序的调试方法和对运行时错误的处理方法。

8.1　错误类型

程序调试的关键在于发现并识别错误，然后才能采取相应的纠错措施。程序中出现的错误可分为三类：编译错误、运行时错误和逻辑错误。

1. 编译错误

编译错误是指在程序编译过程中出现的错误。这种错误通常是由于违反 VB 的语法而产生的错误，也称语法错误，如关键字写错，遗漏标点符号，括号不匹配等。

编译错误是上述三种错误中较容易被发现的一种，VB 提供了自动语法检查功能，能指出并显示这些错误，帮助用户纠正语法错误。例如，用户输入以下一行代码：

```
Foor t=1 To 100
```

时，VB 会弹出如图 8.1 所示的消息框给出错误信息。如果仅仅通过消息框上简单提示信息还不足以了解出错的原因，还可以单击对话框的“帮助”按钮，以获得更详细的错误分析信息。

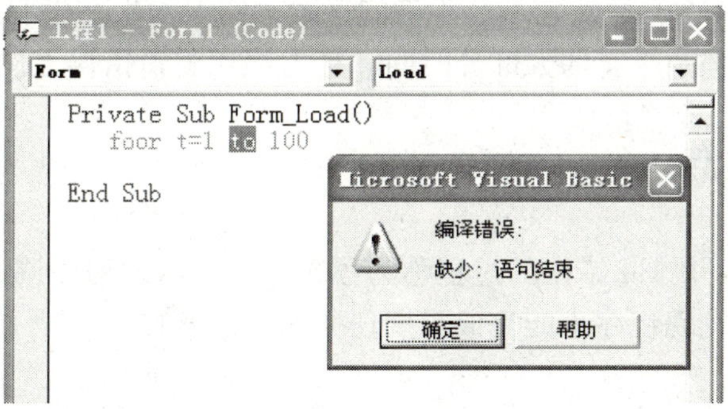

图 8.1　VB 显示出错信息

注意：如果编辑程序代码时没有自动语法检查功能，可选择“工具”菜单中的“选项”命令，打开“选项”对话框，从对话框中选中“自动语法检测”复选框即可。

2. 运行时错误

运行时错误是指应用程序在运行期间执行了非法操作所发生的错误。例如，除法运算中除数为零、下标越界、访问文件时文件夹或文件找不到等。这种错误只有在程序运行时才能被发现。例如，下列程序代码：

```
Private Sub Form_Load()
    Dim D(20) As Integer, k As Integer
    For k=1 To 30
```

```
        D(k)=k*k
    Next k
End Sub
```

当程序运行时,会发生“下标越界”的错误。

3. 逻辑错误

逻辑错误使程序运行时得不到预期的结果。这种程序没有语法错误,也能运行,但却得不到正确的结果。例如,在一个算术表达式中,把乘号“*”写成了加号“+”,条件语句的条件写错,循环次数计算错误等,都属于这类错误。死循环经常是逻辑错误引起的。

例如,要求 8!,若采用如下程序代码:

```
Private Sub Form_Load()
    Dim t As Integer
    For k=1 To 8
        t=t*k
    Next k
    Show
    Print t
End Sub
```

该程序的输出结果是 0,显然它不是正确的答案。错误发生在没有给乘法器 t 赋初值 1。通常,调试程序过程中所花的大部分时间和精力都在逻辑错误上。

8.2 程序调试

在应用程序中查找并排除错误的过程称为程序调试。通过程序调试可以了解程序运行时的每一个执行步骤,以发现程序不能完成预期任务的错误所在。

8.2.1 程序工作模式

VB 中开发应用程序有 3 种工作模式:设计模式、运行模式和中断模式。在调试程序时,必须知道应用程序正处于哪种工作模式之下。VB 主窗口的标题栏上总是显示当前的工作模式,包括:[设计]、[运行]和[Break](中断)。

1. 设计模式

用户创建应用程序的大部分工作是在设计模式下完成的。在设计模式下,用户可以建立应用程序的用户界面,设置控件的属性,编写程序代码等。

2. 运行模式

单击工具栏上的“启动”按钮,或选择“运行”菜单中的“启动”命令,即可进入运行模式。在运行模式下,用户可以测试程序的运行结果,可以与应用程序对话,还可以查看程序代码,但不能修改程序。

3. 中断模式

程序在执行过程中被暂停执行，称为中断，此时程序进入中断模式。在中断模式下，可以利用调试工具进行程序调试，查看各个变量及属性的当前值，以便于观察程序的动态变化，找出可能的错误。

进入中断模式的方法很多，常用的几种途径有：

(1) 在代码中插入 Stop 语句，当程序运行到该语句处就会停下来，进入中断模式。

(2) 在代码窗口中，把光标移到要设置中断点(简称断点)的那一行，选择“调试”菜单中的“切换断点”命令(或按下快捷键 F9)。

(3) 在代码窗口中，在要设置断点的代码行的左页边上(鼠标指针形状为⇖)单击鼠标，此时被设置的断点代码行加粗并反白显示，并在左页边上出现圆点，如图 8.2 所示。

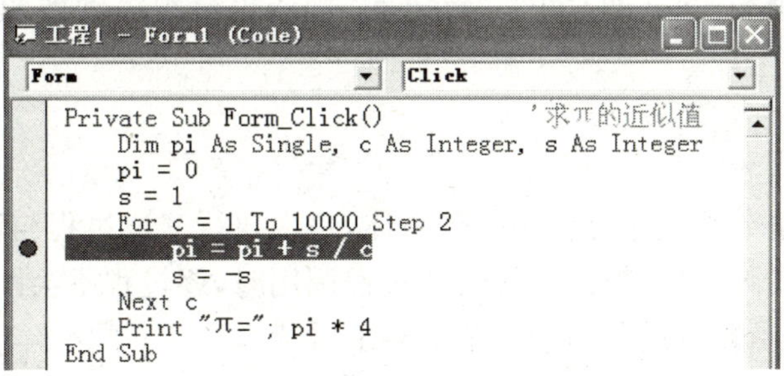

图 8.2　设置断点

(4) 在程序运行时，单击工具栏上的“中断”按钮，或选择“运行”菜单中的“中断”命令，或按 Ctrl＋Break 键。不过使用这一方式时，程序停顿的位置是难以控制的。

(5) 当程序运行出现错误时，也会自动切换到中断模式。

当检查调试通过后，需要清除断点，方法是：直接单击断点代码行在左页边上的圆点，或选择“调试”菜单中的“清除所有断点”命令。如果断点是由 Stop 语句产生的，必须消除 Stop 语句。

8.2.2　VB 调试工具

为了提高调试程序的效率，VB 提供了一组调试工具和调试手段。通过 VB 主窗口的“调试”菜单，或打开“调试”工具栏(选择“视图”菜单中的“工具栏”命令，再选“调试”项)，可以获得全部调试工具。“调试”工具栏如图 8.3 所示。大多数调试工具只能在中断模式下使用。

下面介绍这些调试工具的功能及使用方法。

1. 切换断点

“切换断点”按钮用来设置断点。通常，把断点设置在代码中可能会出现错误的区域。要在某一代码行设置断点，先要选定该行，再单击“切换断点”按钮。

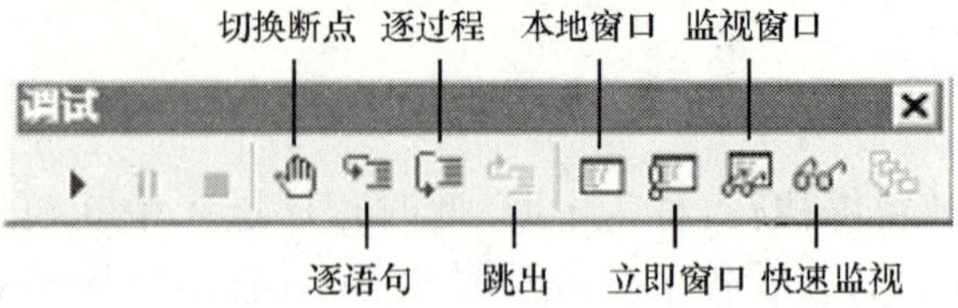

图 8.3 “调试”工具栏

2. 逐语句

VB 允许逐条语句执行程序，每执行一条语句后就返回中断模式。中断模式保留程序中所有变量和属性的当前值。只要用鼠标指向代码中的某一个变量或表达式，VB 就会显示它的值，也可以使用立即窗口、监视窗口或本地窗口(这 3 个窗口的作用将在以下介绍)来显示。如果执行的是过程调用的代码(如 Call)，“逐语句”操作也会跟踪到被调过程中继续一条语句一条语句地执行。

3. 逐过程

逐过程执行是以整个函数或过程为一个整体，一次执行。逐过程与逐语句一样，能够一条语句一条语句地执行代码，但当执行的代码是过程调用时，逐过程不会跟踪到被调用的函数或过程中，它把被调用的函数或过程当做一个语句来看待。

4. 跳出

当用逐语句或逐过程的方法来执行过程时，如果发现过程中的语句没有问题，可以单击“调试”工具栏上的“跳出”按钮，VB 将连续执行完该过程的其余部分，返回调用过程的下一条语句处并中断运行。

5. 本地窗口

本地窗口的作用是在中断模式下，显示当前过程中所有变量和活动窗体的所有属性值。

在中断模式下，单击“调试”工具栏上的“本地窗口”按钮，或执行“视图”菜单中的“本地窗口”命令，可以打开本地窗口(见图 8.7)。

在该窗口中，Me 代表当前窗体。若单击 Me 左边的“＋”号，会展开显示当前窗体的全部属性，此时“＋”号变为“－”号；单击“－”号，又会改为显示所有变量的值。

6. 立即窗口

打开“立即窗口”的方法与打开“本地窗口”相同。通常在进入中断模式后会显示“立即窗口”(见图 8.4)。使用立即窗口可以检查某个属性或者变量的值，也可以执行单个过程，对表达式求值，或者为变量或属性赋值等。要从应用程序中输出信息到立即窗口，可以采用以下代码格式：

```
Debug.Print 输出内容
```

7. 监视窗口

在很多情况下,程序的错误不是由单个语句产生的,而需要在整个过程运行中观察变量或表达式值的变化情况,以判断出错的原因。利用监视窗口可以对用户定义的变量或表达式进行监视。

打开“监视窗口”的方法与打开“本地窗口”的方法相同。在监视窗口中,可以添加、删除或重新编辑要监视的表达式,方法是:在监视窗口内右击鼠标,从弹出的快捷菜单中选择所需的功能。

以下通过两个例子来说明程序调试的方法。

【例 8.1】 假设有以下一个窗体加载事件过程:

```
Private Sub Form_Load()
    Dim mys As Integer
    mys="学习 VB 程序设计语言"
    MsgBox mys
End Sub
```

运行时系统将弹出一个出错消息框,其中提示发生“类型不匹配”的错误。单击消息框中的“调试”按钮,即可进入中断模式,VB 在代码窗口中用箭头指示发生错误的语句“mys = "学习 VB 程序设计语言"”(见图 8.4)。为了检查出错原因,可以在立即窗口中输入以下命令来检查变量的值:

```
? mys                    '? 是 Print 的简写
```

显示结果如图 8.4 所示。

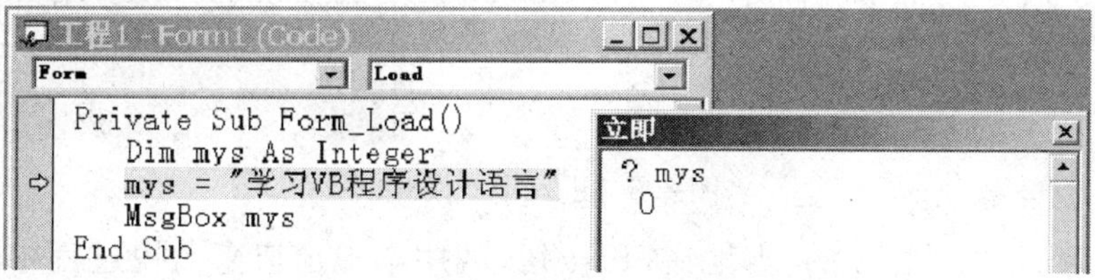

图 8.4　在立即窗口中检查变量的值

从显示结果可以看出,出错前变量 mys 的当前值为数值 0,它是一个整型变量,不能用字符串"学习 VB 程序设计语言"为它赋值,故发生了“类型不匹配”的错误。

【例 8.2】 计算 t = 0.1 + 0.2 + 0.3 + …+0.9 + 1。编写程序代码如下:

```
Private Sub Form_Load()
    Dim t As Single, i As Single
    Show
    t = 0
    For i = 0.1 To 1 Step 0.1
        t = t + i
    Next i
```

```
    Print "总和:"; t
End Sub
```

运行结果为:

总和：4.5

这不是正确的答案，正确结果应是 5.5。那么错误究竟出现在什么地方呢？下面利用调试工具来查找，操作步骤如下：

(1) 在代码窗口中设置断点。为了解循环过程中变量 i 和 t 的变化情况，可在语句 t=t+i 处设置断点，操作方法是用鼠标单击该代码行的左页边，此时显示如图 8.5 所示。

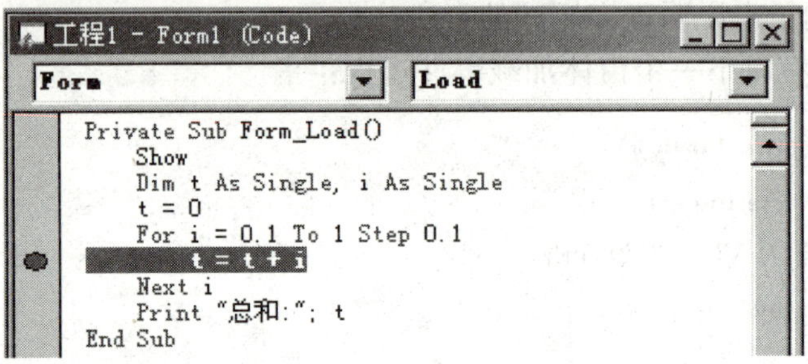

图 8.5　在指定语句处设置断点

(2) 重新运行程序。程序在断点处中断运行，并进入中断模式，如图 8.6 所示。

图 8.6　进入中断模式

(3) 单击"调试"工具栏上的"本地窗口"按钮，利用本地窗口来监视过程中各变量及属性值的变化情况，如图 8.7 所示。

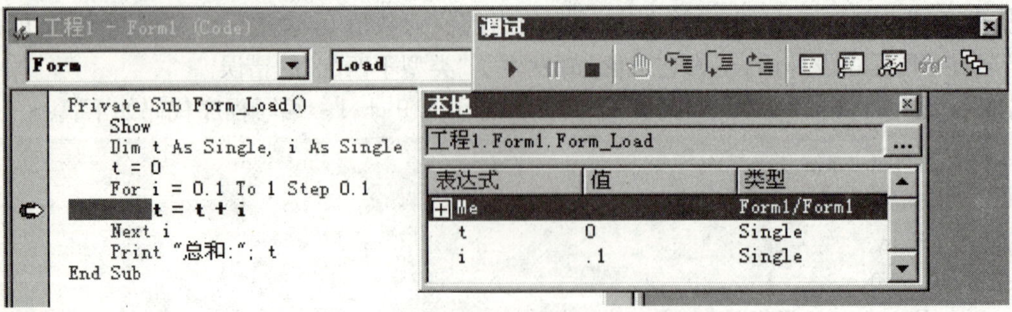

图 8.7　本地窗口

(4) 单击“调试”工具栏上的“逐语句”按钮，让程序单步执行。VB 用黄颜色突出显示当前执行的语句行，并在语句行左侧空白处用黄色小箭头加以标识。

单步执行中，“本地窗口”会显示出程序中所用变量的当前值。

(5) 连续单击“逐语句”按钮，使程序在 For 语句循环执行 9 次，此时本地窗口显示的变量值如图 8.8 所示。

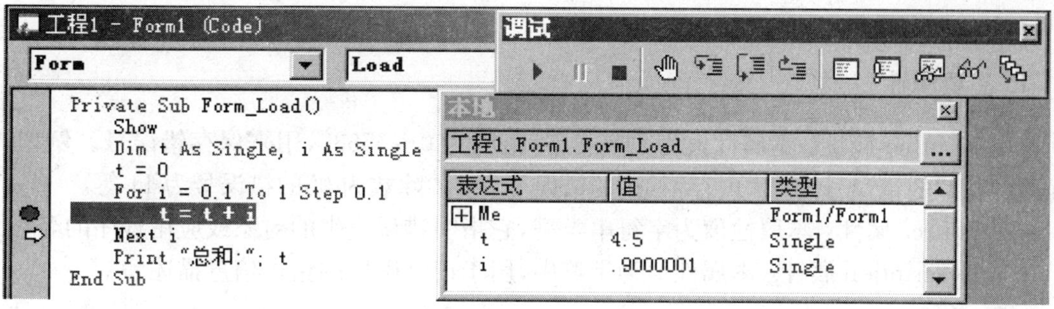

图 8.8　第 9 次循环后的情况

(6) 再次单击“逐语句”按钮，从显示的执行点可知，程序不再继续循环，而是退出循环，去执行 Next 的下一个语句 Print。

经过上述跟踪检测，可以发现上述循环语句只是循环 9 次。本来应该循环 10 次，但由于小数在机器内存储和处理会发生微小误差，当执行到第 9 次循环时，循环变量 i 的值为 0.900 000 1，再加上步长值 0.1，已经超过 1，往下就不再执行循环体了。所以实际上才循环 9 次，即只计算 0.1 + 0.2 + 0.3 +…+0.9(=4.5)。

当步长值为小数时，为了防止丢失循环次数，可将终值适当增加，一般是加上步长值的一半，例如：

```
For i=0.1 To 1.05 Step 0.1
```

调试程序往往比写程序难。希望读者通过实践逐步摸索，掌握调试程序的方法及技巧。

8.3　错误处理

调试通过的程序，由于应用环境等因素的改变，还会出现错误。例如，要访问一个光盘文件，但光盘没有插入光驱，会产生文件未找到的错误。这类“运行时错误”并非致命的，如果简单地停止程序运行，显然是不大合理的。

在发生的各类错误中，有些错误是可以事先预见的。对于这些可预见的错误，可以利用 VB 的错误处理程序捕获它，对其进行适当的处理，并使程序继续执行。这样就能够使开发的软件具有更强的适应性。

8.3.1　错误处理的步骤

使用 VB 错误处理工具进行错误处理的基本步骤是：

(1) 利用 Err 对象记录错误的类型、出错原因等。

(2) 强制转移到用户自编的“错误处理程序段”的入口。

(3) 在“错误处理程序段”内,根据具体错误进行处理。如果有解决方法,在处理后返回原程序某处继续执行,否则,停止程序执行。

8.3.2 Err 对象

Err 对象是全局性的固有对象,用来保存最新的运行时的错误信息,其属性由错误生成者设置。

1. 主要属性

(1) Number 属性:本属性值为数值类型,范围为 0～65535,用来保存错误号。例如,“非法函数调用”的错误号为 5,“内存不够”的错误号为 7,“除数为 0”的错误号为 11 等。

(2) Source 属性:本属性值为字符串类型,它指明错误产生的对象或应用程序的名称。

(3) Description 属性:本属性值为字符串,用于记录简短的错误信息描述。

2. 常用方法

(1) Clear 方法:本方法用于清除 Err 对象的当前属性值。

(2) Raise 方法:本方法能产生错误,用于调试错误处理程序段。

例如,执行语句“Err. Raise 55”将产生 55 号运行时错误,即“文件已打开”错误。

8.3.3 捕获错误语句

在 VB 中,使用 On Error 语句可以捕获错误,其语法格式如下:

```
On Error GoTo 标号
```

其中,标号是以字母开头的任意字符序列,它必须与本语句处于同一过程中。

通常,该语句放置在过程的开始位置。在程序运行过程中,当该语句后面的代码出错时,程序会自动跳转到标号所指定的程序行去运行。标号所指示的程序行通常为错误处理程序段的开始行。

以下是一个错误处理示例:

```
        On Error GoTo ErrLine          '以后出错时转移至 ErrLine
        ……                             '程序语句
    ErrLine:                           '标号
        ……                             '错误处理程序段
        Resume                         '返回语句
```

如果需要在过程执行中停止错误捕获,可以利用以下语句:

```
On Error GoTo 0
```

执行该语句后,当前过程立即丧失错误捕获功能。

8.3.4 退出错误处理语句

当指定的错误处理完成后,应该控制程序返回到合适的位置继续执行。返回语句Resume 有 3 种用法:

(1) Resume [0]：程序返回到出错语句处继续执行。

(2) Resume Next：程序返回到出错语句的下一语句。

(3) Resume 标号：程序返回到标号处继续执行。

【例 8.3】 输入某个数，求该数的平方根。当用户输入负数时，使用 On Error... Resume 进行处理。

程序代码如下：

```
Private Sub Form_Load()
    Dim x As Single, y As Single, i As String
    On Error GoTo errln                             '以下出错时转移到 errln
    Show
    i = ""                                          '实数标记,赋给空值
    x = Val(InputBox("请输入一个数"))
    y = Sqr(x)
    Print y; i
    Exit Sub                                        '退出过程
errln:                                              '标号
    If Err.Number = 5 Then                          '"非法函数调用"的错误码为 5
        x = -x                                      '转换为正数
        i = "i"                                     '复数标记
        Resume                                      '返回
    Else                                            '其他错误处理
        MsgBox("错误发生在" & Err.Source & ", 代码为" _
                & Err.Number & ", 即" & Err.Description)
        End
    End If
End Sub
```

程序中，On Error GoTo errln 使得程序出错时跳转到以标号 errln 为入口的错误处理程序段。程序运行时，当用户输入一个正数时，显示出该数的平方根；如果输入的是一个负数，则因求负数的平方根(函数 Sqr)而出错，此时会跳转到错误处理程序段。在错误处理程序段中，先判断错误码，若是 5(即"非法函数调用"的错误)，将该负数转换为正数，设置复数标记，然后执行 Resume 语句返回到原出错处继续执行。如果发生的不是 5 号码的错误，则显示有关信息后强制结束。

习　题　8

单选题

1. 调试程序的工作重点是________。

   A. 证明程序的正确性　　　　B. 检查和纠正程序错误

   C. 优化程序结构　　　　　　D. 提高运行效率

2. 下列叙述中，错误的是________。

   A. 在运行模式下不能修改程序

   B. 在中断模式下，系统会保留程序中所有变量和对象属性的当前值

C. 在代码窗口中输入程序代码时,VB 会即时检查编译错误

D. 从运行模式转入中断模式都是由编程者事先设定好的

3. 在调试程序中,要跟踪检查某个表达式的值,可在________中进行。

A. 立即窗口　B. 本地窗口　C. 代码窗口　D. 监视窗口

4. 在中断模式下,________能够显示当前过程中所有变量的值。

A. 立即窗口　B. 本地窗口　C. 代码窗口　D. 属性窗口

5. 在中断模式下,用户想临时检查某一表达式的值,应在________中进行。

A. 立即窗口　B. 属性窗口　C. 本地窗口　D. 监视窗口

6. "下标越界"的错误号(即 Err 对象的 Number 属性)是________。

A. 9　B. 10　C. 11　D. 12

【提示】 模仿例 8.3 编写一个简单程序,制造一个"下标越界"错误(如声明 Dim a(3)但使用了 a(4)),在错误处理程序段中显示错误号(Err. Number)。

编程及上机调试

按照下列各题的要求进行编程练习。各题的程序文件名分别为 ex0801(第 1 题)～ex0803(第 3 题),保存在用户文件夹下的"第 8 章"子文件夹中。

1. VB 可以在一行代码中声明多个变量,但有可能会得到意想不到的结果。例如:

```
Dim a, b As Integer
```

许多初学者误以为 a 和 b 都同时被声明为整型变量,其实不然。请编写一个简短的程序,验证上述语句所声明的变量 a 为变体型(Variant),而 b 才是整型变量。

【提示】 检查变量 a 的数据类型,可把一个非整型数据赋值给 a,如 a=1.2,再检查 a 的输出值。

要把 a 和 b 都同时声明为整型变量,采用的正确语句是:

```
    Dim a As Integer, b As Integer
或  Dim a%, b%
```

2. 补充完整下列程序,使之输出如图 8.9 所示的图形。

```
Private Sub Form_Load()
    Dim i As Integer, j As Integer
    Show
    For i = 1 To 12
        Print String(20 - i, 32);     '输出当前行左边的空格,分号表示下一输出项紧接输出
        For j = 1 To 2 * i - 1        '输出 2*i-1 个字符
            If j <= i Then            '按左、右两边指定输出字符
                k = j                 '左边输出的字符
            Else
                k = ___(1)___         '右边输出的字符
            End If
            If k > 9 Then k = ___(2)___        '字母的 ASCII 码比数字大 7
            Print Chr(k + 48);        '以字符格式输出
        Next j
```

```
        Print                          '换行
    Next i
End Sub
```

图 8.9　第 2 题要输出的图形

3. 按照以下给定的用户界面和程序代码，编制一个简单的英文打字练习程序。

(1) 程序功能如下：

① 单击“产生原稿文”按钮，随机产生 30 个小写字母的原稿文，显示在“原稿文”文本框 Text1 中，焦点放在“录入”文本框 Text2 内，等待用户击键录入。

② 当用户第一次在“录入”文本框内击键时，开始计时。

③ 用户按照“原稿文”要求，在“录入”文本框内录入相应的小写字母。在录入过程中，“所用时间”文本框实时显示用户当前所用时间。

④ 当录满 30 个字母时，结束计时，禁止向文本框录入内容，并显示打字“准确率”。

⑤ 再次单击“产生原稿文”按钮时，重来一次打字练习。

(2) 建立如图 8.10 所示的用户界面。

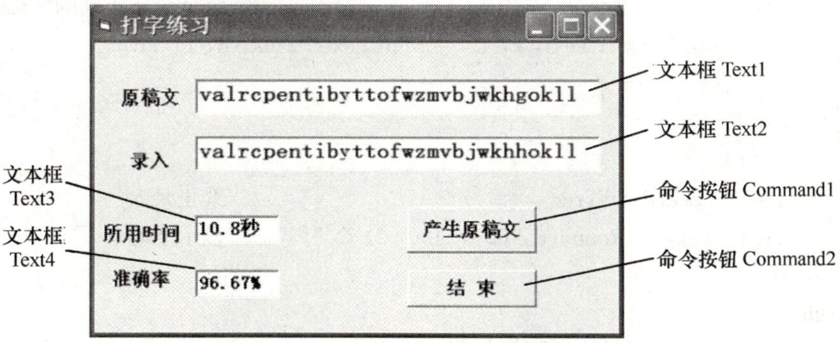

图 8.10　第 3 题的运行界面

(3) 按以下清单编写程序代码。

```
Dim t As Single, f As Integer
Private Sub Command1_Click()                        '“产生原稿文”
    Randomize
    s = ""
   For k = 1 To 30
       x = Chr(Int(Rnd * 26) + 97)                  '随机产生小写字母
```

```
        s = s + x
    Next k
    Text1.Text = s                              '显示在"原稿文"文本框中
    Text2.Text = ""
    Text2.Locked = False                        '允许录入
    Text2.SetFocus                              '设置焦点
    Text3.Text = ""
    Text4.Text = ""
    f = 0                                       '第 1 次按键标记,0 表示未按键
End Sub
Private Sub Command2_Click()                     '"结束"
    End
End Sub
Private Sub Text2_KeyUp(KeyCode As Integer, Shift As Integer)
    Dim c As Integer, k As Integer
    If f = 0 Then                               '第 1 次按键时,开始计时
        t = Timer                               '用 t 保存第 1 次按键的时间
        f = 1                                   '1 表示已按键和进入录入过程
    End If
    If Len(Text2.Text) < 30 Then
        Text3.Text = Round(Timer - t, 1) & "秒"  '显示用户当前所用时间
    Else
        c = 0
        For k = 1 To 30                         '统计录入正确的字母个数
            If Mid(Text1.Text, k, 1) = Mid(Text2.Text, k, 1) Then
                c = c + 1
            End If
        Next k
        Text2.Locked = True                     '禁止录入
        Text4.Text = Round(c / 30 * 100, 2) & "%"  '显示准确率
    End If
End Sub
```

说明:KeyUp 是释放按键事件,详见 10.1.1 节。

(4) 保存程序后对程序进行测试,并回答下列两个问题:

① 如果要求随机产生的是 30 个大写字母的原稿文,程序应该如何修改?

② 如果录入时不区分大小写,即用户采用大写录入或小写录入都算正确,应该如何修改程序?

第9章

数据文件与文件管理

本章导读

- 数据文件
- 文件基本操作
- 文件系统控件

在前面各章中,应用程序所处理的数据都存储在变量、数组或控件中,即数据只能保存在内存中,当退出应用程序时,数据不能保存下来。因此,在程序设计中引入数据文件的概念,使用数据文件可以将应用程序所处理的数据以文件的形式保存起来,以备使用。通过 VB 中的相关语句可以存储、读取和修改数据文件。

本章主要介绍 VB 中数据文件的存取操作,以及使用 VB 提供的控件和方法对各类文件(数据文件、程序文件等)及文件夹的管理。

9.1 数据文件

9.1.1 数据文件的基本概念

1. 数据文件的结构

文件是存放在外存储器(如磁盘)上的信息集合。为了迅速有效地存取数据,文件必须以某种特定方式来存储数据,这种方式称为文件结构。

VB 数据文件由记录组成,记录由字段组成,字段由字符组成。

(1) 字符(Character):是数据的最小单位。数字、字母、符号和汉字都可以表示为一个字符。当计算字符串长度时,一个西文字符和一个汉字都作为一个字符计算。

(2) 字段(Field):也称域,它由若干个字符组成,用来表示一项数据。例如,姓名、学号、出生日期等都可以作为一个字段。

(3) 记录(Record):由若干相关的字段组成。例如,每个学生的成绩数据可视为一条记录,其中包括学号及各科成绩。

(4) 文件(File):由一批记录组成。例如,某个班若干学生的成绩记录就构成了一个成绩文件。

2. 文件类型

数据文件按数据的存放方式,可分为以下 3 种类型:

(1) 顺序文件:这是一种普通的文本文件。一条记录是一个数据块。文件中的记录按顺序一个接一个地排列。在存取时,只能按记录的先后次序进行,如先写入第一条记录,再写入第二条记录,依次下去;读文件时,也必须从第一条记录开始。由于无法灵活地随意存取,它只适用于有规律的、不经常修改的数据。

(2) 随机文件:随机文件的每一条记录都有固定的长度,每一条记录都有记录号,这种文件的特点是允许用户存取文件中的任一条记录。存入数据时,只需指明是第几条记录(记录号),就可以把数据存入指定的位置;读取数据时,只需给出该记录的记录号,就能直接读取记录。它可以同时进行读/写操作,存入和读出速度较快,数据容易更新。

(3) 二进制文件:这种文件是字节的集合,可理解为长度为 1 的特殊的随机文件。它适合于保存任何种类的信息。二进制文件存取可以定位到文件的任一字节位置,而随机存取文件必须定位到记录的边界上。

3. 文件处理的一般步骤

(1) 打开(或新建)文件。一个文件必须先打开或新建后才能使用。如果一个文件已经存在,则打开该文件;如果不存在,则要建立该文件。

(2) 进行读/写操作。打开(或建立)文件后,就可以进行所需的输入/输出操作。例如,从数据文件中读出数据到内存,或者把内存中的数据写入到数据文件。

为了记住当前读写的位置,文件内部设置了一个指针,当存取文件中数据时,文件指针随之移动。

(3) 关闭文件。

4. 文件的打开和关闭

(1) 打开文件(Open)

打开文件使用 Open 语句。一般语法格式为:

```
Open 文件名 [For 模式] As [#]文件号[Len=记录长度]
```

说明:

① 文件名:指定要打开的文件。文件名还可包括路径。

② 模式:用于指定文件访问的方式,若无指定,以 Random 方式打开文件。模式包括以下几种:

Append——从文件末尾添加　　Binary——二进制文件　　Input——顺序输入
Output——顺序输出　　Random——随机存取方式

当使用 Input 模式时,文件必须已经存在,否则会产生一个错误;以 Output 模式打开一个不存在的文件时,则建立一个新文件,如果该文件已经存在,则删除文件中的原有数据,从头开始写入数据。用 Append 打开文件或创建一个新的顺序文件后,文件指针位于文件的末尾。

③ 文件号:对文件进行操作需要一个内存缓冲区(或称文件缓冲区),缓冲区有多个,文件号用来指定该文件使用的是哪一个缓冲区。在文件打开期间,使用文件号即可访问相应的内存缓冲区,以便对文件进行读/写操作。文件号是 1～511 范围内的整数。

④ Len:用来指定每条记录的长度(字节数)。

例如:

```
Open "D:\Cj1.txt" For Output As #1
```

表示以 Output 模式打开 D 盘根文件夹下的 Cj1.txt 文件,文件号为 1。

(2) 关闭文件(Close)

打开的文件使用结束后必须关闭。关闭文件的语句格式:

```
Close [[#]文件号 1[,[#]文件号 2…]]
```

当 Close 语句没有参数时(即 Close),将关闭所有已打开的文件。

例如,执行以下语句

```
Close #1
```

将关闭文件号为 1 的文件。

除了用 Close 语句关闭文件外，在程序结束时将自动关闭所有打开的数据文件。

9.1.2 顺序文件

1. 顺序文件的写入操作

要把数据写入顺序文件，应以 Output 或 Append 模式打开文件，然后使用 Write # 语句或 Print # 语句将数据写入文件。

(1) Write 语句

语法格式：Write #文件号[,表达式表]

功能：将表达式的值写到与文件号相关的顺序文件中。表达式之间可用分号或逗号隔开。

例如，要把字符串“Good Afternoon”和数值 2002 写入 1 号文件，可采用

Write #1, "Good Afternoon", 2002

【例 9.1】 将 1～50 范围内的 50 个整数，以及这些数中能被 7 整除的数分别存入两个文件，文件名为 Num1 和 Num2，文件存放在当前文件夹下。

程序代码如下：

```
Private Sub Form_Load()
    Open "Num1.txt" For Output As #1
    Open "Num2.txt" For Output As #2
    For i = 1 To 50
        Write #1, i
        If i Mod 7 = 0 Then Write #2, i
    Next i
    Close #1, #2
    Unload Me
End Sub
```

程序运行后，Num1.txt 文件中一共写入 50 条记录，Num2.txt 文件中只写入能被 7 整除的若干条记录。

【例 9.2】 在例 9.1 所生成的 Num2.txt 文件中存放了若干能被 7 整除的数，现要求再加入 51～200 范围内能被 7 整除的数，程序代码如下：

```
Private Sub Form_Load()
    Open "Num2.txt" For Append As #1
    For i = 51 To 200
        If i Mod 7 = 0 Then Write #1, i
    Next i
    Close #1
    Unload Me
End Sub
```

(2) Print 语句

语法格式：Print #文件号[,表达式表]

Print 语句的作用与 Write 一样，它将一个或多个表达式的值写到与文件号相关的顺序文件中，其输出数据格式与 Print 方法在窗体上输出格式相似。例如：

```
Print #1,num,name,cj            '对应按区格式
Print #1,num;name;score         '对应紧凑格式
```

2. 顺序文件的读出操作

顺序文件的读出操作，是指从顺序文件中读取数据送到计算机中。要进行读出操作，先要用 Input 模式打开文件，然后采用 Input 或 Line Input 语句从文件中读出数据。通常，Input 用来读出由 Write 写入的记录内容，Line Input 用来读出由 Print 写入的记录内容。

(1) Input 语句

语法格式：Input #文件号，变量名表

功能：从指定文件中读出一条记录。其中变量个数和类型应该与要读取的记录所存储的数据一致。

VB 采用文件指针来记住当前记录的位置。打开文件时，文件指针指向文件中的第 1 条记录，以后每读取一条记录，指针就向前推进一次。如果要重新从文件的开头读数据，应先关闭文件后打开。

【例 9.3】 已知文件"Num2. txt"中存放一批能被 7 整除的数(见例 9.1 及例 9.2)，现要求读出这些数并显示出来，要求每行显示 4 个数。程序代码如下：

```
Private Sub Form_Load()
    Show
    k = 0
    Open "Num2.txt" For Input As #1
    Do While Not Eof(1)                  '未到文件尾时，循环
        Input #1, x
        Print x,
        k = k + 1
        If k Mod 4 = 0 Then Print        '每显示 4 个数后换行
    Loop
    Close #1
End Sub
```

说明：其中 EOF(1)函数用于判断文件指针是否到达文件末尾。如果是(文件数据已读完)，函数值为真，否则值为假。括号内的数字 1 表示文件号。

(2) Line Input 语句

语法格式：Line Input #文件号，字符型变量

功能：从打开的顺序文件中读出一条记录，即一行信息。

【例 9.4】 Print 语句和 Line Input 语句配合使用示例。

```
Private Sub Form_Load()
    Dim a As Integer,b As String,x As string
    Show
    Open "Mytxt.txt" For Output As #1
    a = 1234: b= "ABCD"
    Print #1, a, b                    '写入第 1 条记录
    Print #1, a; b                    '写入第 2 条记录
    Close #1
    Open "Mytxt.txt" For Input As #1
    Line Input #1, x                  '读出第 1 条记录
    Print x
    Line Input #1, x                  '读出第 2 条记录
    Print x
    Close #1
End Sub
```

运行结果如图 9.1 所示。

图 9.1　例 9.4 的运行结果

(3) Input 函数

语法格式：Input(字符数,# 文件号)

功能：从文件中读取指定字符数的字符。例如,A=Input(20,#1)表示从文件号为 1 的顺序文件中读取 20 个字符。

上面已经介绍了顺序文件的存取操作。顺序文件的缺点是,不能快速地存取所需的数据,也不容易进行数据的插入、删除和修改等操作,因此,若要经常修改数据或取出文件中的个别数据,均不适用。但对于数据变化不大,每次使用时需要从头往后顺序读写的情况,它不失为一种好的文件结构。

9.1.3　随机文件

在随机文件中,可以直接而迅速地读取到所需要的记录,不必从头往后顺序地进行。它之所以能够如此,是因为随机文件规定文件中每一条记录的长度(字节数)必须相同(定长),并为每条记录设置记录号,记录号从 1 开始,如 1 号记录,2 号记录,3 号记录,……存取记录时,只要给出所需记录号 n,系统就会通过公式"(n−1)×记录长度"算出记录所在的位置,然后写入或读出。

进行随机文件存取操作,大致包括以下一些内容：

(1)用 Type... End Type 语句定义记录类型。

(2)指定 Random 类型打开文件,记录定长,打开文件后,就可以存或取任一条记录。

(3)分别通过 Get 和 Put 语句,按指定记录号来读一条记录或存一条记录。这两个语句的格式如下:

Get #文件号,[记录号],变量

Put #文件号,[记录号],变量

在 Get 或 Put 语句中省略记录号时,采用的是默认记录号,其编号为上一次使用的记录号加 1。

【例 9.5】 建立一个随机文件,文件中包含 10 条记录,每条记录由一个整数(1~10)的平方、立方和开方根 3 个数值组成,以该数作为记录号。存入全部记录后,再读出其中 3 个记录。

按要求编写如下程序代码:

```
Private Type Numval                     '定义记录类型 Numval
    squre As Integer                    '本记录由 squre,cube,sqroot 三个字段组成
    cube As Long
    sqroot As Single
End Type
Dim nv As Numval                        '定义一个 Numval 类型的变量 nu
Private Sub Form_Load()
    Open "Data1.dat" For Random As #1 Len = Len(nv)
    For i = 1 To 10                     '写入 10 条记录
        nv.squre = i * i
        nv.cube = i * i * i
        nv.sqroot = Sqr(i)
        Put #1, i, nv                   '写入记录,记录号为 i
    Next i
    Show
    For i = 2 To 10 Step 4              '读出其中 3 条记录
        Get #1, i, nv                   '读出 i 号记录
        Print "第"; i; "号记录:", nv.squre, nv.cube, nv.sqroot
    Next i
    Close #1
End Sub
```

运行结果是:

```
第 2 号记录     4      8      1.414214
第 6 号记录     36     216    2.44949
第 10 号记录    100    1000   3.162278
```

上述程序代码中,用 Type ... End Type 语句定义记录类型 Numval,该类型包含与文件中的记录相一致的字段。再定义一个记录类型变量(如 nv),该变量包含该类型的多个字段,以后可通过 nv.squre,nv.cube,nv.sqroot 来引用。

9.1.4 二进制文件

二进制文件的存取方式与随机文件类似,读/写语句也是 Get 和 Put,区别在于二进制文件的存取单位是字节,而随机文件的存取单位是记录。与随机文件一样,二进制文件一旦打开,就可以同时进行读与写。

【例 9.6】 把两个字符串写入二进制文件“biny. dat”,从位置 50 起写入第一个字符串"Visual Basic",从位置 100 起写入第二个字符串"程序设计教程"。

程序代码如下:

```
Private Sub Form_Load( )
    Dim txt1  As String, txt2 As String,
    Open "biny. dat" For Binary As #1
    txt1 = "Visual Basic"
    txt2 = "程序设计教程"
    Put #1, 50, txt1
    Put #1, 100, txt2
    Close #1
End Sub
```

进行二进制文件存取时,从文件中读取数据或向文件中写入数据的长度取决于 Get# 和 Put# 语句中变量的长度。例如,如果变量为单精度型,Get# 把读取的 4 字节数值赋给变量;如果变量为整型,Get# 就读取的 2 字节数值赋给变量。

9.2 文件基本操作

前面介绍了 VB 中数据文件的存取操作。本节及下一节将介绍通用的文件(数据文件、程序文件及其他类型文件)及文件夹操作。这些操作不涉及文件内容,而是对文件整体操作,如删除、改名、查找等。这些操作可以在 VB 程序中很方便地实现。

(1) 建立文件夹语句(MkDir)

语法格式: MkDir [路径]文件夹名

功能: 建立一个文件夹。

示例: MkDir "D:\VB\Temp"

(2) 改变当前驱动器

语法格式:ChDrive 驱动器号

功能:把指定驱动器设置为当前驱动器。

示例:ChDrive D:

(3) 改变当前文件夹语句(ChDir)

语法格式: ChDir 路径

功能: 改变当前文件夹。

示例：ChDir "D:\VB\Dat"

(4) 删除文件夹语句(RmDir)

语法格式：RmDir [路径]文件夹名

功能：删除指定的空文件夹。

示例：RmDir "D:\VB\Temp"

(5) 删除文件语句(Kill)

语法格式：Kill [路径]文件名

功能：删除指定的文件。

示例：Kill "D:\VB\Datal. dat"

Kill "D:\VB\Dat\ *. * "

(6) 复制文件语句(FileCopy)

语法格式：FileCopy [路径 1] 源文件[,[路径 2]目标文件]

功能：把指定的源文件复制到目标位置。

示例：FileCopy "C:\Aaa. txt","D:\Temp\Bbb. txt"

(7) 文件的改名和移动

语法格式：Name 原名 As 新名

功能：更改文件的名称。

改名示例：Name "C:\Aaa. txt" As "C:\Ccc. txt"

移动示例：Name "C:\Aaa. txt" As "C:\Tmp\Aaa. txt"

说明：Name 语句不能跨越驱动器来移动文件，不能对已经打开的文件重命名。

【例 9.7】 在“我的文档”(假设为 C:\My Documents)文件夹下创建一个新文件夹“Mydir”，然后复制文件“C:\My Documents\Cj2. txt”到新文件夹下，复制生成的文件名称由用户指定。

程序代码如下：

```
Private Sub Form_Load()
    Show
    Print "正在进行文件操作"
    MkDir "C:\My Documents\Mydir"
    fname = InputBox("请输入新文件名","更改文件名")
    fname = "C:\My Documents\Mydir\" + fname + ". txt"
    FileCopy "C:\My Documents\Cj2. txt", fname
    MsgBox "已完成要求的操作"
End Sub
```

(8)文件查找函数 Dir

函数格式：Dir(文件名)

或 Dir

功能：在指定文件夹中查找所有文件或某类文件。

其中文件名是待查找的文件名，可以含有路径及通配符“ * ”、“?”等。Dir(文件名)用于首次查找,以后每次查找可以只使用 Dir 而不带参数。Dir 函数的返回值代表每次查找得到的文件名,若返回值为空,则表示没有找到。

示例:strfind = "C:\windows\ *. doc"

```
If Dir(strfind) ="" Then
    MsgBox "找不到 Word 文档文件!!"
End If
```

(9) 调用应用程序

调用各种应用程序可以通过 Shell 函数来实现。

语法格式:Shell(命令字符串[,窗口类型])

其中,"命令字符串"是要执行的应用程序的文件名(包括路径),它必须是可执行文件,其扩展名为.COM,.EXE,.BAT 或.PIF。"窗口类型"用来指定应用程序窗口的大小,可选择 0~4 或 6 的整型数值。一般取 1,表示正常窗口状态。默认值为 2,表示窗口会以一个具有焦点的图标来显示。

例如,要执行"C:\Windows"文件夹下的应用程序 Explorer.exe,显示该程序窗口,可以采用:

```
x = Shell("C:\Windows\Explorer.exe",1)
```

9.3 文件系统控件

为方便用户使用文件系统,VB 工具箱中提供了 3 种文件系统控件:驱动器列表框(DriveListBox)、文件夹列表框(DirListBox)和文件列表框(FileListBox)。这 3 种控件可以单独使用,也可以组合使用。图 9.2 为 3 种文件系统控件组合使用的例子。

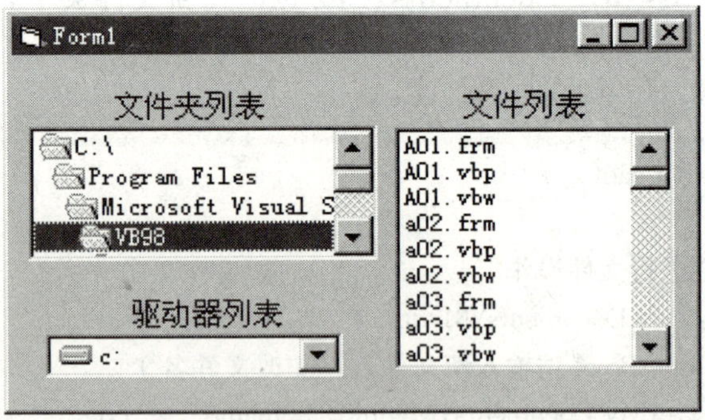

图 9.2 文件系统控件组合使用示例

1. 用途

(1) 驱动器列表框:通过这个下拉列表框,可以选择一个驱动器。默认情况下,顶端突出显示系统当前的驱动器名称。

(2) 文件夹列表框:用于显示一个磁盘的文件夹结构。

(3) 文件列表框:用于显示当前文件夹下的所有文件名。

2. 常用属性

(1) DriveListBox 控件的 Drive 属性：用于指定出现在列表框顶端的驱动器(即当前驱动器)。通过在程序代码中设置或在运行中单击驱动器列表框选项，可以改变 Drive 属性，以选定驱动器。

(2) Path 属性：本属性可用于 DirListBox 控件和 FileListBox 控件，只能在程序代码中设置，格式为：

对象.Path＝路径

(3) FileListBox 控件的 Pattern 属性：用于在程序运行时设置 FileListBox 中要显示的文件类型。例如：

File1.Pattern＝″*.exe″

(4) FileListBox 控件的 FileName 属性：该属性用来在文件列表框中设置或返回某一选定的文件名称，可以带有路径和通配符，因此可用它设置 Drive，Path 或 Pattern 属性。

(5) List 属性：该属性中含有列表框中所有项目的数组，可用来设置或返回各种列表中的某一项目。格式为：

[窗体.]控件.List(索引值)

这里的"控件"可以是驱动器列表框、目录列表框或文件列表框。"索引值"是某种列表框中项目的下标(从 0 开始)。

(6) ListIndex 属性：本属性可以用于这三种文件系统控件，用来设置或返回当前控件上所选择的项目的索引值。

DriveListBox 和 FileListBox 中列表框的第一项索引值从 0 开始。当 FileListBox 没有文件显示时，ListIndex 属性值为－1。

(7) ListCount 属性：本属性可以用于这三种文件系统控件，返回控件内所列项目的总数。

3. 常用事件

这 3 种文件系统控件的事件如表 9.1 所示。

表 9.1　文件系统控件的常用事件

控 件 名	事　件	触发条件
DriveListBox	Change	选择新驱动器或修改 Drive 属性
DirListBox	Change	双击新文件夹或修改 Path 属性
FileListBox	PathChange PatternChange	设置文件名或修改 Pattern 属性 设置文件名或修改 Pattern 属性

当这 3 种控件组合使用时，改变驱动器列表框中的驱动器，文件夹列表框中显示的文件夹应同步改变。同样，文件夹列表框中的文件夹改变，文件列表框也应同步改变。实现同步的 Change 事件过程如下：

```
Private Sub Drivel_Change()              'DriveListBox 控件的 Change 事件
    Dir1.Path=Drive1.Drive               'DirListBox 控件名为 Dir1
End Sub
Private Sub Dir1_Change()                'DirListBox 控件的 Change 事件
    File1.Path=Dir1.Path                 'FileListBox 控件名为 File1
End Sub
```

习 题 9

一、单选题

1. 下列关于顺序文件的叙述中,错误的是______。
   A. 对顺序文件中的数据操作只能按顺序执行
   B. 顺序文件中每条记录的长度必须相同
   C. 不能同时对打开的顺序文件进行读/写操作
   D. 顺序文件中的数据是以文本格式(ASCII 码)存储的
2. 下列关于顺序文件记录的叙述中,正确的是______。
   A. 所有记录按记录号从小到大排列
   B. 可以按记录号引用各个记录
   C. 按记录的某个关键数据项的排列顺序组织文件
   D. 记录按写入的先后顺序存放,并按写入的先后顺序读出
3. 下列关于随机文件的叙述中,错误的是______。
   A. 随机文件由记录组成,并按记录号引用各条记录
   B. 可以按顺序访问随机文件中的记录
   C. 可以同时对打开的随机文件进行读/写操作
   D. 随机文件的内容可用 Windows 的"记事本"程序显示出来
4. 下列关于随机文件记录的叙述中,正确的是______。
   A. 可以通过记录号随机读取记录
   B. 记录号是通过随机数产生的
   C. 记录号是从 0 开始编号的
   D. 记录中所包含的各个字段的数据类型必须相同
5. 如果在 C 盘根文件夹(或称根目录)下已存在顺序文件 Myfile1.txt,那么执行语句

   Open "C:\Myfile1.txt" For Append AS #1

之后将______。
   A. 删除文件中原有内容
   B. 保留文件中原有内容,可在文件尾添加新内容
   C. 保留文件中原有内容,可在文件头开始添加新内容
   D. 可在文件头开始读取数据
6. 要从打开的顺序文件(文件号为 1)读取数据,下列语句中错误的是______。

A. Input　#1,x　　B. Line Input　#1,x

C. x=Input(1,#1)　　D. Input　1,x

7. 当前文件夹下有一个顺序文件 Myfile2. txt,它是执行以下程序代码后生成的:

```
Open "Myfile2.txt" For Output As #1
For k=1 To 5
    If k<4 Then Write #1, k
Next k
Close #1
```

当采用 Windows 的"记事本"打开该文件时,显示的结果是______。

A.	B.	C.	D.
1	1	2	2
2	1	3	3
3	2	4	3

8. 打开第 7 题生成的顺序文件 Myfile2. txt,读取文件中的所有数据,并将数据直接显示在窗体上。完成下列程序段。

```
f = "Myfile2"
Open __(1)__ For Input AS #1
Do While __(2)__
    Input #1,x
    Print x
Loop
Close #1
```

(1) A. "f. txt"　　B. "f " & ". txt"　　C. f. txt　　D. f & ". txt"

(2) A. True　　B. False　　C. Eof(1)　　D. Not Eof(1)

9. 要将文件"E:\Cj2. txt"移动到文件夹"E:\Temp"下,文件名改为"Newcj. txt",采用的 VB 语句是______。

A. FileCopy "E:\Cj2. txt", "E:\Temp\Newcj. txt"

B. Name "E:\Cj2. txt" As "E:\Temp\Newcj. txt"

C. Name "E:\Temp\Newcj. txt" As "E:\Cj2. txt"

D. FileCopy "E:\Cj2. txt" As "E:\Temp\Newcj. txt"

10. 当改变驱动器列表框的 Drive 属性值时,将触发______事件。

A. Change　　B. Scroll　　C. KeyDown　　D. KeyUP

11. 在文件列表框中,用于设置或返回所选文件的路径和文件名的属性是______。

A. File　　B. FilePath　　C. Path　　D. FileName

二、填空题

1. 随机文件使用______(1)______语句读数据,使用______(2)______语句写数据。

2. 在当前文件夹下建立一个顺序文件 Myfile3. txt,然后写入 3 名学生的学号及手机号码。

```
Private Sub Form_Load()
    ______(1)______ As #1
    For k  = 1 To 3
```

```
        StNo = InputBox("学号:")
        StMb = InputBox("手机号码:")
        ______(2)______
    Next k
    ______(3)______
End Sub
```

3. 读取第 2 题建立的顺序文件 Myfile3. txt,把所有的数据显示在窗体上。

```
Private Sub Form_Load()
    Show
    ______(1)______
    Do Until ______(2)______
        ______(3)______
        Print StNo, StMb
    Loop
    Close #1
End Sub
```

编程及上机调试

按照下列各题的要求进行编程练习。各题的程序文件名分别为 ex0901(第 1 题)~ex0904(第 4 题),保存在用户文件夹下的"第 9 章"子文件夹中。

1. 先使用"记事本"程序创建一个文本文件"静夜思. txt"(见图 9. 3),再设计 VB 程序读取和显示该文本文件,如图 9. 4 所示。

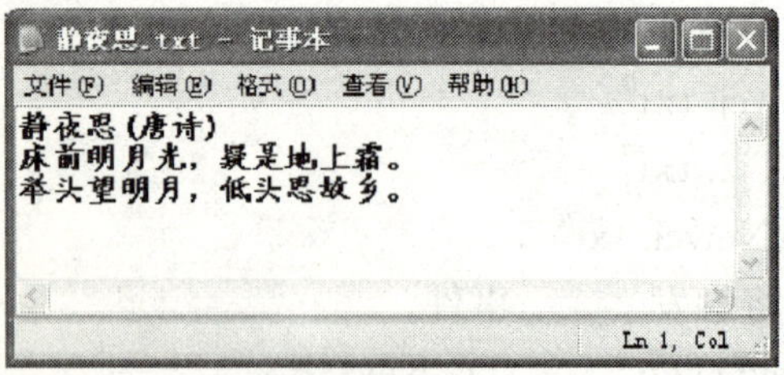

图 9. 3 第 1 题的文本文件

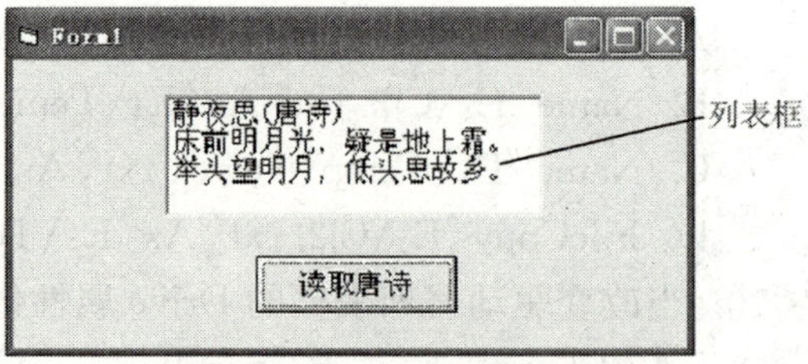

图 9. 4 第 1 题的运行界面

2. 在窗体上建立两个列表框和 4 个命令按钮,如图 9. 5 所示。单击"产生随机数"按钮时,产生 20 个 1~99 的随机整数,并显示在"原始数据"列表框中;单击"保存"按钮时,把这 20 个随机整数存放在顺序文件 Myfile4. txt 中;单击"读出"按钮时,则从该顺序文件中取出所有数据,并显示在"文件中数据"列表框中;单击"结束"按钮时,则结束程序的运行。

3. 设计程序,检查学生自己完成第 7 章编程题的情况,把已编写的和未编写的工程文件名显示出来。

【提示】 ① 若将用户文件夹下的"第 9 章"子文件夹作为当前文件夹,则"第 7 章"子文件

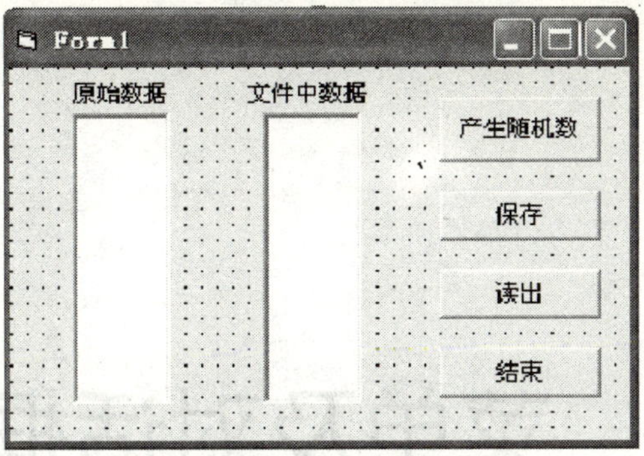

图 9.5　第 2 题的设计界面

夹的路径是"..\第 7 章";② 检查工程文件 ex0701.vbp～ex0706.vbp 是否存在,以此判断是否编写。

4. 设计程序,实现以下操作:

(1) 判断"我的文档"文件夹下是否存在"fsodir"文件夹,若不存在,则创建该文件夹。

(2) 判断系统文件夹(假设为"C:\Windows")下是否存在程序文件"notepad.exe"(记事本),若存在,则复制该文件到"我的文档"的 fsodir 文件夹下,并改名为"mynotepad.exe"。

【提示】　要判断某一文件夹是否存在,一种方法是使用带参数的 Dir 函数,格式为 Dir(文件夹名, 16),当没有找到指定文件夹时,函数值为空,否则函数值非空。

示例:
```
If Dir("G:\第 9 章",16) = "" Then
    MsgBox "“G:\第 9 章”文件夹不存在!!"
End If
```

第 10 章

菜单及对话框

本章导读

- 键盘与鼠标事件
- 菜单设计
- 对话框

10.1　键盘与鼠标事件

窗体和大多数控件都能响应键盘和鼠标事件。利用键盘事件，可以响应键盘的操作，解释和处理 ASCII 字符。利用鼠标事件，可以跟踪鼠标的操作，判断操作的是哪个鼠标键等。此外，VB 还支持鼠标拖放(DragDrop)方法。

10.1.1　键盘事件

VB 提供 3 种事件处理键盘操作，即 KeyPress，KeyDown 和 KeyUp 事件。这些事件可用于窗体和其他可接收键盘输入的控件。

1. KeyPress 事件

当按下键盘上的某个键时，将触发 KeyPress 事件。该事件只能处理与 ASCII 字符相关的键盘操作。KeyPress 事件过程格式及应用请见 3.4.2 节。

2. KeyDown(按键)和 KeyUp(释放按键)事件

在按键过程中，除了触发 KeyPress 事件外，还会触发另外两种事件：KeyDown和 KeyUp 事件。按下键时触发 KeyDown 事件，放开(释放)键时触发 KeyUp 事件。这两种事件过程的语法格式如下：

```
Private Sub 对象名_KeyDown(KeyCode As Integer,Shift As Integer)
Private Sub 对象名_KeyUp(KeyCode As Integer,Shift As Integer)
```

其中，参数 Keycode 是一个按下键的代码，如按下字符“A”(或“a”)时，KeyCode 的值为 65。参数 Shift 表示 Shift，Ctrl 和 Alt 三个控制键的按下状态，该参数为 1，2 或 4 时，分别表示 Shift 键、Ctrl 键或 Alt 键被按下。参数 Shift 为 0 时表示没有按下任何控制键，为 3 时表示同时按下 Shift 键和 Ctrl 键，为 5 时表示同时按下 Shift 键和 Alt 键，依次类推。

当输入字母“A”(大写)或“a”(小写)时，KeyDown 事件和 KeyUp 事件都获得相同的“A”的 ASCII 码(65)，因此必须使用 Shift 参数来区分大小写。与此不同的是，KeyPress 事件将字母的大小写作为两个不同的 ASCII 字符码处理。KeyDown 和 KeyUp 事件除了可以识别 KeyPress 事件能识别的键，还可识别键盘上的大多数键，如功能键、编辑键、定位键和数字小键盘上的键。

还要说明，在默认情况下，控件的键盘事件优先于窗体的键盘事件，因此在发生键盘事件时，窗体中获得焦点的控件将直接响应键盘事件。如果希望窗体先接收键盘事件，则必须把窗体的 KeyPreview 属性设置为 True。

10.1.2　鼠标事件

除了常用的 Click 和 DblClick 事件外，有些程序还需要对鼠标指针的位置及状态变化做出响应，为此 VB 提供了鼠标事件 MouseUp，MouseDown 和 MouseMove。当鼠标指针位于窗体上方时，窗体将识别鼠标事件。当鼠标指针在控件上方时，控件将识别鼠标事件。

1. 鼠标事件过程格式

鼠标事件与 Click,DblClick 事件不同的是可以区分鼠标的左、右、中键与 Shift,Ctrl,Alt 键,并可识别和响应各种鼠标状态。鼠标事件过程的语法格式为

Private Sub 对象名_鼠标事件(Button As Integer,Shift As Integer,X As Single,Y As Single)

说明:

(1) Button 参数表示哪个鼠标键被按下或释放。可以取 3 个值:Button=1 表示用户按下鼠标左键;Button=2 表示按下鼠标右键;Button=4 表示按下鼠标中键。

(2) Shift 参数表示当鼠标键被按下或释放时,Shift,Ctrl,Alt 键的按下或释放状态。参数 Shift=1,表示用户按下 Shift 键;Shift=2,表示按下 Ctrl 键;Shift=4,表示按下 Alt 键。用户可能同时按下多个键,此时 Shift 参数值为相应值之和,如同时按下 Ctrl 键和 Shift 键时 Shift 参数值为 3(=2+1)。

(3) X,Y 表示鼠标指针的当前坐标位置。

2. 鼠标事件

(1) MouseDown 和 MouseUp 事件:当按下鼠标任意键时发生 MouseDown 事件,放开鼠标键时发生 MouseUp 事件。

【例 10.1】 下列事件过程将 MouseDown 事件与 Move 方法结合起来使用,实现命令按钮位置的移动。当单击鼠标左键时把按钮的位置移动到鼠标指针的位置,单击鼠标右键时把按钮的位置移动到窗体的左上角位置(即坐标原点)。

事件过程代码如下:

```
Private Sub Form_MouseDown(Button As Integer, Shift As Integer,X As Single, Y As Single)
    If Button = 1 Then                          '单击鼠标左键时
        Command1. Move X, Y                     '移动到鼠标指针的位置
    Else
        Command1. Move 0, 0                     '移动到窗体的左上角
    End If
End Sub
```

(2) MouseMove 事件:当移动鼠标时发生 MouseMove 事件。伴随鼠标指针在对象上移动,该事件会连续不断地产生。

在该事件过程格式中,Button 参数与 MouseDown,MouseUp 中的 Button 参数不同,它表示的是所有鼠标键的当前状态,而 MouseDown 和 MouseUp 事件的 Button 值无法检测是否同时按下两个以上的键。

(3) 改变鼠标指针的形状:在 Windows 环境中,当位置和操作状态不同时,鼠标指针形状也有所差异。例如,当鼠标指针处于窗体边框时,指针形状为双箭头形;处于等待状态时,鼠标指针形状为沙漏形,等等。在 VB 中,可以通过 MousePointer 和 MouseIcon 属性来设置鼠标指针形状。

对象的 MousePointer 属性用于设置鼠标指针的形状。该属性是一个整数,可以取0~15。

例如，要使鼠标指针经过文本框时，指针形状改变为十字线，可以采用

```
Text1. MousePointer＝2
```

当 MousePointer 属性值为 99 时，可以使用 MouseIcon 属性来确定鼠标指针的形状。

10.1.3　拖放操作

“拖放”(DragDrop)就是使用鼠标将对象从一个地方拖动到另一个地方再放下。它可以分解为两个操作：一个是发生在源对象的“拖”(Drag)操作，另一个是发生在目标对象上的“放”(Drop)操作。

1. 属性

(1) DragMode 属性：用于设置拖放方式。若 DragMode 属性设置为 1，则启用自动方式，它允许用户采用鼠标拖放源对象到目标对象上。当释放鼠标按键时，在目标对象上产生 DragDrop 事件。若 DragMode 属性设置为 0(默认)，启用手动方式，此时必须通过代码来设定拖放操作何时开始和结束。

(2) DragIcon 属性：设置拖放操作时显示的图标，默认情况下是将源对象的灰色轮廓作为拖动图标。

2. 事件

(1) DragDrop 事件：本事件是当一个完整的拖放动作完成时触发。它可用来实现在拖放操作完成时要进行的处理。其事件过程的语法格式为

```
Private Sub 对象_DragDrop(Source As Control,X As Single, Y As Single)
```

其中，Source 表示正在被拖动的源对象，X，Y 表示鼠标指针在目标对象中的坐标。

说明：与传统的程序设计语言一样，VB 过程一般用变量作为形式参数。但是与传统的程序设计语言不同，VB 还允许用对象，即控件或窗体作为过程的参数，形式参数的类型一般为 Control(控件)或 Form(窗体)，其使用示例见例 10.2。

(2) DragOver 事件：当源对象被拖动到目标对象上时，在目标对象上会触发 DragOver 事件。本事件先于 DragDrop 事件。DragOver 可用来设置被拖动对象放在目标对象上之前的状态，如加亮目标，显示一个特定的拖动指针等。其事件过程的语法格式为

```
Private Sub 对象_DragOver(Source As Control,X As Single,Y As Single,State As Integer)
```

其中，State 参数是一个 0，1 或 2 的整数。0 表示进入，即源对象正进入目标对象内；1 表示离开，即源对象正在离开目标对象；2 表示跨越，即源对象在目标对象范围内移动位置。

3. 方法

常用的有 Drag 方法。Drag 方法的语法格式为

```
对象. Drag [动作]
```

“动作”取值为 0 时，表示取消拖动操作；取值为 1 时，启动拖动操作；取值为 2 时，结束拖动操作。

【例 10.2】　采用自动方式，实现文本框的拖动操作。

在窗体上建立一个文本框 Text1，文本框内存放默认的文本内容“Text1”，把 DragMode

属性值设置为 1(自动方式)。要实现文本框在窗体上拖动,必须增加一个 Form_DragDrop 事件过程,程序代码如下:

```
Private Sub Form_DragDrop(Source As Control, X As Single,Y As Single)
    Source.Move X,Y                    '移动对象位置
End Sub
```

【例 10.3】 采用手动方式,实现文本框的拖动操作。

本程序的用户界面如例 10.2,文本框的 DragMode 属性值设置为 0(手动方式),程序代码如下:

```
Private Sub Form_DragDrop(Source As Control, X As Single, Y As Single)
    Source.Move X,Y                    '移动对象位置
End Sub
Private Sub Text1_MouseDown(Button As Integer, Shift As Integer, X As Single, Y As Single)
    Text1.Drag 1                       '启动"拖动"操作
End Sub
Private Sub Text1_MouseUp(Button As Integer, Shift As Integer, X As Single, Y As Single)
    Text1.Drag 2                       '结束"拖动"操作
End Sub
```

【例 10.4】 把文本框中的选定文本拖放到图片框内显示出来。

(1) 在窗体上建立一个图片框(Picture1)和一个文本框(Text1),文本框的 Text 属性为空。

(2) 编写程序代码。

```
Private Sub Form_Load()
    Text1.DragMode = 0                        '置手动方式
End Sub
Private Sub Picture1_DragDrop(Source As Control, X As Single, Y As Single)
    Picture1.CurrentX = X                     '以鼠标位置为当前显示起始位置
    Picture1.CurrentY = Y
    Picture1.Print Text1.SelText              '在图片框中显示文本框中的选定内容
End Sub
Private Sub Text1_MouseMove(Button As Integer, Shift As Integer, X As Single, Y As Single)
    If Button = 1 Then                        'Button 为 1 时,表示按下左键
        Text1.DragMode = 1                    '置自动方式
    End If
End Sub
```

程序运行后,用户在文本框内输入文本和用鼠标选定(通过拖动)文本;然后按住鼠标左键,把文本框拖放到图片框内,即可把已选定的文本显示在图片框内。

10.2 菜单设计

菜单对我们来说非常熟悉,在各种 Windows 应用程序中常常用到它。应用程序通过菜单

为用户提供一组命令。从应用的角度看，菜单一般分为两种：下拉式菜单和弹出式菜单。

10.2.1　下拉式菜单

下拉式菜单结构如图 10.1 所示。在这种菜单系统中，一般有一个主菜单（也称顶层菜单），称为菜单栏，其中包括若干菜单项。每一个主菜单项可以下拉出下一级菜单，称为子菜单。子菜单中的菜单项有的可以直接执行，称为菜单命令；有的菜单项可以再下拉出下一级菜单，称为子菜单标题。子菜单可以逐级下拉。VB 的菜单系统最多可达 6 层。

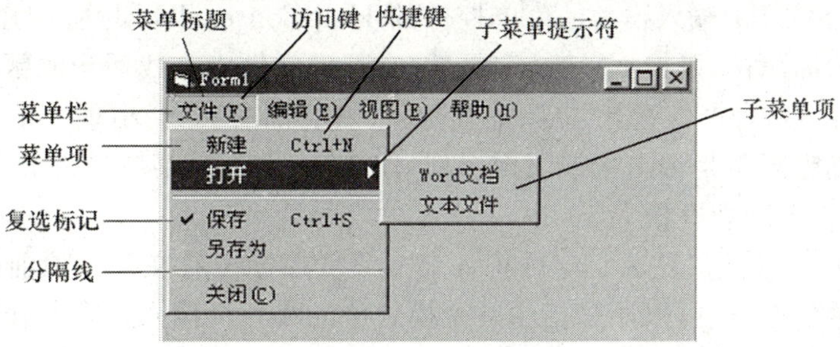

图 10.1　下拉式菜单

菜单中包含的界面元素有：菜单项（主菜单项和子菜单项），快捷键（如 Ctrl＋N 键），访问键（菜单项中带下划线的字母，如文件(F)、关闭(C)等），分隔线（用于子菜单分组显示），子菜单提示符（小三角符），复选标记等。

10.2.2　菜单编辑器

VB 提供了设计菜单的工具，称为菜单编辑器。但这种工具不在工具箱中，启动菜单编辑器的方法是：在 VB 主窗口中选择“工具”菜单的“菜单编辑器”命令，系统弹出“菜单编辑器”对话框，如图 10.2 所示。

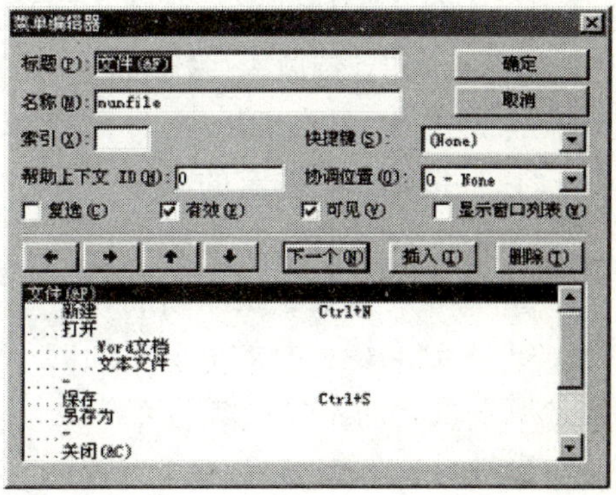

图 10.2　“菜单编辑器”对话框

使用菜单编辑器可以建立一个应用程序的菜单系统。菜单编辑器分为上、下两部分，上半部分用来设置属性，下半部分是菜单显示区，用来显示用户输入的菜单内容。

下面介绍菜单编辑器的各项内容及作用。

(1) “标题”(Caption)输入框：是一个文本框，供用户输入菜单的标题，相当于菜单控件的 Caption 属性，如“文件”、“编辑”等。在这个文本框中输入的标题，会同时显示在菜单显示区。

如果要通过键盘来访问菜单，使某一字符成为该菜单项的访问键，可以用“(& 字符)”格式。运行时访问字符会自动加上一条下划线，“&”字符则不可见。例如，在图 10.1 中，按Alt＋F 键可打开“文件”子菜单，再从该子菜单中直接按“C”键就选择了“关闭”菜单项。

(2) “名称”(Name)输入框：此输入框也是一个文本框，用来设置菜单项的名称（即 Name

属性)。它便于在程序代码中访问菜单项。各级菜单中的所有菜单项的名称必须唯一,不能重名。

菜单的名称一般以 mnu 作为前缀,后面为顶层菜单的名称,例如,"文件"菜单名称为"mnuFile",下一级子菜单项"新建"的名称为"mnuFileNew"。

(3) "索引"(Index)输入框:为一个文本框,用来建立控件数组的下标。

(4) "快捷键"列表框:是一个下拉列表框,单击其右侧下拉箭头,会弹出一个列表框,其中列出可供用户选择的快捷键。

(5) "帮助上下文 ID"输入框:是菜单控件的 HelpContextID 属性,用户可以输入一个数字作为帮助文本的标识符,可根据该数字(页数)在帮助文件中查找适当的帮助主题。

(6) "协调位置"列表框:单击"协调位置"框右侧下拉箭头,会出现一个列表框,用户可通过这一列表框来确定菜单是否出现或怎样出现,如 0——None(菜单项不显示),1——Left(菜单项靠左显示)等。一般取 0 值。

(7) "复选"框:如选中"复选"框,可将一个"√"复选标记放在菜单项前面,通常用它来指出切换选项的开关状态,也可以用来指示几个模式中的哪一个模式正在起作用。

(8) "有效"框:用来设置该菜单项是否可执行,即这一菜单项是否对事件做出响应。如果不选中,这一菜单是无效的,不能被访问,呈灰色显示。

(9) "可见"框:用来决定菜单项是否可见。若不选中该框,相应的菜单项将不可见。

(10) "显示窗口列表"框:用来设置在使用多文档应用程序时,是否使菜单控件中有一个包含当前打开的多文档文件窗格(或称子窗口)的列表框。

(11) 菜单显示区:用来显示输入的菜单项。它通过内缩符号(4 个点"....")表明菜单项的层次。条形光标所在的菜单项是当前菜单项。

(12) 编辑按钮:处于菜单显示区的上方,共有 7 个按钮,它们用来对输入的菜单项进行简单编辑。

① "下一个"按钮:建立下一个子菜单。

② ↑和↓按钮:在菜单项之间移动。

③ →按钮:每单击一次右箭头,产生一个内缩符号(4 个点"...."),使选定的菜单下移一个等级。

④ ←按钮:使选定的菜单上移一个等级。

⑤ "插入"按钮:在当前选定行上方插入一行。

⑥ "删除"按钮:删除当前行。

(13) 分隔线:为菜单项之间的一条水平线,当菜单项很多时,可以使用分隔线将菜单项划分成多组。插入分隔线的方法是:单击"插入"按钮,在"标题"文本框中输入一个连接字符(-,减号)。

菜单编辑完成后,单击菜单编辑器的"确定"按钮,所设计的菜单就显示在当前窗体上。

10.2.3 菜单的 Click 事件

在 VB 中,把每个菜单项看成是一个控件,每个菜单项具有与其他控件类似的属性和事件。

菜单设计好后,还要为每个菜单项编写事件过程。菜单控件只识别 Click 事件。每当鼠标单击或用键盘选中后按回车键时，即触发该事件。除分隔线以外，所有菜单项都能识别 Click 事件。

【例 10.5】 设计一个程序，进行两个运算数的算术运算练习，通过菜单来设置运算的位数(1～3 位数)和运算类型(加、减及乘)。

设计步骤如下：

(1) 创建应用程序的用户界面和设置对象属性，如图 10.3 所示。

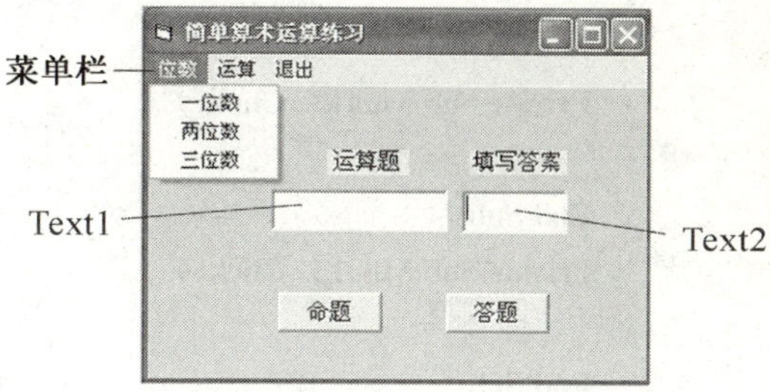

图 10.3　例 10.5 的运行界面

① 窗体上含有两个标签、两个文本框和两个命令按钮，其设置如下：

- 标签 Label1：显示标题"运算题"。
- 标签 Label2：显示标题"填写答案"。
- 文本框 Text1(位于左边)：用来显示运算式，Alignment 属性为右对齐(1——RightJustify)，Text 属性为空。
- 文本框 Text2(位于右边)：供用户输入答案，Text 属性为空。
- 窗体 Form1：Caption 属性为"简单算术运算练习"。

② 菜单栏向用户提供功能选择，包括运算数的位数、运算符类型和退出程序。打开"菜单编辑器"，添加相应的菜单项，如图 10.4 所示。

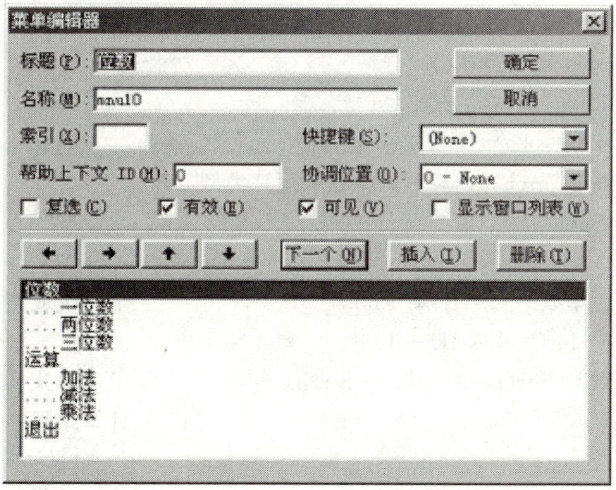

图 10.4　菜单设计

各个菜单项的名称为：位数(mnu10)，一位数(mnu11)，两位数(mnu12)，三位数(mnu13)；运算(mnu20)，加法(mnu21)，减法(mnu22)，乘法(mnu23)；退出(mnu30)。

(2) 编写程序代码。

```
Option Explicit                                    '强制显式声明变量
Dim sel1 As Integer, sel2 As String, r1 As Long
Private Sub Form_Load()
    sel1 = 0                                       '位数标记
```

```
    sel2 = ""                                        '运算标记
    Randomize
End Sub
Private Sub Mnu11_Click()                            '"一位数"
    sel1 = 1                                         '设置位数标记
End Sub
Private Sub Mnu12_Click()                            '"两位数"
    sel1 = 10
End Sub
Private Sub Mnu13_Click()                            '"三位数"
    sel1 = 100
End Sub
Private Sub Mnu21_Click()                            '"加法"
    sel2 = "+"                                       '设置运算标记
End Sub
Private Sub Mnu22_Click()                            '"减法"
    sel2 = "-"
End Sub
Private Sub Mnu23_Click()                            '"乘法"
    sel2 = "*"
End Sub
Private Sub Command1_Click()                         '"命题"
    Dim a As Long, b As Long
    If sel1 = 0 Or sel2 = "" Then
        MsgBox "先选择运算数的位数和运算类型"
        Exit Sub
    End If
    a = sel1 + Int(9 * sel1 * Rnd)                       '随机生成指定位数的运算数
    b = sel1 + Int(9 * sel1 * Rnd)
    Text1.Text = Str(a) + sel2 + Str(b) + "="           '组成算式
    Select Case sel2                                     '计算结果
        Case "+"
            r1 = a + b                                   'r1 保存运算式结果
        Case "-"
            r1 = a - b
        Case "*"
            r1 = a * b
    End Select
    Text2.Text=""
    Text2.SetFocus
End Sub
Private Sub Command2_Click()                         '"答题"
```

```
        Dim r2 As Long
        If Text2. Text = "" Then
            MsgBox"请输入答案"
            Exit Sub
        End If
        r2 = Val(Text2. Text)                    '读取用户的答案
        If r1 = r2 Then                          '判断答案
            MsgBox"回答正确"
        Else
            MsgBox"回答错误"
        End If
End Sub
Private Sub Mnu30_Click()                        '"退出"
        End
End Sub
```

程序运行后，用户从“位数”菜单中选择操作数的位数（一位数、两位数或三位数），从“运算”菜单中选择一种运算（加法、减法或乘法），单击“命题”按钮时，程序将产生指定位数的两个随机运算数，并按指定运算组成一个算式，显示在文本框 Text1 中，供用户练习。用户在文本框 Text2 中输入答案，当单击“答题”按钮时，程序将判断答案是否正确，然后通过消息对话框显示出“回答正确”或“回答错误”。

10.2.4 运行时改变菜单属性

1. 使菜单命令有效或无效

所有的菜单项都具有 Enabled 属性，当该属性为 True（默认值）时，有效；若为 False，菜单项会变暗（灰色），菜单命令无效。例如：

```
Mun30. Enabled=False
```

2. 显示菜单项的复选标记

有时候，需要在菜单的选项前显示一个复选标记“√”，以表示打开/关闭状态或标记几个模式中的哪一个正在起作用。

使用菜单项的 Checked 属性，可以设置复选标记。如果 Checked 属性为 True，表示含有复选标记；为 False 时表示消除复选标记。例如：

```
Mun31. Checked=True
```

3. 使菜单项不可见

在运行时，要使一个菜单项可见或不可见，可以在代码中设置 Visible 属性，例如：

```
Mun30. Visible=True
```

10.2.5 弹出式菜单

弹出式菜单又称为快捷菜单，是单击鼠标右键时弹出的菜单。它能以灵活方式为用户提供方便快捷的操作。

设计弹出式菜单仍然使用 VB 提供的菜单编辑器,只要把某个顶层菜单项设置成隐藏就行了。创建弹出式菜单的步骤如下:

(1) 使用菜单编辑器设计菜单。

(2) 设置顶层菜单项为不可见,即不选中菜单编辑器里的"可见"选项或在属性窗口中设定 Visible 属性为 False。

(3) 编写与弹出式菜单相关联的 MouseUp(释放鼠标)事件过程。其中用到对象的 PopupMenu 方法。格式为

[对象.] PopupMenu 菜单名 [,位置常数][,横坐标[,纵坐标]]

其中,位置常数有以下 3 种:

① vbPopupMenuLeftAlign:用横坐标位置定义该弹出式菜单的左边界(默认)。

② vbPopupMenuCenterAlign:弹出的弹出式菜单以横坐标位置为中心。

③ vbPopupMenuRightAlign:用横坐标位置定义该弹出式菜单的右边界。

【例 10.6】 在例 10.5 的基础上,把"位数"菜单改为弹出式菜单。

(1) 打开例 10.5 的应用程序,选定窗体,然后在菜单编辑器中将"位数"菜单标题的"可见"框中的"√"取消(即不选中)。

(2) 增加以下 MouseUp 事件过程代码:

```
Private Sub Form_MouseUp(Button As Integer, Shift As Integer, X As Single, Y As Single)
    If Button = 2 Then                        '检查是否右击,左击为 1
        PopupMenu mnu10                       'mnu10 是"位数"菜单项
    End If
End Sub
```

程序运行时,右击窗体空白处,即会弹出弹出式菜单,如图 10.5 所示。

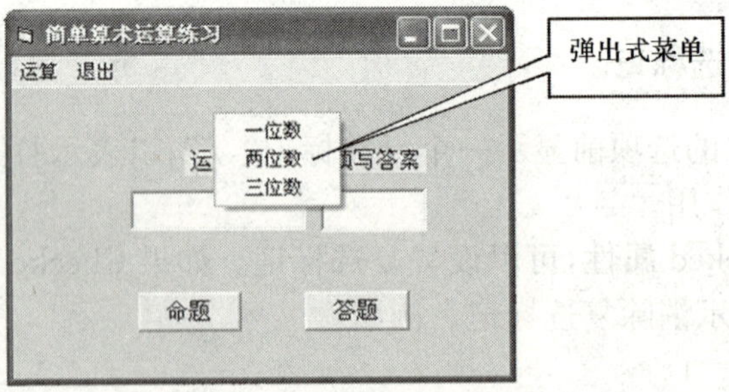

图 10.5　例 10.6 的弹出式菜单

10.3　对话框

在图形用户界面中,对话框(DialogBox)是应用程序与用户交互的主要途径。在 VB 中,可以使用以下 3 种对话框:

(1) 预定义对话框(使用函数 InputBox 和 MsgBox 来实现,见 3.6 节)

(2) 通用对话框

(3) 用户自定义对话框

本节将介绍后两者。

10.3.1　通用对话框

通用对话框(CommonDialog,也称公共对话框)是一种 ActiveX 控件,利用它能够很容易地创建下列 6 种标准对话框:打开(Open)、另存为(Save As)、颜色(Color)、字体(Font)、打印机(Printer)和帮助(Help)对话框。

1. 添加通用对话框控件

在默认情况下,通用对话框控件不在工具箱中,在使用之前,应先将其添加到工具箱中。具体方法是:

(1) 选择"工程"菜单中的"部件"命令,或者右击工具箱,在快捷菜单中选择"部件"命令,系统弹出"部件"对话框,如图 10.6 所示。

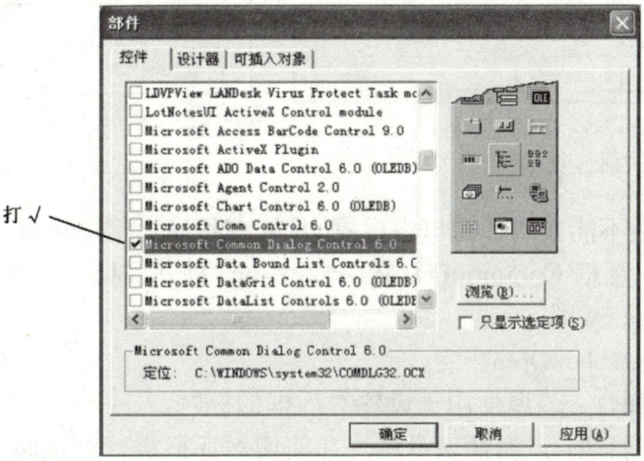

图 10.6　"部件"对话框

(2) 在"控件"选项卡中,从列表框选中"Microsoft Common Dialog Control 6.0"。

(3) 单击"确定"按钮,即可把"通用对话框"各种控件添加到工具箱中。

当程序运行时,通用对话框是不可见的。

2. 属性页

通用对话框不仅本身具有一组属性,由它产生的各种标准对话框也拥有许多特定属性。属性设置可以在属性窗口或程序代码中进行,也可以通过"属性页"对话框来设置。对于 ActiveX控件,更为常用的是"属性页"对话框。打开通用对话框控件的"属性页"对话框的步骤如下:

(1) 用鼠标右击窗体上放置的通用对话框控件,从弹出的快捷菜单中选择"属性"命令,打开“属性页”对话框,如图 10.7 所示。

(2) 对话框中有 5 个选项卡,选择不同的选项卡,就可以对不同类型的对话框进行属性设置。

3. 通用对话框的基本属性和方法

(1) Name 属性:该属性设置通用对话框的名称,默认名称为 CommonDialog1,CommonDialog2,…。

(2) Action 属性:该属性直接决定打开哪种对话框。共有 7 种属性值,如表 10.1 所示。

表 10.1　对话框类型

对话框类型	Action 属性值	方　法
无对话框	0	
“打开”对话框	1	ShowOpen
“另存为”对话框	2	ShowSave
“颜色”对话框	3	ShowColor
“字体”对话框	4	ShowFont
“打印”对话框	5	ShowPrinter
“帮助”对话框	6	ShowHelp

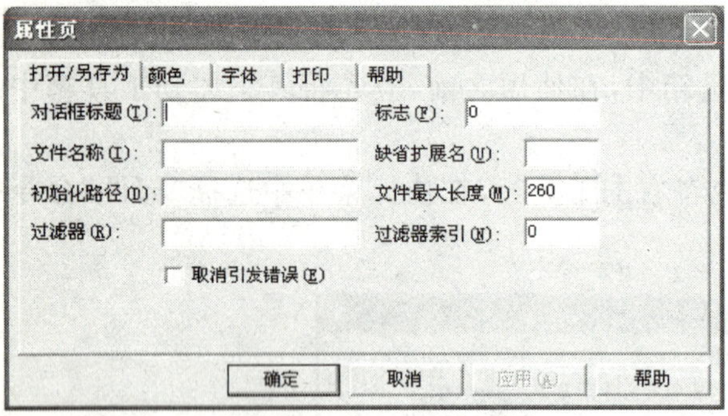

图 10.7　“属性页”对话框

注意,Action 属性不能在属性窗口内设置,只能在程序运行中通过代码设置。

例如,利用通用对话框 CommonDialog1 产生一个“打开”对话框,可以执行下列语句:

　　CommonDialog1.Action=1

或　CommonDialog1.ShowOpen

(3) DialogTitle 属性:该属性用于设置对话框的标题。

(4) ConcelError 属性:该属性表示用户在使用对话框进行对话时,单击“取消”按钮是否产生错误信息。属性值为 True 时,单击“取消”按钮会出现错误警告;为 False 时,单击“取消”按钮不会出现错误警告。

(5) 通用对话框的方法:通用对话框的常用方法如表 10.1 所示。利用这些方法,可以打开特定类型的对话框。

4. “打开文件”对话框

在程序中将通用对话框的 Action 属性设置为 1,或用 ShowOpen 方法打开,则弹出“打开文件”对话框,如图 10.8 所示。

“打开文件”对话框的属性除了包括通用对话框的基本属性外,还有自身特有的属性。

(1) FileName 属性:本属性用来设置或返回对话框中用户选定的路径和文件名。

(2) FileTitle 属性:本属性返回要打开的文件的文件名(不含路径)。

(3) Filter 属性:Filter 称为过滤器,它指定文件列表框中所显示的文件的类型,格式为

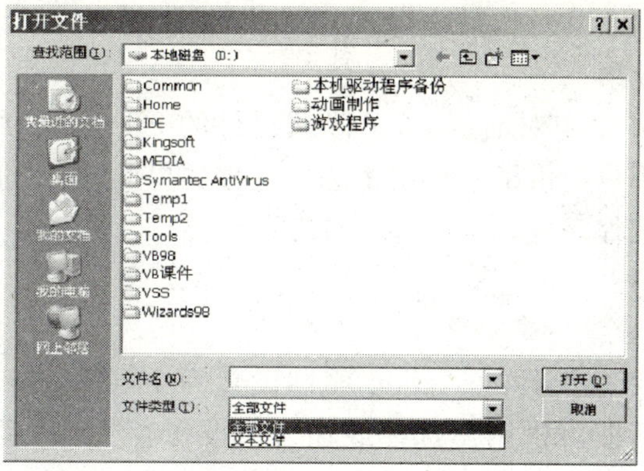

图 10.8　“打开文件”对话框

描述符| 类型通配符

若需设置多项,应采用管道符“|”分隔。

例如,下列语句将在对话框的文件类型列表框中显示 Word 文档文件和 Excel 工作簿文件:

CommonDialog1. Filter="Word 文档文件(*. doc)| *. doc|Excel 工作簿文件(*. xls)| *. xls"

(4) FilterIndex 属性: 当用 Filter 属性为对话框设定了多项过滤器时,FilterIndex 属性用于指定第 n 项为默认过滤器。

(5) IniDir 属性: 本属性用于指定初始文件目录。默认时显示当前文件夹。

【例 10.7】 在窗体上添加一个通用对话框和一个“打开”命令按钮,当单击“打开”按钮时,弹出一个“打开文件”的对话框。

(1) 按照上述方法,把 CommonDialog(通用对话框)控件添加到工具箱中。然后在窗体上添加 CommonDialog 控件,其默认名称为 CommonDialog1。

(2) 在窗体上添加一个命令按钮 Command1,其 Caption 属性为“打开”。

设计界面如图 10.9 所示。

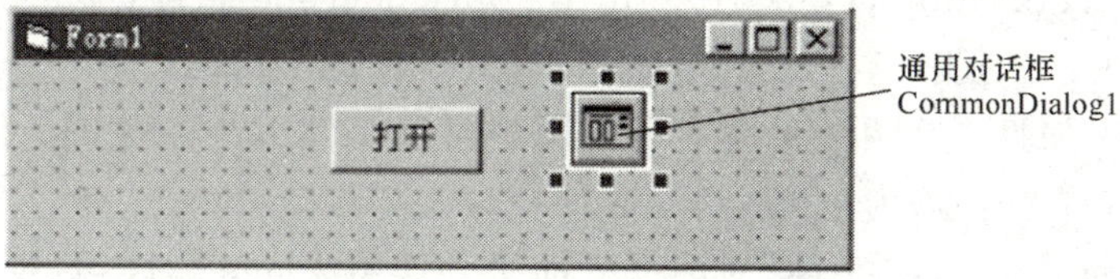

图 10.9　例 10.7 的设计界面

(3) 编写“打开”命令按钮 Command1 的单击事件过程,程序代码如下:

```
Private Sub Command1_Click()
    CommonDialog1. DialogTitle = "打开文件"
    CommonDialog1. Filter = "全部文件| *. * |文本文件| *. txt"      '设置文件过滤器
    CommonDialog1. InitDir = "D:\"                                  '设置默认文件夹
    CommonDialog1. ShowOpen                                         '显示“打开”对话框
End Sub
```

程序运行后,单击"打开"按钮,系统将弹出如图 10.8 所示的对话框。从"文件类型"框中可以看到文件过滤器的效果。

当用户选定了文件并关闭对话框后,可以从控件的 FileName 属性中获取选定的路径及文件名。该对话框只为用户提供了一个用于选择文件的界面,并不能真正打开文件,打开文件的具体处理工作只能由编程完成。

5. "另存为"对话框

在程序中将通用对话框控件的 Action 属性设置为 2,或用 ShowSave 方法打开,则弹出"另存为"对话框。该对话框可供用户选择或输入所要保存文件的路径、主文件名和扩展名。除对话框的标题不同外,"另存为"对话框在外观上与"打开"对话框相似。

6. "颜色"对话框

在程序中将通用对话框控件的 Action 属性设置为 3,或用 ShowColor 方法打开,则弹出"颜色"对话框。该对话框可供用户选择颜色,并由对话框的 Color 属性返回或设置选定的颜色。

7. "字体"对话框

在程序中将通用对话框控件的 Action 属性设置为 4,或用 ShowFont 方法打开,则弹出"字体"对话框。该对话框可供用户选择字体,包括所用字体的名称、样式、大小、效果及颜色。

"字体"对话框除了具有通用对话框的基本属性外,还有下面几个常用的属性:

(1) Color 属性:该属性表示字体的颜色。当用户在颜色列表框中选定某种颜色时,该颜色值被赋给 Color 属性。

(2) FontName 属性:该属性是用户所选定的字体名称。

(3) FontSize 属性:该属性是用户所选定的字体大小。

(4) FontBold,FontItalic,FontStrikethru,FontUnderline 属性:这些属性分别用于设置粗体、斜体、删除线、下划线,这些属性均为逻辑值(True 或 False)。

(5) Min,Max 属性:这两个属性规定了用户可选字体大小的范围。属性值以点(Point,一个点的高度是 1/72 英寸)为单位。

(6) Flags 属性:在显示"字体"对话框之前必须设置 Flags 属性,否则会发生不存在字体的错误。Flags 属性的取值如表 10.2 所示。

表 10.2 "字体"对话框中的常用 Flags 属性值

符号常量	取 值	说 明
CdlCFScreenFonts	&H1	显示屏幕字体
CdlCFPrinterFonts	&H2	显示打印机字体
CdlCFBoth	&H3	显示屏幕字体和打印机字体
CdlCFEffects	&H100	对话框中显示删除线、下划线和颜色组合框

说明:如果要同时使用多个属性设置,可以把相应的值相加。例如,既要显示屏幕字体,又要显示颜色组合框,应将 Flags 值设置为 257(即 1+256)。

【例 10.8】“字体”对话框应用示例。

在文本框中输入一段文字，单击命令按钮后，通过“字体”对话框来设置文本框中显示的字体、大小、字形、样式等。

设计步骤如下：

(1) 建立用户界面及设置对象属性。在窗体上建立一个通用对话框 CommonDialog1、一个文本框 Text1 和一个命令按钮 Command1，如图 10.10 所示。文本框 Text1 中的内容为“用字体对话框设置字体”，命令按钮 Command1 的标题为“设置字体”。

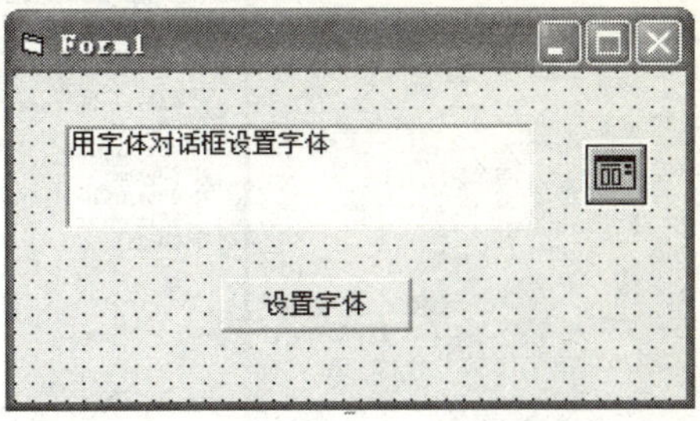

图 10.10　例 10.8 的设计界面

(2) 编写程序代码。

“设置字体”命令按钮 Command1 的单击事件过程代码如下：

```
Private Sub Command1_Click()
    CommonDialog1.Flags = CdlCFScreenFonts
    CommonDialog1.ShowFont                          '打开“字体”对话框
    Text1.FontName = CommonDialog1.FontName         '设置字体名称
    Text1.FontSize = CommonDialog1.FontSize         '设置字体大小
    Text1.FontBold = CommonDialog1.FontBold         '粗体
    Text1.FontItalic = CommonDialog1.FontItalic     '斜体
End Sub
```

运行该程序，显示含有一个“设置字体”按钮和一个文本框的窗体。单击“设置字体”按钮，弹出如图 10.11 所示的“字体”对话框。在此对话框中设置好字体、大小及样式后，单击“确定”按钮，所设置的各项属性将应用于文本框内的文本。

8. “打印”对话框

在程序中将通用对话框控件的 Action 属性设置为 5，或使用 ShowPrinter 方法，则弹出“打印”对话框。该对话框可供用户设置打印范围、打印份数、打印质量等打印参数。

“打印”对话框除了基本属性外，还有 Copies(打印份数)、FromPage(起始页码)、Topage(终止页码)等属性。该对话框并不能处理打印工作，仅仅是一个供用户选择打印参数的界面，所选参数存放于各属性中，再由编程来处理打印操作。

9. “帮助”对话框

在程序中将通用对话框控件的 Action 属性设置为 6，或以 ShowHelp 方法打开对话框，就会显示“帮助”对话框。它使用 Windows 标准的帮助窗口，为用户提供在线帮助。

10.3.2　自定义对话框

如果用户所需要的对话框不能由 VB 现成的函数或控件组成，那么只能自己创建对话框了。创建自定义对话框就是建立一个窗体，在窗体上根据需要放置控件，通过设置控件属性值

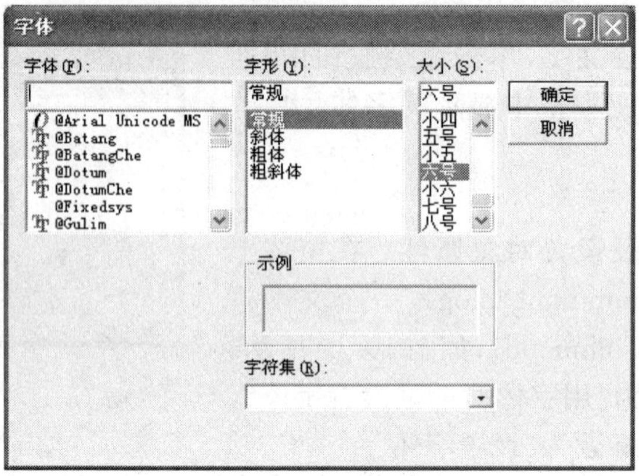

图 10.11　“字体”对话框

来定义窗体的外观。

因为对话框没有控制菜单按钮(标题栏左侧)和最大化、最小化按钮,不能改变其大小,所以需要设置对话框的属性,对话框属性如表 10.3 所示。

表 10.3　对话框属性设置

属　性	取　值	说　明
BorderStyle	3	固定边框,不能改变大小
ControlBox	False	取消控制菜单按钮
MaxButton	False	取消最大化
MinButton	False	取消最小化

用窗体自定义对话框,一般步骤如下:

(1) 向工程添加窗体。

(2) 在窗体上创建其他控件对象,定义对话框的外观。

(3) 设置窗体和控体对象的属性。

(4) 在代码窗口中创建事件过程。

习　题　10

一、单选题

1. 在 KeyDown 和 KeyUp 事件过程中,当参数 Shift 为 6 时,代表同时按下___(1)___和___(2)___键。

(1)(2)A. Ctrl　　B. Shift　　C. Enter　　D. Alt

2. 在 MouseDown 和 MouseUp 事件过程中,当参数 Button 为 1 时,代表按下鼠标的____键。

A. 左　　B. 右　　C. 中　　D. 没有按键

3. 在窗体上设置了一个名称为 Text1 的文本框,并编写如下 3 个事件过程:

```
Private Sub Form_Click()
    Print "高级";
    Text1.SetFocus
End Sub
```

```
Private Sub Form_MouseDown(Button As Integer, Shift As Integer, X As Single, Y As Single)
    Print "语言";
End Sub
Private Sub Text1_KeyDown(KeyCode As Integer, Shift As Integer)
    Print "计算机";
End Sub
```

程序运行后,单击窗体后按“A”键,则在窗体上显示的内容是________。

A. 高级语言计算机　　B. 计算机高级语言

C. 语言高级 a 计算机　　D. 语言高级计算机

4. 编写如下事件过程:

```
Private Sub Text1_MouseDown(Button As Integer, Shift As Integer, X As Single, Y As Single)
   If Shift = 1 And Button = 2 Then
     Text1.Text = "ABCD"
   End If
End Sub
```

程序运行后,为了在文本框内输出“ABCD”,应执行的操作是______。

A. 按住 Shift 键的同时,用鼠标左键单击文本框

B. 按住 Shift 键的同时,用鼠标右键单击文本框

C. 按住 Ctrl 及 Alt 键的同时,用鼠标左键单击文本框

D. 按住 Ctrl 及 Alt 键的同时,用鼠标右键单击文本框

5. 下列关于菜单的叙述中,错误的是______。

A. 每个菜单项都是一个控件,与其他控件一样也有其属性和事件

B. 菜单项只能识别 Click 事件

C. 不能在顶层菜单上设置快捷键

D. 在程序运行过程中,不可以重新设置菜单项的 Visible 属性

6. 为使程序运行时通用对话框 CD1 上显示的标题为“通用窗口”,若通过程序设置该标题,则应使用的语句是______。

A. CD1.DialogTitle = "通用窗口"　　B. CD1.Action = "通用窗口"

C. CD1.FileName= "通用窗口"　　D. CD1.Filter = "通用窗口"

7. 窗体上有一个名称为 CD2 的通用对话框控件和由 4 个命令按钮组成的控件数组 Cmd1,其下标从左到右分别为 0,1,2,3,如图 10.12 所示。

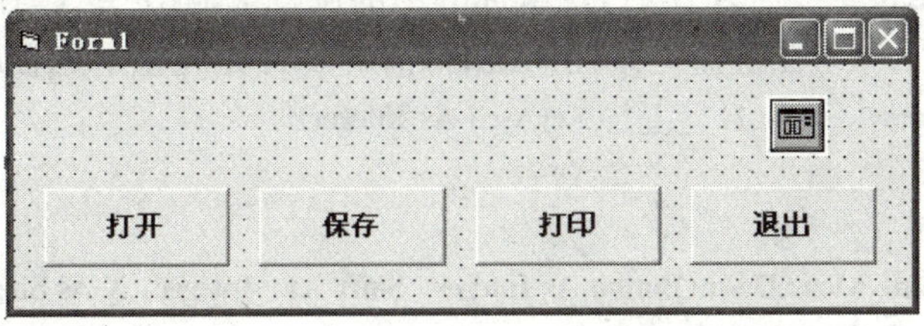

图 10.12 单选题第 7 题界面

命令按钮的事件过程如下:

```
Private Sub Command1_Click(Index As Integer)
  Select Case Index
    Case 0
      CD2.ShowOpen
    Case 1
      CD2.Action = 2
    Case 2
      CD2.ShowPrinter
    Case 3
      End
  End Select
End Sub
```

对上述程序,下列叙述中错误的是________。

A. 单击“打开”按钮,能够选择要打开的文件,并执行打开文件操作

B. 单击“保存”按钮,显示保存文件的对话框

C. 单击“打印”按钮,显示打印的对话框

D. 单击“退出”按钮,结束程序的运行

二、填空题

1. 窗体及某些控件可以识别 KeyPress,KeyDown,KeyUp 事件,在按下某键时,这 3 个事件发生的次序是______、______、______。

【提示】 对于本题及下一题,可以分别编写某对象(如窗体)的相关事件过程,在过程内显示不同信息(如显示“KeyPress”、“KeyUp”等),则可了解进行某种“动作”时依次发生的是哪些事件。

2. 窗体及某些控件可以识别 Click(鼠标单击)、DblClick(鼠标双击)、MouseUp 和 MouseDown 事件,而一次单击事件中会依次发生其他事件,它们发生的次序是______、______和 Click。

3. 弹出式菜单在__(1)__中设计,且一定要使其__(2)__层菜单项不可见;要显示弹出式菜单,可以使用__(3)__方法。

4. 为了执行鼠标自动拖放,必须把__(1)__属性设置为__(2)__;为了执行鼠标手动拖放,必须把该属性设置为__(3)__。

5. 为了建立一个“字体”对话框,需要把通用对话框的__(1)__属性设置为__(2)__,其等价的方法是__(3)__。

6. 程序运行中,当按下鼠标左键时,在鼠标的当前位置上输出“L”;当按下鼠标右键时,在鼠标的当前位置上输出“R”;当在键盘上按任何键时,清屏。补充完整下列程序代码。

```
Private Sub Form______(1)______(KeyAscii As Integer)
    ______(2)______
End Sub
Private Sub Form_MouseDown(Button As Integer, Shift As   Integer, X As Single, Y As Single)
    CurrentX = X
    ______(3)______
    If______(4)______ Then
        Print "L"
```

```
    Else
        Print "R"
    End If
End Sub
```

编程及上机调试

按照下列各题的要求进行编程练习。各题的程序文件名分别为 ex1001(第 1 题)～ex1003(第 3 题),保存在用户文件夹下的“第 10 章”子文件夹中。

1. 在窗体上建立一个二级下拉菜单如图 10.13 所示,主菜单共有两个菜单项,标题分别为“文件”、“编辑”,名称为 File,Edit;在“编辑”菜单下有“剪切”、“复制”、“粘贴”3 个菜单项,名称为 Cut,Copy,Paste。其中“粘贴”菜单项设置为无效。

2. 为标签增加一个弹出式菜单,该菜单中包含有“红色”、“蓝色”和“绿色”3 个选项,当右击标签时弹出菜单,从菜单中选择相应的选项可以改变标签中文字的颜色。

3. 在窗体上建立一个通用对话框、一个文本框和 2 个按钮,如图 10.14 所示。按照以下要求设计程序:单击“选择文件”按钮时,弹出“打开文件”对话框,其默认路径为“C:\”,默认列出的文件扩展名为. txt(文本文件)和. doc(文档文件),用户选定路径及文件名后,该路径及文件名显示在窗体的文本框中。

图 10.13　第 1 题的设计菜单

图 10.14　第 3 题的设计界面

第11章

绘图及其他常用控件

本章导读

- 框架
- 滚动条
- 图形方法和图形控件
- 使用 WebBrowser 控件制作 Web 浏览器
- GOTO 语句和几个定义语句

11.1　框架

1. 框架的用途

有时窗体上有很多控件，为了把控件分成若干组，可采用框架（Frame）控件。框架的主要作用是，作为容器放置其他控件对象，将这些控件对象分成可标识的控件组，框架内的所有控件将随框架一起移动、显示和消失。

当用框架设置控件组时，应先在窗体上放置框架控件，再在框架内放置其他控件。

对于单选按钮来说，未使用框架分组时，窗体上的所有单选按钮都被看做是同一组的，运行时用户只能从中选择一个。若使用多个框架把单选按钮分组，则可以按组选择，即每个框架中可以选中一个单选按钮。

2. 常用属性

框架的常用属性有 Name 属性和 Caption 属性。

3. 事件

框架控件可以响应 Click 和 DblClick 事件。

在应用程序中一般不需要编写有关框架的事件过程。

【例 11.1】　控制文本的字体、字号及颜色。

设计步骤如下：

(1) 创建应用程序的用户界面和设置对象属性，如图 11.1 所示。

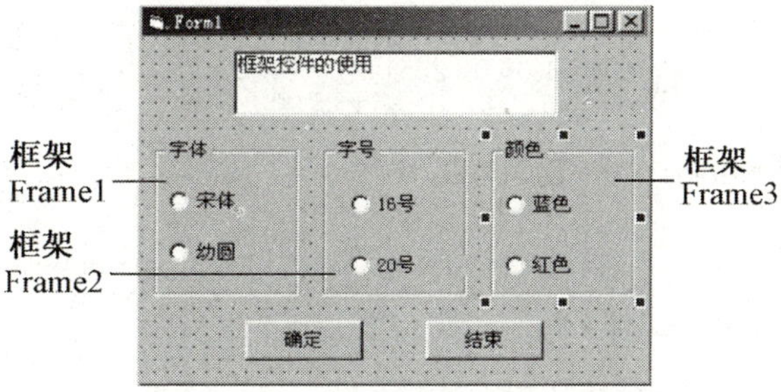

图 11.1　例 11.1 的设计界面

① 在窗体上部建立一个名称为 Text1 的文本框，用来显示文本，其 Text 属性设置为“框架控件的使用”。

② 使用 VB 工具箱中的“Frame”控件工具，在窗体上设置 3 个框架 Frame1，Frame2 和 Frame3，其 Caption 属性分别设置为“字体”、“字号”和“颜色”。

③ 使用 VB 工具箱中的“OptionButton”控件，在框架 Frame1 上建立 Option1 和 Option2 两个单选按钮，其 Caption 属性设置为“宋体”和“幼圆”。

以同样方法，在 Frame2 上建立 Option3 和 Option4 两个单选按钮，其 Caption 属性设置为“16

号"和"20 号"。在框架 Frame3 上建立 Option5 和 Option6 两个单选按钮,其 Caption 属性设置为"蓝色"和"红色"。

④ 在窗体下部创建两个命令按钮 Command1 和 Command2,其 Caption 属性分别为"确定"和"结束"。

(2) 编写程序代码。

```
Private Sub Form_Load()
    Option1. Value = True
    Option3. Value = True
    Option5. Value = True
    Text1. FontName = "宋体"
    Text1. FontSize = 16
    Text1. ForeColor = RGB(0, 0, 255)
End Sub
Private Sub Command1_Click()
    If Option1. Value Then
        Text1. FontName = "宋体"
    Else
        Text1. FontName = "幼圆"
    End If
    If Option3. Value Then
        Text1. FontSize = 16
    Else
        Text1. FontSize = 20
    End If
    If Option5. Value Then
        Text1. ForeColor = RGB(0, 0, 255)
    Else
        Text1. ForeColor = RGB(255, 0, 0)
    End If
End Sub
Private Sub Command2_Click()
    End
End Sub
```

程序运行后,用户在 3 个框架中分别选择字体、字号和颜色,单击"确定"按钮时,文本框中的文本的字体、字号和颜色会相应发生变化。

11.2 滚动条

1. 滚动条的用途

由 5.3 节可知,在列表框和组合框中使用滚动条,可以看到在框中未能全部显示的信息。这种滚动条是系统自动加上的，不需要用户自己设计。本节介绍的是 VB 工具箱提供的滚动条控件，其作用与上述滚动条不同，它为不能自动支持滚动的应用程序和控件提供滚动功能，也可作为数据输入的工具。

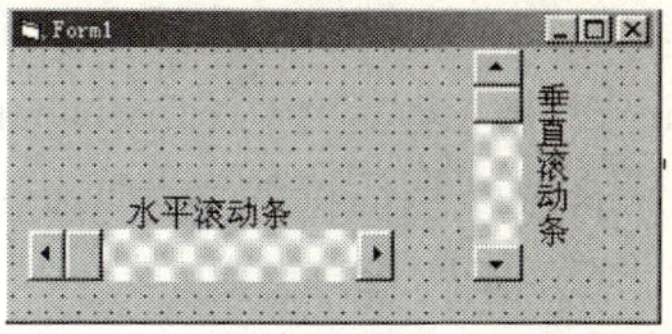

图 11.2　水平滚动条和垂直滚动条示例

滚动条有水平和垂直两种，分别可通过工具箱中的水平滚动条（HScrollBar）和垂直滚动条（VScrollBar）工具来建立，如图 11.2 所示。

这两种滚动条除方向不同外，其功能和操作完全一样。垂直滚动条的最上方代表最小值(Min)，由上往下移动滚动块（或称滚动框）时，代表的值随之递增，最下方代表最大值(Max)。水平滚动条的最左端代表最小值，由左往右移动滚动块时，代表的值随之增大，最右端代表最大值。

通常利用滚动条来提供简便的定位，还可以利用滚动块位置的变化，去控制声音音量或调整图片的颜色，使其有连续变化的效果，实现调节的目的。

2. 常用属性

(1) Min，Max 属性：设置滚动条所能代表的最小值和最大值，其取值范围为 −32768～32767。Min 属性的默认值为 0，Max 属性的默认值为 32767。

(2) Value 属性：表示滚动块在滚动条中的位置值(在 Min 和 Max 之间)。

(3) SmallChange(最小变动值)属性：表示单击滚动条两端箭头时，滚动移动的变动值。

(4) LargeChange(最大变动值)属性：表示单击滚动条内空白处，滚动移动的变动值。

3. 事件

滚动条控件可以识别 10 个事件，其中最常用的是 Scroll 和 Change 事件。

(1) Scroll 事件：当用鼠标拖动滚动块时，即触发 Scroll 事件。

(2) Change 事件：当改变 Value 属性值时，即触发 Change 事件。

当释放滚动块、单击滚动条内空白处或两端箭头时，Change 事件就会发生。尽管拖动滚动块会引起 Value 属性值变化，但并不发生 Change 事件。

【例 11.2】 设计一个调色板应用程序，使之建立 3 个水平滚动条，作为红、绿、蓝 3 种基本颜色的输入工具，合成的颜色作为标签（见图 11.3）的背景颜色(BackColor 属性值)。

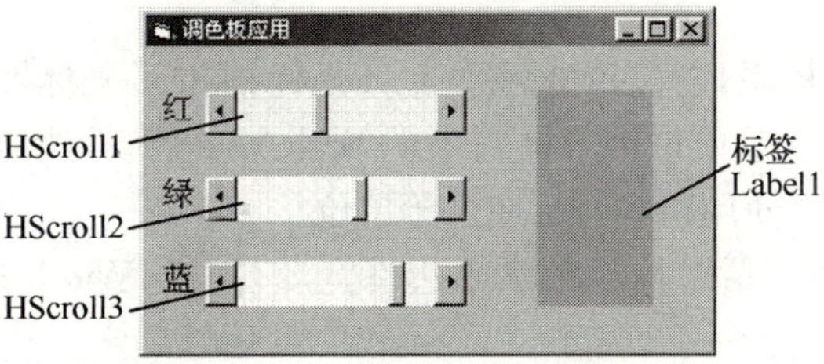

图 11.3　调色板示例

说明：根据调色原理，基本颜色有红、绿、蓝 3 种，选择这 3 种颜色的不同比例，可以合成所需要的任意颜色。

(1) 创建应用程序的用户界面和设置对象属性。在窗体上建立 4 个标签和 3 个水平滚动条。3 个滚动条的名称从上至下分别为 HScroll1,HScroll2,HScroll3,其 Max 属性均设置为 255,Min 属性均设置为 0,SmallChange 属性设置为 1,LargeChange 属性设置为 10,Value 设置为 0。显示合成颜色的标签名为 Label1,其 Caption 属性为空。

(2) 编写程序代码。

```
Private Sub HScroll1_Change()
    Label1.BackColor = RGB(HScroll1.Value, HScroll2.Value, HScroll3.Value)
End Sub
Private Sub HScroll2_Change()
    Label1.BackColor = RGB(HScroll1.Value, HScroll2.Value, HScroll3.Value)
End Sub
Private Sub HScroll3_Change()
    Label1.BackColor = RGB(HScroll1.Value, HScroll2.Value, HScroll3.Value)
End Sub
```

程序运行后,用户通过操作(单击或拖动)滚动条,直接修改 RGB 设置,从而得到标签背景所需的颜色。程序运行效果如图 11.3 所示。

11.3 图形方法和图形控件

VB 提供了两种绘图方式:一是绘图控件,如 PictureBox 控件、Line 控件等;二是绘图方法,如 Circle 方法、Line 方法等。使用绘图控件无需编写代码,但它提供的绘图样式有限,要实现更高级功能,还得采用绘图方法。

11.3.1 坐标系

在 VB 中,每个对象都定位于存放它的容器内。例如,窗体处于屏幕内,屏幕是窗体的容器。在窗体内放置控件对象,窗体就是容器。前面已介绍过,窗体、图片框(PictureBox)和框架(Frame)等都可作为其他控件的容器。容器内的对象只能在容器界定的范围内变动,当移动容器时,容器内的对象也随着一起移动,而且与容器的相对位置不变。对象在容器中的定位需要用到坐标系。

每个容器都有一个坐标系,它包括坐标原点、X 坐标轴和 Y 坐标轴,默认的坐标原点(0,0)在容器对象的左上角。坐标度量单位由容器对象的 ScaleMode 属性决定。ScaleMode 属性值的默认单位为 Twip(缇),还可以使用磅、像素、厘米等单位。

窗体的 Height 属性值包括了标题和水平边框宽度,同样,Width 属性值包括了垂直边框宽度,实际可用的高度和宽度由 ScaleHeight 和 ScaleWidth 属性确定。

VB 中使用 CurrentX 和 CurrentY 属性来表示当前坐标的横(X)、纵(Y)坐标值。

11.3.2 图形方法

VB 提供了 Pset(画点),Line(画线),Circle(画圆)等图形方法,可以方便地在窗体和图片框上绘制简单图形。

1. Pset(画点)方法

格式：[对象名.] Pset [Step](x,y)[,颜色]

功能：在对象的指定位置(x,y)上按选定的颜色画点。

参数 Step 指定(x,y)是相对于当前坐标点的坐标。当前坐标可以是最后的画图位置，也可以由属性 CurrentX 和 CurrentY 设定。

例如，下列语句能在坐标位置(500,900)处画一个红点：

```
Pset (500,900),RGB(255,0,0)
```

该语句等价于：

```
CurrentX=100 : CurrentY=100
Pset Step(400,800),RGB(255,0,0)
```

2. Line(画线)方法

格式：[对象名.] Line [(x1,y1)]—(x2,y2)[,颜色]

功能：在两个坐标点之间画一条线段。

例如，下列语句可在窗体上画一条斜线：

```
Line (600,600)-(2000,3000)
```

3. Circle(画圆)方法

格式：[对象名.] Circle [Step](x,y),半径[,颜色,起点,终点,纵横比]

功能：在对象上画圆、椭圆或圆弧。

说明：

(1) (x,y)是圆、椭圆或圆弧的中心坐标，“半径”是圆、椭圆或圆弧的半径。

(2) “起点”、“终点”(以弧度为单位)指定弧或扇形的起点或终点位置，其范围从$-2\pi \sim 2\pi$。“起点”的默认值为0，“终点”的默认值为2π。按逆时针方向，正数画弧，负数画扇形。

(3) 纵横比为圆的纵轴和横轴的尺寸比。当纵横比大于1时，椭圆沿垂直方向拉长；当纵横比小于1时，椭圆沿水平方向拉长。纵横比的默认值为1，将产生一个标准圆。

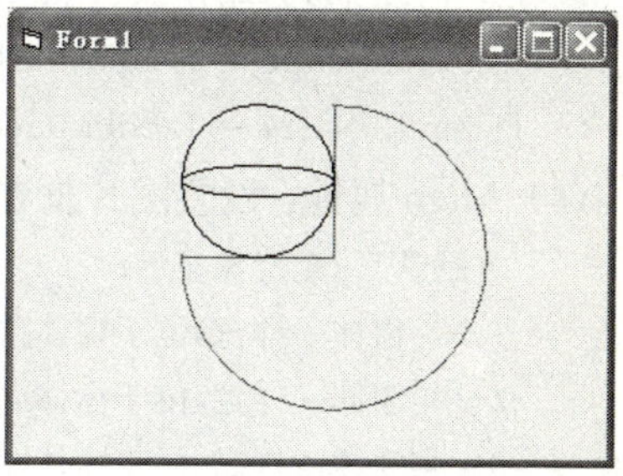

图 11.4　利用 Circle 方法绘出的图形

(4) 可以省略中间的某个参数，但不能省略分隔参数的逗号。

【例 11.3】 通过以下代码可以在窗体上分别画出一个扇形、一个圆和一个椭圆，如图 11.4 所示。

```
Private Sub Form_Load()
```

```
    Show
    pi = 3.14159
    Circle (2500, 1500), 1200, vbBlue, -pi, -pi/2
    Circle Step(-600, -600), 600
    Circle Step(0, 0), 600, , , , 5/25
End Sub
```

11.3.3 图片框

1. 用途

图片框(PictureBox)和图像框(Image)都用于显示图形,它们可以显示.bmp(位图),.ico(图标),.wmf(图元),.gif 和.jpg 等类型的图形文件。

图片框可以作为其他控件的容器,像框架(Frame)一样,可以在图片框上面放置其他控件,这些控件随图片框的移动而移动。

2. 常用属性

(1) 与窗体属性相同的属性。

3.4.1 节介绍的部分窗体属性,如 Enabled,Name,Visible,FontBold,FontName,FontSize 等,完全适用于图片框和图像框,其用法也相同。窗体属性 AutoRedraw,Height,Left,Top,Width 等也可用于图片框和图像框,但窗体位于屏幕上,而图片框和图像框位于窗体上,其坐标的参考点是不一样的。

(2) CurrentX 和 CurrentY 属性:用来设置横坐标或纵坐标。

(3) Picture 属性:用于设置在图片框中要显示的图像文件。可以在设计中通过属性设置,也可以在运行中通过调用 LoadPicture 函数来设置,例如:

```
Picture1.Picture = LoadPicture("图形文件名")        '装入图形文件
Picture1.Picture = LoadPicture()                    '清除图片
```

(4) Align 属性:设置图片框在窗体中的显示方式。

0(默认)—无特殊显示;

1—与窗体一样宽,位于窗体顶端;

2—与窗体一样宽,位于窗体底端;

3—与窗体一样高,位于窗体左端;

4—与窗体一样高,位于窗体右端。

(5) AutoSize 属性:确定图片框如何与图形相适应。

False(默认)—保持原尺寸,当图形比图片框大时,超出的部分被截去;

True—图片框根据图形大小自动调整。

3. 图片框的使用

(1) 显示和消除图形,见 Picture 属性。

(2) 用 Print 方法向图片框输出文本，也可以使用 Cls 方法清除文本内容。

(3) 用图形方法在图片框中画图形。

【例 11.4】 通过 VB 工具箱中的"PictureBox"工具在窗体上建立图片框 Picture1 后，就可以采用下列事件过程在图片框上面输出文字、画点和画圆。

```
Private Sub Form_Load()
    Show
    Picture1.Print "在图片框内写字和画圆"
    Picture1.Circle (1200, 1000), 600, RGB(0, 0, 255)
    Picture1.PSet (1200, 1000), RGB(255, 0, 0)
End Sub
```

运行结果如图 11.5 所示。

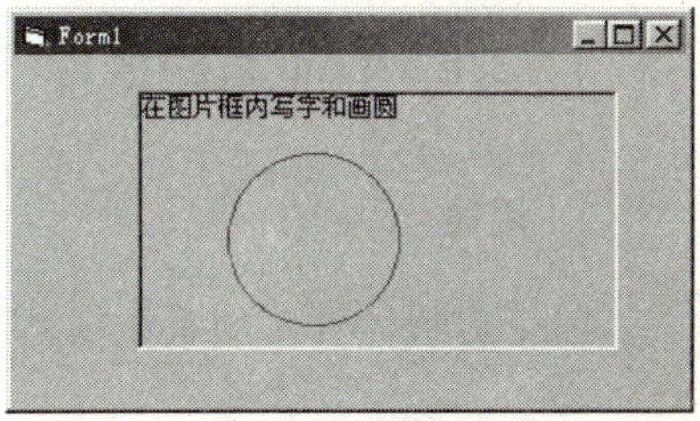

图 11.5　在图片框上写字和画圆

11.3.4　图像框

1. 用途

图像框(Image)控件的作用与图片框 PictureBox 控件相似，但它只能用于显示图形，不能作为其他控件的容器。

2. 常用属性

图像框与图片框一样，使用 Picture 属性来装载图形。程序运行时，可利用 LoadPicture 函数来进行设置。

图像框没有 AutoSize 属性，但有 Stretch 属性。当 Stretch 属性为 True 时，加载的图形可自动调整尺寸以适应图像框的大小。当 Stretch 属性设置为 False 时，图像框可自动改变大小以适应其中的图形。

11.3.5　Shape 形状控件

利用图片框和图像框可以装入和显示图形图像，但有时用户希望根据自己的意愿画出一些简单的图形。VB 提供了画图形的基本工具，如 Shape(形状控件)、Line(线控件)。Shape 控件和 Line 控件只用于表面装饰，不支持任何事件。

1. 用途

Shape 控件可用来绘制矩形、正方形、椭圆形、圆角矩形及圆角正方形。

2. 常用属性

(1) Shape 属性：当 Shape 控件放到窗体时，显示为一个矩形，通过设置其 Shape 属性，可确定所需的其他图形。

Shape 属性各选项含义如下：

0——Rectangle	矩形(默认值)	3——Circle	圆形
1——Square	正方形	4——Rounded Rectangle	圆角矩形
2——Oval	椭圆形	5——Rounded Square	圆角正方形

(2) BorderColor 属性：该属性用来设置边框颜色。

(3) BorderStyle 属性：该属性用来设置边框样式。默认值为 1——Solid(实线)。

(4) BorderWidth 属性：该属性用来指定边框的宽度(粗细)。默认值为 1(以像素为单位)。

(5) BackStyle 属性：该属性用来决定是否采用指定的颜色填充，0(默认)表示边界内的区域是透明的，1 表示由 BackColor 属性所指定的颜色来填充(默认时，BackColor 为白色)。

(6) FillColor 属性：该属性用来定义控件的内部颜色，其设置方法与 BorderColor 属性相同。

(7) FillStyle 属性：该属性用来确定控件内部的填充样式。可以取 8 种值，如 0——Solid(实心)，1——Transparent(透明)等，默认值为 1。

11.3.6 Line 直线控件

1. 用途

Line 直线控件可用来在窗体、框架和图片框中绘制简单的线段。

2. 常用属性

(1) BorderStyle 属性：提供了 7 种线段样式，即透明、实线、虚线、点线、点划线、双点划线和内实线。设置方法与 Shape 控件相同。

(2) BorderColor 属性：用来指定线段的颜色，设计时可在属性窗口中选择该属性，然后从提供的调色板中选择颜色。

(3) BorderWidth 属性：设置控件的线宽。

(4) X1，X2，Y1，Y2 属性：指定线段起点和终点的 X 坐标和 Y 坐标。可以通过改变 X1，X2，Y1，Y2 的值来改变线段的起止位置。

11.4 使用 WebBrowser 控件制作 Web 浏览器

利用 WebBrowser 控件，可以轻松地设计一个 Internet 浏览程序，可以显示 Internet 上的 Web 网页，也可查看本地计算机上的资源。

1. 添加 WebBrowser 控件

WebBrowser 控件是一个 ActiveX 控件。在"部件"对话框的"控件"选项卡中选中"Microsoft Internet Controls"，就可以把该控件添加到 VB 工具箱中，然后在窗体上引用，控件默认名称为 WebBrowser1。

2. WebBrowser 控件的常用属性

(1) LocationName 属性。返回在 WebBrowser 控件中显示的 Web 页面的标题文字。

(2) LocationURL 属性。返回在 WebBrowser 控件中显示的 Web 页面的网址。

3. WebBrowser 控件的常用方法

(1) Navigate 方法。可以打开 Internet 上指定的 Web 页面，也可查看本地计算机上的指定文件。一般格式如下：

<控件名>. Navigate URL

例如，通过执行下列语句，可以在 WebBrowser1 控件中显示北京大学的主页：

```
WebBrowser1. Navigate "http://www. pku. edu. cn"
```

执行下列语句，可以显示"C:\Windows"文件夹中的内容：

```
WebBrowser1. Navigate "C:\Windows"
```

(2) GoBack 方法。在历史记录表中向后翻转。

(3) GoForward 方法。在历史记录表中向前翻转。

(4) GoHome 方法。转移到当前设置的主页上。若要更改这个设置，可以双击"控制面板"的"Internet 选项"，打开"Internet 属性"对话框，然后在"主页"的"地址"框中输入指定的主页网址。

(5) Refresh 方法。刷新该控件中的网页内容。

4. WebBrowse 控件的常用事件

(1) DownloadBegin 事件。开始下载指定的资源时发生该事件。

(2) DownloadComplete 事件。下载结束时发生该事件。

【例 11.5】 用 WebBrowser1 控件设计一个简易的 Internet 浏览程序，用于查看 Internet 和本地计算机上的资源。

在窗体上添加 WebBrowser1 控件和框架 Frame 控件。在 Frame 控件上添加一个标签 Label1(显示"地址")、一个文本框 Text1(用于输入网址)和一个命令按钮 Command1("转到")，如图 11.6 所示。

程序代码如下：

```
Private Sub Command1_Click()                    '"转到"
    If Text1. Text <> "" Then
        WebBrowser1. Navigate Text1. Text
    End If
End Sub
Private Sub Form_Load()
    WebBrowser1. GoHome
End Sub
Private Sub WebBrowser1_DownloadComplete()
    Caption = WebBrowser1. LocationName & "-" & WebBrowser1. LocationURL
End Sub
```

程序运行后，在"地址"框中键入一个网址"http://www. tsinghua. edu. cn"，单击"转到"按钮，将打开清华大学主页,如图 11.6 所示。

图 11.6　打开一个主页

11.5　GoTo 语句和几个定义语句

1. GoTo 语句

语法格式：GoTo {行号|标号}

功能：改变程序的执行顺序,跳转到程序中指定的行去继续执行。

【例 11.6】　应用 GoTo 语句示例。

```
Private Sub Form_Load()
    Show
    Print "整型数"
    GoTo Line1                    '跳转到标号 Line1 指定的行
    Print "单精度数"
Line1:
    Print "字符串"
End Sub
```

因为太多的 GoTo 语句会使程序控制线路变得复杂,使程序不易阅读和调试,应尽可能少使用,除非特别需要。

2. 强制显式声明变量语句

在程序中,有时会因为写错变量名而导致难以查找的错误。例如,下列语句的作用是交换变量 a,b 的值：

```
Temp=a
a=b
b=Tmp          '把 Temp 写错成 Tmp
```

运行结果是,b 的值为 0,不能获取变量 a 的值。为了避免上述错误,可以在模块层的通用声明段中加入语句 Option Explicit，以此规定每个变量都要经过显式声明才可以使用。

语句格式：Option Explicit

功能：规定在使用变量前，必须先用声明语句（如 Dim 等）进行声明，否则 VB 将发出警告 “Variable not defined”（变量未定义）。

例如，把上述语句改为

```
Option Explicit                '在模块层的通用声明段中声明
……
Dim a As Integer, b As Integer, temp As Integer
temp = a
a = b
b = tmp
……
```

运行时 VB 会发出警告，只有把 Tmp 改为 Temp 后才恢复正常。

3. 定义变量类型

用 Def 语句可以在模块层的通用声明段中定义变量。

语句格式：Def 类型标志　字母范围

其中，“类型标志”可以是 Int，Lng，Sng，Dbl，Cur，Str，Byte，Bool，Date，Obj，Var，分别表示相应的数据类型。例如：

```
DefInt m—P
```

本语句定义凡是变量名以 M，N，O，P 字母开头的变量都作为整型变量，例如，m1，Max，Min，Number，Pointer 等变量都是整型变量。

4. 自定义数据类型

用户可以利用 Type 语句定义自己的数据类型，其格式如下：

```
[Private|Public] Type 数据类型名
    元素名 1 As 类型名 1
    [元素名 2 As 类型名 2]
    ……
End Type
```

在 VB 中，经常利用 Type 语句来定义数据记录，因为记录一般由多个不同数据类型的元素组成。例如：

```
Type Rsk_Rec
    编号 As String * 3          '用汉字表示字段名
    姓名 As String * 8
    性别 As Boolean
    出生日期 As Date
    基本工资 As Long
End Type
```

这里的 Rsk_Rec 是一个用户定义的数据记录类型，它由 5 个元素（字段）组成。

习 题 11

一、单选题

1. 如果有 3 组单选按钮建立在 3 个框架中,运行时可以同时选中______个单选按钮。

   A. 1　　B. 2　　C. 3　　D. 4

2. 要把控件建立在框架容器上,以下操作正确的是______。

   A. 在窗体不同位置上分别建立一个框架和控件,再将控件拖放到框架上

   B. 在窗体上建立好框架,再在框架中建立控件

   C. 在窗体上建立好控件,再用框架将控件框起来

   D. 在窗体上建立好框架,再双击工具箱中的控件

3. 下列关于 VB 坐标系的叙述中,不正确的是______。

   A. 当移动控件或调整控件的大小时,使用控件容器的坐标系统

   B. 坐标系统默认的单位是缇(twip),可通过更改容器的 ScaleMode 来改变单位

   C. VB 坐标系统是一个二维网格,其纵轴的正方向向下

   D. 默认的坐标系统都是从容器的左上角(0,0)坐标开始,起始坐标不能更改,但刻度可以更改

4. 有一个名称为 Form1 的窗体,上面没有控件,设有以下程序(其中方法 Pset(X,Y)的功能是在坐标 X,Y 处画一个点):

```
Dim blval As Boolean
Private Sub Form_MouseDown(Button As Integer,Shift As Integer, X As Single,Y As Single)
    blval = True
End Sub
Private Sub Form_MouseMove(Button As Integer,Shift As Integer, X As Single, Y As Single)
    If blval Then
        Form1. Pset(X,Y)
    End If
End Sub
Private Sub Form_MouseUp(Button As Integer, Shift As Integer, X As Single,Y As Single)
    blval = False
End Sub
```

此程序的功能是______。

   A. 每按下鼠标键一次,在鼠标所指位置画一个点

   B. 按下鼠标键,则在鼠标所指位置画一个点;放开鼠标键,则此点消失

   C. 不按鼠标键而拖动鼠标,则沿鼠标拖动的轨迹画一条线

   D. 按下鼠标键并拖动鼠标,则沿鼠标拖动的轨迹画一条线,放开鼠标键则结束画线

5. 执行下列语句

```
CurrentX = 300 : CurrentY = 300
Line Step(100,100)-Step(200,150)
```

绘制的线段的起点坐标为__(1)__,终点坐标为__(2)__。

(1)(2) A. (400,400)　　B. (300,300)　　C. (600,550)　　D. (300,250)

6. 运行时,要在图片框 Picture1 中显示"Good Morning",应使用语句______。

A. Picture1. Picture = LoadPicture(Good Morning)

B. Picture1. Picture = LoadPicture("Good Morning")

C. Picture1. Print "Good Morning"

D. Print "Good Morning"

7. 通过设置 Shape 控件的______属性可以绘制多种形状的图形。

A. Shape　　B. BorderStyle　　C. FileStyle　　D. Style

二、填空题

1. 在窗体上放置一个滚动条 HScroll1 和一个文本框 Text1,要使每次单击滚动条两端箭头、单击滚动条的滚动块与两端箭头之间的空白区域及拖动滚动条的滚动块时,文本框内容能够反映滚动条的值,请完善以下程序代码。

```
Private Sub HScroll1_ __(1)__
    Text1. Text = HScroll1. __(2)__
End Sub
Private Sub HScroll1_ __(3)__
    Text1. Text = HScroll1. __(4)__
End Sub
```

2. 以当前窗体的中心为圆心,画一个半径为 1 000 的圆的方法是______。

3. 在窗体上放置 3 个图片框 P1,P2 及 P3,假设图片框 P1 及 P2 已经装入图片,P3 为空图片框,现要交换图片框 P1 及 P2 中的图片,请补充以下程序代码。

```
Private Sub Commmand1_Click( )          '单击 Commmand1 按钮后交换图片
    P3. picture =__(1)__
    P1. picture =__(2)__
    __(3)__
    P3. picture = LoadPicture( )
End Sub
```

编程及上机调试

按照下列各题的要求进行编程练习。各题的程序文件名为 ex1101(第 1 题)~ex1102(第 2 题),保存在用户文件夹下的"第 11 章"子文件夹中。

1. 为根据半径计算圆的周长,创建如图 11.7 所示的窗体。其中,水平滚动条 HV 表示半径,最大值为 300, 通过滚动条选取的半径值显示在右边的文本框 Text1 中,下方的文本框 Text2 表示圆周长。请完善下列程序并上机验证。

```
Public Sub calzc(x As Integer)
    Text2. Text = Round(2 * 3. 14159 * x, 2)
End Sub
Private Sub HV_Scroll()
    Dim r As Integer
```

```
        r = HV.____(1)____
        Text1.Text = "=" & r
        Call ____(2)____
    End Sub
    Private Sub Form_Load()
        HV.Max = 300
    End Sub
```

2. 在窗体上设置一个图片框和一个含有 4 个图像框的控件数组,如图 11.8 所示。在每个图像框中装入一个箭头图形(由读者使用 Windows 的“画图”程序自行绘制),分为向上、向下、向左和向右 4 个不同方向。图像框能自动调整大小以适应装入的图形。

图 11.7　根据半径计算出圆周长

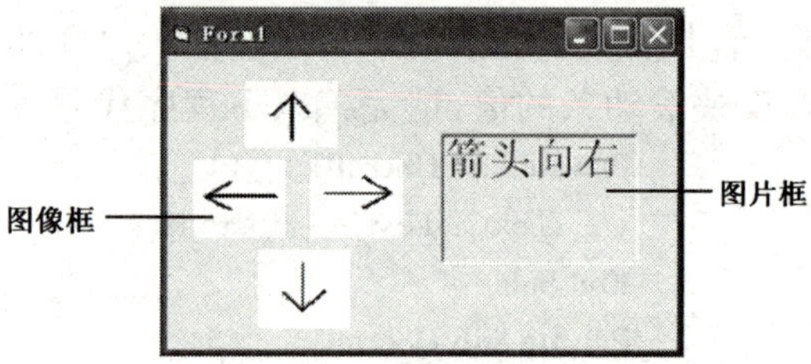

图 11.8　第 2 题程序运行效果

编写程序,当单击某个图像框时,在图片框中以 20 磅字号显示相应信息(先清除原有信息)。例如,单击向右的箭头时,在图片框中显示"箭头向右"。

第12章

数据库编程

本章导读

- 数据库的基本概念
- ADO 控件的使用
- ADO 对象的使用

数据库技术是计算机应用技术的一个重要组成部分。对于程序处理的数据,使用数据库来存储、管理会有更高的效率。VB 具有很强的数据库功能,通过 VB 提供的各种数据库访问工具,可以快速地开发数据库应用程序。

要说明的是,VB 提供的一些数据库管理及访问工具,如可视化数据管理器(Visual Data Manager)、Data 数据控件等,所能使用的数据库的版本较低,不能适应目前应用的需要,因此,本书中将不具体介绍这些工具。

本章将重点介绍 VB 数据库访问技术,包括 ADO 数据控件、数据绑定控件、记录集对象及 ADO 对象模型等。

12.1 数据库的基本概念

12.1.1 关系数据库

数据库(DataBase,DB)是按一定结构存储在一起的相互关联的数据的集合。关系数据库是目前应用最广泛的一种数据库,它建立在严密的关系代数基础上,可以通过结构化查询语言 SQL 实现对数据的操作。Oracle,SQL Server,Sybase,Microsoft Access 等都是关系数据库管理系统。

关系数据库把数据组织成若干张二维表(简称为表),每张表即为一个关系。

1. 表(Table)

表是一组相关的数据按行和列排列的二维表,通常用来描述一个实体集。例如,学生数据库 st.mdb 中有学生表和成绩表,如表 12.1 和表 12.2 所示。

表 12.1 学生表

学号	姓名	性别	出生日期	班级
101001	江小强	男	1991—6—3	10 计算机
101002	张清	男	1990—8—2	10 计算机
101003	李少华	女	1992—11—8	10 计算机
102001	赵树汉	男	1991—10—6	10 电子
102002	林洁	女	1992—9—16	10 电子
102003	刘丽华	女	1991—2—5	10 电子
103001	陈光辉	男	1991—12—9	10 通信
103002	王峰	男	1991—4—27	10 通信

2. 字段(Field)

表中的每一列称为一个字段,字段具有字段名、数据类型、字段长度等属性。同一个表中不允许有同名字段,且同一字段中的数据类型必须相同。

例如，在表 12.1 学生表中，一共有 5 个字段，分别为学号、姓名、性别、出生日期和班级。

表 12.2　成绩表

学号	课程	成绩	学分
101001	大学英语	78	4
101001	高等数学	85	3
101001	VB 程序设计	92	3
101002	大学英语	60	4
101002	高等数学	54	3
101002	C 程序设计	87	4
……	……	……	……
103002	电子工程	89	5

3. 记录(Record)

表中的每一行称为一条记录。例如，学生表中有 8 条记录。

4. 主键(Primary Key)

在一个表中，如果某个字段值(可以是一个字段或多个字段的组合)能够唯一确定一条记录，则可以把它作为主键(或称主关键字)。例如，在学生表中，“学号”可以是表的主键，因为每名学生都有唯一的学号，使用学号能够唯一标识一条记录。而对于成绩表来说，必须将“学号”和“课程”两个字段组合起来才能作为主键。

5. 索引(Index)

为了提高搜索数据库记录的速度，需要将表中的某些字段设置为索引，通过索引可以实现按索引字段排序，从而可以快速地找到特定的记录，这与一本书的目录索引相似。例如，在学生表中，如果以“姓名”为索引字段建立索引，则可按“姓名”快速检索。

6. 表与表之间的关系

通常一个数据库中有多个表，各表之间存在着某种关系。例如，在学生数据库中，学生表和成绩表两个表中的记录可以通过“学号”字段关联起来，以找到特定学生的基本信息和成绩信息。

12.1.2　建立数据库

VB 所支持的不同类型的数据库可以通过相关的数据库管理系统来建立。例如，使用 Microsoft Access 可以创建 Access 数据库。VB 默认的数据库是 Access 数据库。本章以 Access 2003 数据库为例(兼顾 Access 2007 或 Access 2010 数据库)介绍 VB 数据库访问技术。

数据库是由表组成的,创建表时必须定义表结构,表结构包括各个字段的名称、数据类型、长度等属性。例如,通过 Access 2003(或 Access 2000)创建学生数据库 st. mdb,其中两个表的结构如图 12.1 所示,图中数据如表 12.1 和表 12.2 所示。

学生表

字段名称	数据类型	字段长度
学号	文本	6
姓名	文本	10
性别	文本	1
出生日期	日期/时间	
班级	文本	10

成绩表

字段名称	数据类型	字段长度
学号	文本	6
课程	文本	10
成绩	数字	整型
学分	数字	整型

图 12.1　st. mdb 中的表结构

说明:也可以通过 Access 2007(或 Access 2010)来创建学生数据库,数据库文件名为 st. accdb,其中两个表的结构及数据与数据库 st. mdb 相同。

12.1.3　SQL 语言

结构化查询语言 SQL(Structure Query Language)是一种用于数据库查询和编程的语言。由于它功能丰富,使用方式灵活,语言简洁易学,已成为关系数据库语言的国际标准。

SQL 语言由一系列 SQL 语句组成。以下介绍几个常用的 SQL 语句。

1. Select 语句

Select 语句是 SQL 语言中最常用的一个语句。语句格式如下:

```
Select  字段列表  From  表名
  [Where  查询条件]
  [Group By  分组项]
  [Having  分组筛选条件]
  [Order By  排序字段 [ASC|DESC]]
```

功能:从指定的表中查找满足条件的记录。

说明:

① “字段列表”指定在查询结果中包含的字段清单。多个字段之间用逗号隔开,当要查询表中所有字段时,可用“ * ”代替。

② “表名”指定所要查询的表。可以指定多个表,各表之间用逗号隔开。

③ “查询条件”是一个逻辑表达式或关系表达式,SQL 查询条件除了 And、Or、Not 逻辑运算符及=、<、<=、>、>=、<>关系运算符外,还可以使用 Between(指定运算值范围)、Like(格式相符)和 In(指定记录)。

④ “Group By 分组项”指定对记录按“分组项”进行分组,常用于分组统计。

⑤ “Having 分组筛选条件”与“Group By”联合使用,指定对记录分组筛选的条件。

⑥ “Order By 排序字段[ASC|DESC]]”指定查询结果按某一字段值排序。ASC 指定按升序排序,DESC 指定按降序排序。默认值为升序。

(1) 简单查询

① 查询指定字段

【示例 1】 查询“学生表”中的所有学生记录，查询结果只包括“学号”、“姓名”和“班级”等字段，使用的语句为：

```
Select 学号，姓名，班级 From 学生表
```

② 查询全部字段

【示例 2】 查询“学生表”中所有学生的详细资料，使用的语句为：

```
Select * From 学生表
```

③ 消除重复的记录

使用 Distinct 子句可从查询结果中消除重复的记录。

【示例 3】 查询“学生表”中有哪几个班，使用的语句为：

```
Select Distinct 班级 From 学生表
```

查询结果如图 12.2 所示。

④ 查询计算结果

【示例 4】 查询“学生表”中所有学生的姓名及年龄，使用的语句为：

```
Select 姓名，year(Date())－Year(出生日期) As 年龄 From 学生表
```

“As”短语用来指定字段表达式的别名，查询结果如图 12.3 所示。

班级
10电子
10计算机
10通信

图 12.2 “示例 3”的查询结果

姓名	年龄
江小强	20
张清	21
李少华	19
赵树汉	20
林洁	19
刘丽华	20
陈光辉	20
王峰	20

图 12.3 “示例 4”的查询结果

(2) 条件查询

使用 Where 子句可以查询指定表的符合条件的记录。

【示例 5】 从“学生表”中查找“10 计算机”班的所有学生记录，查询结果只包括“学号”及“姓名”，使用的语句为：

```
Select 学号，姓名 From 学生表 Where 班级＝"10 计算机"
```

【示例 6】 查询“成绩表”中成绩在 60～80 分之间的记录，使用的语句为：

```
Select * From 成绩表 Where 成绩 Between 60 And 80
```

其中，“成绩 Between 60 And 80”等价于逻辑表达式“成绩＜＝60 And 成绩＞＝80”。

(3) 使用合计函数

在 Select 语句中可以使用 Sum、Avg、Min、Max、Count 等合计函数来分别计算某一字段的总和、平均值、最小值、最大值和记录个数。

【示例 7】 查询“成绩表”中成绩的总平均分，使用的语句为：

```
Select Avg(成绩) As 总平均分 From 成绩表
```

【示例 8】 查询“成绩表”中成绩不及格的人次，使用的语句为：

Select count(*) As 不及格人次 From 成绩表 Where 成绩<60

(4) 排序

【示例 9】 查询"成绩表"中"VB 程序设计"课程的成绩,按成绩降序显示,使用的语句为:

Select * From 成绩表 Where 课程="VB 程序设计" Order By 成绩 Desc

(5) 数据分组

【示例 10】 按班级统计学生人数,使用的语句为:

Select 班级, Count(*) As 班人数 From 学生表 Group By 班级

【示例 11】 查询平均分在 85 分以上的所有记录,显示学号及平均分,使用的语句为:

Select 学号, Avg(成绩) From 成绩表 Group By 学号 Having Avg(成绩)>=85

(6) 多表查询

前面的例子都是在单个表中查询,若查询的数据分布在多个表中,则需要进行多表关联查询,表间的关联条件必须在 Where 子句中指定,格式为:

Select 字段列表 From 表 1,表 2 Where 表 1. 字段=表 2. 字段

在指定字段名时,需要在其前面加上表名作为前缀,格式为:表名 . 字段名。

【示例 12】 查询成绩不及格的学生,显示这些学生的学号、姓名及成绩,使用的语句为:

Select 学生表 . 学号, 学生表 . 姓名,成绩表 . 成绩 From 学生表,成绩表
    Where 学生表 . 学号=成绩表 . 学号 And 成绩表 . 成绩<60

【示例 13】 查询"10 电子"班的成绩不及格的学生,显示这些学生的学号及成绩,使用的语句为:

Select 学生表 . 学号,成绩表 . 成绩 From 学生表,成绩表 Where
    学生表 . 学号=成绩表 . 学号 And 成绩表 . 成绩<60 And 学生表 . 班级="10 电子"

2. Insert 语句

本语句用于向表中插入 1 条记录。语句格式:

Insert Into 表(字段列表) Values(字段值表)

【示例 14】 在成绩表中插入 1 条记录,使用的 Insert 语句为:

Insert Into 成绩表(学号,课程,成绩,学分) Values("101001","网络工程",70,5)

3. Delete 语句

本语句用于按照指定条件删除表中的记录。语句格式为:

Delete From 表名 Where 条件

【示例 15】 删除学生表中班级为"10 通信"的所有记录,使用 Delete 语句:

Delete From 学生表 Where 班级="10 通信"

4. Update 语句

本语句用于按照指定条件修改表中的记录。语句格式:

Update 表名 Set 字段=表达式 Where 条件

【示例 16】 从成绩表中修改"101003"学生的"电子工程"的成绩,把成绩改为 88,使用 Update 语句:

Update 成绩表 Set 成绩=88 Where 学号="101003" And 课程="电子工程"

12.2　ADO 控件的使用

12.2.1　ADO 简介

VB 有三种数据对象访问接口：数据访问对象(DAO)、远程数据对象(RDO)和 ActiveX 数据对象(ADO，ActiveX Data Object)。目前，普遍使用的是 ADO。

ADO 是 Microsoft 公司推出的新一代数据库访问技术，它通过 OLE DB 实现对不同类型数据源的访问，适用于 Access、SQL Server、Oracle 等关系数据库。

在 VB 中使用 ADO 数据库访问技术有两种途径，一是使用 ADO 数据控件(ADODC，简称 ADO 控件)，二是在程序中直接使用 ADO 对象。ADO 控件是一种 ActiveX 控件，它实际上是把 ADO 的多个功能结合在一个可视化的控件中。使用该控件访问数据库，不用像 ADO 对象访问数据库那样需编写许多代码，在可视化环境上就可以直接完成许多操作。

下面先介绍 ADO 控件，ADO 对象将在 12.3 节介绍。

12.2.2　ADO 控件

ADO 控件不是 VB 的标准控件，在使用之前必须将其添加到工具箱中。选择"工程"菜单中的"部件"命令，打开"部件"对话框，在对话框中将"Microsoft ADO Data Control 6.0 (OLEDB)"选中(打√)，单击"确定"按钮，即可将 ADODC 按钮添加到工具箱中。

双击 ADODC 按钮，在窗体上创建一个 ADO 控件，控件名默认为 Adodc1，如图 12.4 所示。

同样地，ADO 控件也具有一组属性、方法和事件，并且可以通过数据绑定控件，以便更灵活地操作数据库数据。

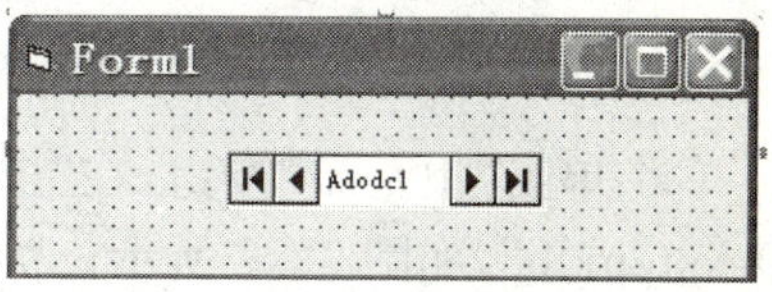

图 12.4　ADO 控件的外观

1. ADO 控件的常用属性

(1) ConnectionString 属性。ADO 控件没有 DatabaseName 属性，它使用 ConnectionString 属性将 ADO 控件连接到一个指定的数据库，但不指定表。本属性连接数据库的方法有 3 种：使用 DataLink 文件、使用 ODBC 数据资源名称、使用连接字符串。

ADO 控件一旦建立了与数据库的连接，就可以通过设置 RecordSource 属性访问数据库中的任何表，也可访问由一个或多个表中的部分或全部数据构成的记录集。

(2) RecordSource 属性。设置要访问的记录源。根据 CommandType 属性指定的类型，其值可为数据库中的一个表名、一条 SQL 语句或一个存储过程名。

(3) CommandType 属性。指定获取记录源(RecordSource)的命令类型。

ADO 控件的大部分属性可以通过"属性页"对话框设置。

【例 12.1】 假设在本地计算机中有一个 Access 2003 数据库"D:\st.mdb"，它包含"学生表"和"学籍表"两个表(如 12.1.1 节所述)，建立 ADO 控件与该数据库的连接步骤如下：

(1) 在窗体上创建一个 Adodc1 对象。

(2) 右击 Adodc1 对象,在快捷菜单中选择“ADODC 属性”命令,打开“属性页”对话框,如图 12.5 所示。

(3) 在“通用”选项卡的“连接资源”框中选中“使用连接字符串”,然后单击“生成”按钮,打开“数据链接属性”对话框;在“提供程序”选项卡中选择合适的 OLE DB 数据源,因为要连接的数据库 D:\st.mdb 属于 Access 2003 数据库,则选择“Microsoft Jet 4.0 OLE DB Provider”选项,如图 12.6 所示。

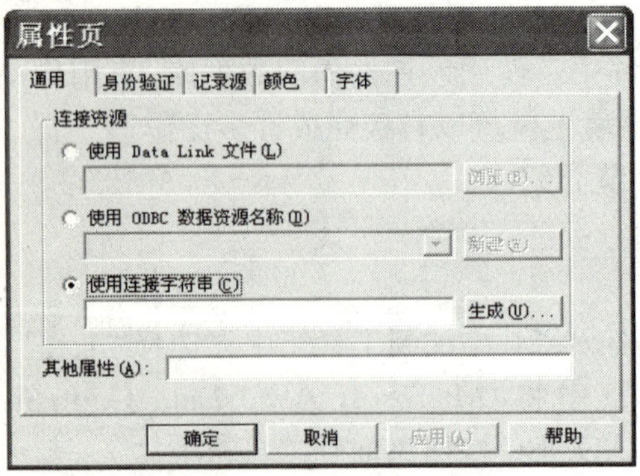

图 12.5　“属性页”对话框

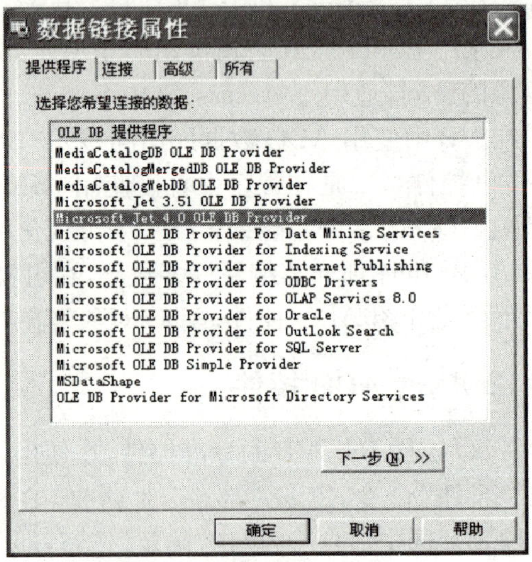

图 12.6　“数据链接属性”对话框

(4) 单击“下一步”按钮,在“连接”选项卡的“选择或输入数据库名称”中指定数据库文件“D:\st.mdb”,如图 12.7 所示。为确保连接有效,可单击“测试连接”按钮,如果测试成功则单击“确定”返回,返回“属性页”对话框,此时在“使用连接字符串”文本框中已经生成完整的连接字符串:Provider=Microsoft.Jet.OLEDB.4.0;Data Source=D:\st.mdb;Persist Security Info=False。连接字符串中包含数据引擎(前面部分)、数据源和安全设置(后面部分)。

连接到数据库后,就应设置记录源,即设置 RecordSource 属性。

(5) 在“属性页”对话框中选择“记录源”选项卡,可以选择命令类型、表或存储过程名称,本例选择“命令类型”为“2 – adCmdTable”,再选择相应的表“学生表”,如图 12.8 所示。单击“确定”按钮,完成 ADO 控件与指定数据库的连接。

如果选择“命令类型”为“1 – adCmdText”,则需要在“命令文本”框中输入 SQL 语句来确定记录源。

说明:根据连接的 Access 数据库版本不同,需要采用不同的数据引擎。

① 连接较低版本的 Access(如 Access 97)数据库时,在“提供程序”选项卡中选择“Microsoft Jet 3.51 OLE DB Provider”选项。

② 连接 Access 2000 或 Access 2003 数据库时,在“提供程序”选项卡中选择“Microsoft Jet 4.0 OLE DB Provider”选项。

③ 连接 Access 2007 或 Access 2010 数据库时,使用的数据引擎是

“microsoft. ACE. OLEDB. 12. 0”。如要连接数据库“D:\st. accdb”,则用户需要在“使用连接字符串”文本框中输入“provider=microsoft. ACE. OLEDB. 12. 0;Data Source=D:\st. accdb;Persist Security Info=False”。

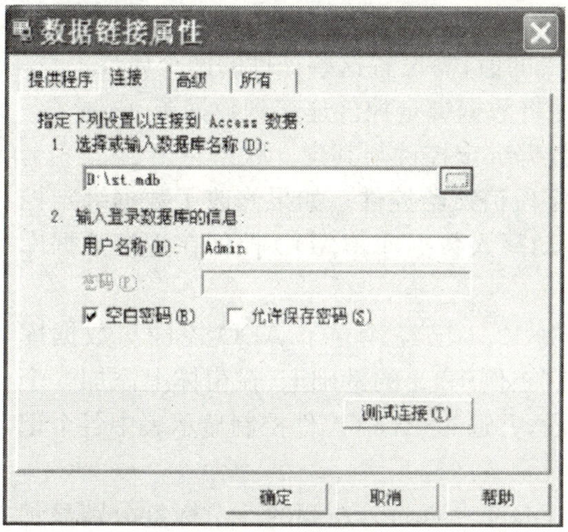

图 12.7　选择数据库

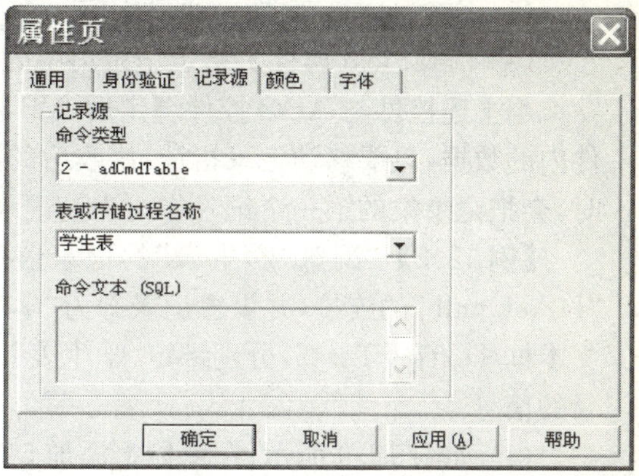

图 12.8　设置记录源

2. ADO 控件的主要方法

ADO 控件有很多方法,这里主要介绍 Refresh 方法。它用于激活或刷新 ADO 控件的连接属性,并重新建立记录集。如果连接数据库的有关属性的设置值发生了改变,或当程序运行时 RecordSource 属性被重新设置,则必须用 Refresh 方法刷新。

3. ADO 控件的主要事件

ADO 控件可响应的事件,除 MouseDown,MouseUp,MouseMove 等常用事件外,还有一组反映数据库变动的特殊事件,如 WillMove,MoveComplete,WillChangField,FieldChangComplete,WillChangRecord,RecordChangComplete 等。

当改变记录集的指针使其从一条记录移动到另一条记录时,会触发 WillMove 事件。MoveComplete 事件发生在一条记录成为当前记录后,它出现在 WillMove 事件之后。例如,要显示当前记录号,可在 MoveComplete 事件过程中编写代码来实现。

12.2.3　数据绑定

ADO 控件可以使应用程序与数据库联系起来,并操作数据库中的数据,但它本身却不能直接显示记录集中的数据,必须通过能与其绑定的控件来实现。任何具有 DataSource 属性的控件都可以绑定到 ADO 控件上作为绑定控件。可以作为 ADO 控件的绑定控件有标签、文本框、列表框、组合框、图片框等标准控件,也可以是专门与 ADO 控件绑定的 ActiveX 控件,如数据列表控件(DataList)、数据组合框控件(DataCombo)、数据网格控件(DataGrid)等。

1. 简单数据绑定控件

最常用的简单数据绑定控件是标签、文本框、图片框等，每个简单数据绑定控件仅显示记录集中的一个字段值。

要使数据绑定控件连接到记录集并显示某个字段的值，需设置这些控件的两个属性：

(1) DataSource 属性。通过指定一个 ADO 控件将数据绑定控件连接到数据源。

(2) DataField 属性。指定记录集中的字段，使数据绑定控件与其建立联系。

当上述控件与 ADO 控件绑定后，VB 将当前的字段值赋给控件。如果修改了数据绑定控件内的数据，只要移动记录指针，修改后的数据会自动写入数据库。ADO 控件在连接数据库时，会把记录集的第一个记录作为当前记录。

【例 12.2】 浏览“学生表”的记录信息。前面例 12.1 已经建立了 ADO 控件与数据库“D:\st.mdb”的连接，并设置记录源为“学生表”，本例在例 12.1 的基础上，在窗体上添加 5 个文本框 Text1～Text5，分别绑定“学生表”的 5 个字段，并通过 ADO 控件控制显示表中各个记录的信息。

(1) 如图 12.9 所示，在窗体上添加 5 个文本框 Text1～Text5，左侧的 5 个标签分别显示相关的提示说明。

(2) 文本框(Text1～Text5)作为数据绑定控件，其属性设置如下：

DataSource 属性设定为 Adodc1。

DataField 属性分别为学号、姓名、性别、出生日期和班级。

(3) 本例利用 ADO 控件和数据绑定控件实现简单的查询功能，不必编写任何程序代码。

运行该工程后自动显示如图 12.10 所示的界面。5 个文本框分别显示“学生表”中的学号、姓名、性别、出生日期和班级 5 个字段的内容。

图 12.9　例 12.2 的设计界面

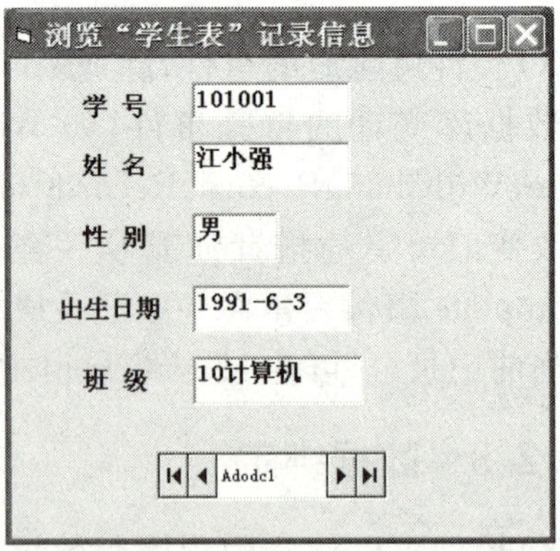

图 12.10　例 12.2 的运行界面

单击 ADO 控件的 4 个箭头按钮可分别移动到首记录、上一条记录、下一条记录和末记录，使其成为当前记录。除了可以浏览表中的记录外，还可以编辑数据。如果改变某个字段的值，只要移动记录，所作的修改便可存入数据库中。

2. 高级数据绑定控件

简单数据绑定控件虽然能够连接数据源，但它们的功能单一，难以完成复杂的数据操作。VB提供了一些高级数据绑定控件DataList(数据列表控件)、DataCombo(数据组合框控件)、DataGrid(数据网格控件)等，这些控件具有很强的数据操作功能。

DataList和DataCombo两个控件只能绑定到记录集的某一个字段，而DataGrid控件可以绑定到整个记录集。

(1) DataList和DataCombo控件

DataList和DataCombo控件是ActiveX控件，使用前要在“部件”对话框的“控件”选项卡中，选中“Microsoft DataList Comtrol 6.0(OLEDB)”选项，将这两种控件添加到工具箱中。

DataList控件和DataCombo分别与列表框(ListBox)和组合框(ComboBox)相似，两者的基本区别是DataCombo控件可以输入数据。

DataList和DataCombo控件的常用属性如下：

① DataSource属性：设置需要绑定的数据源，可设置为ADO控件名称。

② DataField属性：设置需要绑定的数据源的字段。

③ RowSource属性：设置列表项来自哪个数据源，可设置为ADO控件名称。

④ ListField属性：设置列表项来自数据源的哪个字段。

⑤ Text属性：返回DataList控件中的选项或DataCombo控件中的输入项。

(2) DataGrid控件

DataGrid控件实现表格形式显示数据。将DataGrid控件的DataSource属性设置为ADO控件名，表格会自动显示记录集中的数据，表格的列标题显示记录集对应的字段名。

DataGrid控件是ActiveX控件，使用前要在“部件”对话框的“控件”选项卡中，选中“Microsoft DataGrid Comtrol 6.0(OLEDB)”选项，将DataGrid控件添加到工具箱中。

DataGrid控件常用属性如下：

① Caption属性：表格标题，默认为空字符串，即不显示标题。

② DataSource属性：设置需要绑定的数据源，可设置为ADO控件名称。

③ AllowAddNew、AllowDelete、AllowUpdate属性：这3个属性用于设置是否允许添加新记录、删除记录、更新记录。设置为True表示允许，False表示不允许。

【例12.3】 前面例12.1已经建立了ADO控件与数据库“D:\st.mdb”的连接，并设置记录源为“学生表”，本例在例12.1的基础上，添加1个DataGrid控件，以表格形式显示“学生表”的记录信息，并使之具有数据编辑功能。

(1) 在“部件”对话框的“控件”选项卡中，选中“Microsoft DataGrid Comtrol 6.0(OLEDB)”选项，将DataGrid控件添加到工具箱。

(2) 在窗体上建立一个DataGrid控件对象，并将DataGrid控件调整到适当的大小，如图12.11所示。

(3) 设置DataGrid控件的属性。

① 设置DataSource属性为Adodc1，即可在DataGrid控件提供的表格上显示记录集的全部数据。

② 将 AllowAddNew,AllowDelete,AllowUpdate 3 个属性都设置为 True,即可对"学生表"进行添加、删除与修改数据操作。

(4) 本例利用 ADO 控件和 DataGrid 控件实现记录集的查询、编辑功能,不需要编写任何程序代码。

运行该工程后显示如图 12.12 所示的界面。DataGrid 控件以表格形式自动显示"学生表"中的数据,表格的列标题显示表所对应的字段名。

单击 ADO 控件的 4 个箭头按钮,或拖动 DataGrid 控件的垂直或水平滚动条,可浏览记录集中的全部记录。

除了可以浏览表中的记录外,还可以编辑数据。在表格末尾可向数据库中添加记录。选中表格中的某一行,按 Delete 键,可删除数据库中的该条记录。如果改变某个字段的值,只要移动记录,可将修改后的数据存入数据库。

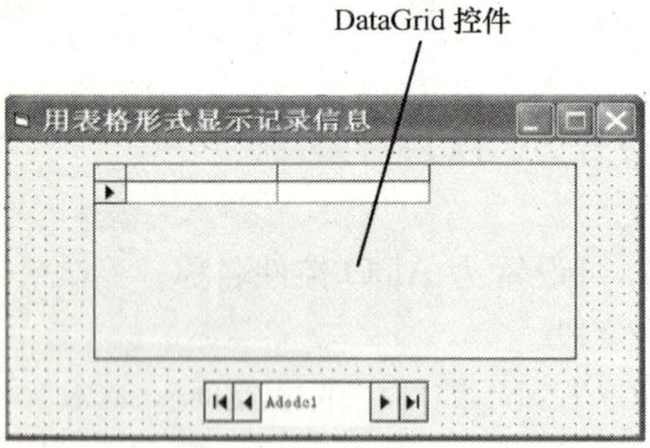

图 12.11　例 12.3 的设计界面

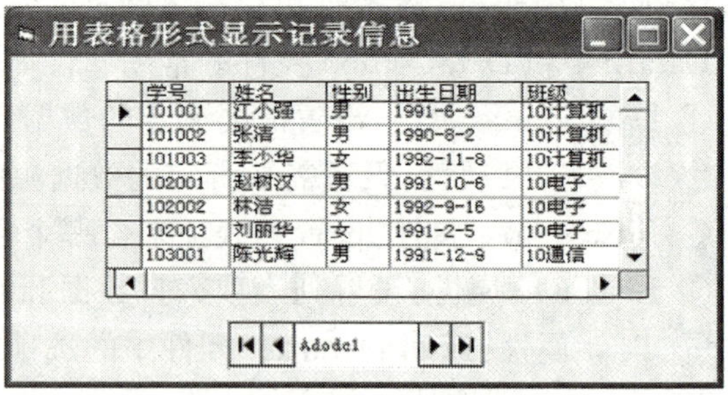

图 12.12　例 12.3 的运行界面

12.2.4　记录集对象

程序运行时,VB 会根据 ADO 控件设置的属性确定可以访问的数据,这些数据就构成了记录集 Recordset。记录集表示的是来自基本表或 SQL 命令执行的结果所形成的数据集合,其结构与表类似。实际上,ADO 控件对数据库的操作都是通过 Recordset 对象完成的。对 Recordset 对象的控制可通过它的属性和方法来实现。

1. 记录集对象的常用属性

(1) AbsolutePosition 属性:指定 Recordset 对象当前记录的序号位置。序号从 0 开始,即第一个记录的 AbsolutePosition 值为 0。

(2) BOF,EOF 属性:如果记录指针位于 Recordset 对象的最后一个记录之后(记录结束标志),则 EOF 值为 True,否则为 False。如果记录指针位于 Recordset 对象的第一个记录之前(记录开始标志),则 BOF 值为 True,否则为 False。

(3) RecordCount 属性:表示 Recordset 对象中记录的总数。

(4) Fields 属性:返回当前记录的指定字段的值。引用 Fields 属性时,常用以下几种格式:

① 记录集对象名 . Fields(字段序号)

字段序号从 0 开始,如 Adodc1. Recordset. Fields(1)。

② 记录集对象名.Fields("字段名")

如 Adodc1. Recordset. Fields("姓名")(可简写成:Adodc1. Recordset("姓名"))。

③ 记录集对象名！[字段名](可简写成:记录集对象名！字段名)

如 Adodc1. Recordset！[姓名](或 Adodc1. Recordset！姓名)。

2. 记录集对象的常用方法

(1) Move 方法:移动记录集中的记录指针。Move 方法包括:

MovedFirst	移至第一条记录
MoveLast	移至最后一条记录
MovePrevious	移至上一条记录
MoveNext	移至下一条记录
Move [n]	向前或向后移动 n 条记录,n 为负数时表示向前("记录开始标志"方向)移动;n 为正数时表示向后("记录结束标志"方向)移动

(2) AddNew 方法:添加一条新记录。新记录的每个字段采用默认值(未指定则为空白)。可以先用 AddNew 方法添加一条空记录,然后通过绑定控件为字段赋值,最后调用 Update 方法将新记录保存到数据库中。

示例:Adodc1. Recordset. AddNew。

(3) Delete 方法:删除当前记录。

注意:在使用 Delete 方法时,当前记录被立即删除,系统不给出任何提示信息,因此在程序中最好先使用 MsgBox 函数给出提示信息。删除当前记录后,一般是把当前记录指针移至下一条记录。

(4) Update 方法:将修改后的记录内容保存到数据库中。

ADO 控件提供自动修改当前记录的功能,当修改绑定数据控件的内容后,只要改变记录集的指针或调用 Update 方法,即可将所做的修改保存到数据库中。

(5) CancelUpdate 方法:取消数据更新,即恢复数据到改变前的值。

(6) Find 方法:在记录集中查找符合指定条件的第一条记录。如果找到符合条件的记录,则记录指针将定位在找到的记录上,使之成为当前记录;否则记录指针将置于记录集的末尾(记录结束标志)。默认从当前记录开始查找。Find 方法的常用语法格式如下:

```
Recordset. Find  条件字符串
```

在构造"条件字符串"时,除了可用一般的关系运算符外,还可以使用 Like 运算符。

【示例 1】 Adodc1. Recordset. find "学号='104001'"

表示在 Adodc1 记录集中查找学号为 104001 的记录。

【示例 2】 Adodc1. Recordset. find "学号='" & xh & "'"

表示在 Adodc1 记录集中查找学号为 xh(字符串变量)的记录。

【示例 3】 Adodc1. Recordset. find 姓名 Like "李*"

表示在 Adodc1 记录集中进行模糊查找,查找李姓的所有学生记录。

【例 12.4】 设计程序,用 4 个命令按钮分别替代 ADO 控件上 4 个箭头按钮的操作功能,浏览"学生表"中的学生信息,并增加一个"查找"按钮,使用 Find 方法根据学号来查找记录。

(1) 如图 12.13 所示,在窗体上添加 1 个 ADO 控件 Adodc1,设置 5 个标签用于显示标题信息,设置 5 个文本框 Text1～Text5 用于显示学号、姓名、性别、出生日期和班级等字段内容,设置 5 个命令按钮 Command1～Command5 用于执行"首记录"、"上一条"、"下一条"、"末记录"、"查找"等功能。

(2) 设置对象属性

① 利用 ADO 控件的"属性页"对话框为 Adodc1 控件设置如下属性:

将 ConnectionString 属性设定为学生数据库的路径及名称(D:\st. mdb)。

将 CommandType 属性设定为 2——adCmdTable。

将 RecordSource 属性设定为"学生表"。

在"属性窗口"中将 Adodc1 控件的 visible 属性设置为 False,运行时将其隐藏。

② 文本框 Text1～Text5 作为数据绑定控件,其属性设置如下:

将 DataSource 属性设定为 Adodc1。

将 DataField 属性分别设置为学号、姓名、性别、出生日期和班级。

③ 命令按钮及标签的 Caption 属性设置如图 12.13 所示。

(3) 编写程序代码

```
Private Sub Command1_Click()                          '"首记录"
    Adodc1. Recordset. MoveFirst                      '移至第一条记录
End Sub
Private Sub Command2_Click()                          '"上一条"
    Adodc1. Recordset. MovePrevious                   '移至上一条记录
    If Adodc1. Recordset. BOF Then                    '若记录指针处于 BOF,则定位第一条记录
        Adodc1. Recordset. MoveFirst
    End If
End Sub
Private Sub Command3_Click()                          '"下一条"
    Adodc1. Recordset. MoveNext                       '移至下一条记录
    If Adodc1. Recordset. EOF Then                    '若记录指针处于 EOF,则定位最后一条记录
        Adodc1. Recordset. MoveLast
    End If
End Sub
Private Sub Command4_Click()                          '"末记录"
    Adodc1. Recordset. MoveLast                       '移至最后一条记录
End Sub
Private Sub Command5_Click()                          '"查找"
    Dim xh As String
    xh = InputBox("输入学号")
    Adodc1. Recordset. MoveFirst                      '定位于记录集的首记录处
    Adodc1. Recordset. Find "学号='" & xh & "'"       '查找指定的学号
    If Adodc1. Recordset. EOF Then                    '若找不到,显示"无此学号"
        MsgBox "无此学号!"
```

```
    End If
End Sub
```

程序运行后显示如图 12.14 所示的界面。

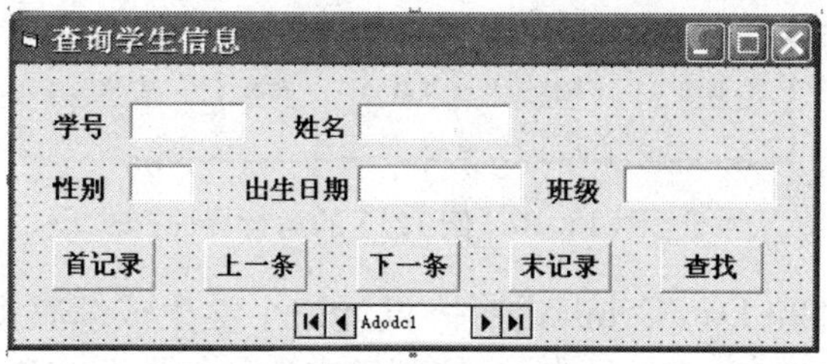

图 12.13　例 12.4 的设计界面

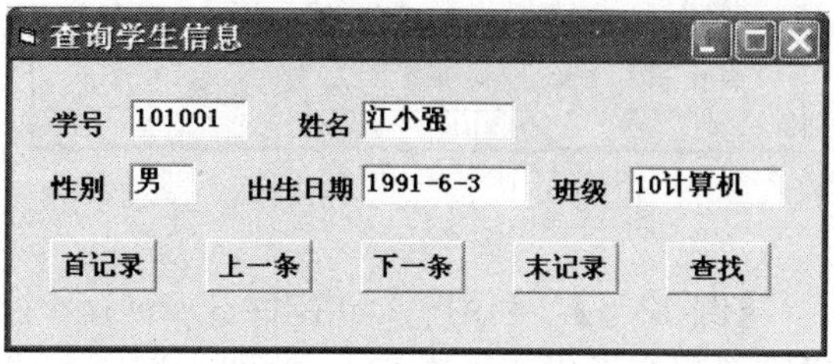

图 12.14　例 12.4 的运行界面

【例 12.5】　在例 12.4 的基础上，添加“新增”、“删除”、“更新”、“撤消”和“结束”5 个按钮，如图 12.15 所示，编写程序实现相应的功能。

新添加的 5 个按钮的 Click 事件过程如下：

```
Private Sub Command6_Click()                          '“新增”
    Adodc1.Recordset.AddNew                           '添加一条空记录
End Sub
Private Sub Command7_Click()                          '“删除”
    Dim y As String
    y = MsgBox("要删除该记录吗 ? ", vbYesNo, "删除记录")
    If y = vbYes Then                                 '选择 Yes 按钮?
        Adodc1.Recordset.Delete                       '删除记录
        Adodc1.Recordset.MoveNext                     '显示下一记录
        If Adodc1.Recordset.EOF Then Adodc1.Recordset.MoveLast
    End If
End Sub
Private Sub Command8_Click()                          '“更新”
    Adodc1.Recordset.Update                           '调用 Update 方法
End Sub
Private Sub Command9_Click()                          '“撤消”
    Adodc1.Recordset.CancelUpdate                     '调用 CancelUpdate 方法
End Sub
Private Sub Command10_Click()                         '“结束”
    End
End Sub
```

程序运行后显示如图 12.16 所示。

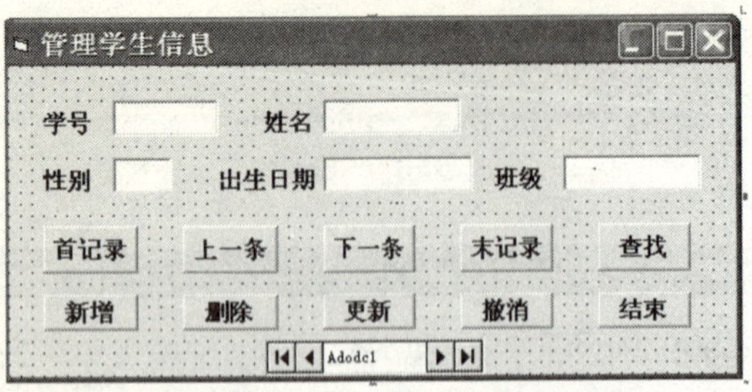

图 12.15　例 12.5 的设计界面

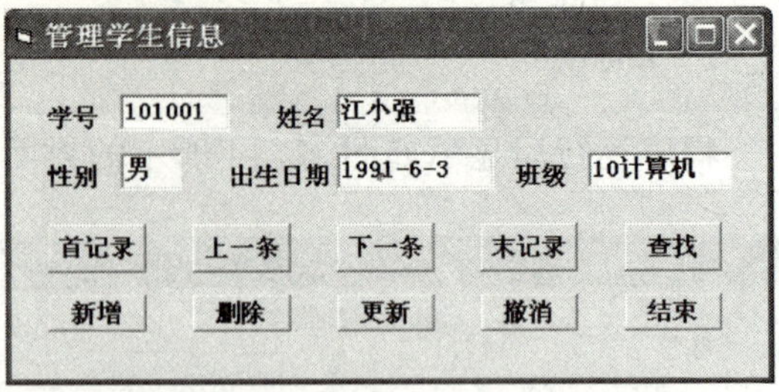

图 12.16　例 12.5 的运行界面

【例 12.6】 利用 ADO 控件、DataGrid 控件和 DataCombo 控件，设计一个学生成绩查询程序。程序提供 4 种查询方式，即查询所有成绩信息、按学号查询、按班级查询和按课程查询。

(1) 如图 12.17 所示，在窗体上添加 2 个 ADO 控件 Adodc1 和 Adodc2，1 个 DataGrid1 控件，1 个 DataCombo1 控件，1 个框架控件 Frame1，框架内设置 1 个单选按钮组(Option1(0)～Option1(3))，2 个命令按钮 Command1(查询)和 Command2(结束)。

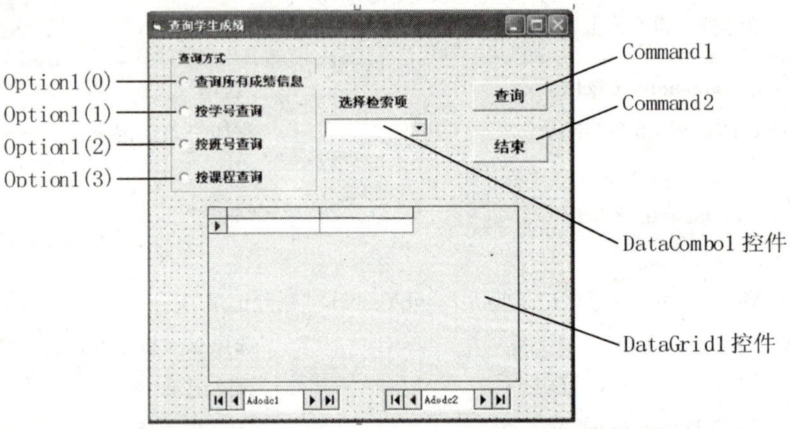

图 12.17　例 12.6 的设计界面

各控件的作用如下：

① DataCombo1 控件提供查询值列表(如学号列表)，供用户从中选取。

② DataGrid1 控件用于显示成绩查询结果。

③ DataCombo1 控件和 DataGrid1 控件分别绑定到 Adodc1 控件和 Adodc2 控件上。

④ 2 个 ADO 控件与数据库连接，为绑定控件提供数据源。

⑤ 单选按钮控件数组 Option1 提供 4 种查询方式的选择。

⑥ 使用框架控件 Frame1，便于对单选按钮组的管理。

(2) 设置对象属性，如表 12.3 所示。

(3) 编写程序代码。

① 在 Option1_Click 事件过程中，根据不同的查询方式，通过 SQL 语句来变动 Adodc2 控件的记录源，并设置不同的显示字段名(ListField)，使 DataCombo1 控件提供相应的检索项列表(如学号列表、班级列表、课程名列表)。

表 12.3　部分控件属性的设置值

控　件	属　　性	属性值	备　　注
Adodc1	ConnectionString	D:\st. mdb	连接数据库
	CommandType	1—adComTexe	用 SQL 语句指定数据源
	RecordSource	Select * From 成绩表	指定初始记录源，运行中使用 SQL 语句变动记录源
	Visible	False	运行时隐藏
Adodc2	ConnectionString	D:\st. mdb	连接数据库
	CommandType	1—adComTexe	用 SQL 语句指定数据源
	RecordSource	select 学号 from 学生表	指定初始记录源，运行中使用 SQL 语句变动记录源
	Visible	False	运行时隐藏
DataGrid1	DataSource	Adodc1	绑定到 Adodc1 控件
DataCombo1	RowSource	Adodc2	绑定到 Adodc2 控件
	ListField	空白	显示字段初始值为空白，运行中根据查询方式不同而重新设置
	Text	空白	

② 在 Command1_Click 事件过程中，根据不同的查询方式及用户选定的检索项，通过 SQL 语句来变动 Adodc1 控件的记录源，使 DataGrid1 控件显示出相应的查询结果。

程序代码如下：

```
Dim ind As Integer              'ind 为单选按钮控件数组的选中项下标（表示哪一种查询方式）
Private Sub Form_Load()
    ind = 0                              '开始时设置单选按钮数组的第 1 项（下标为 0）被选中
    Option1(0). Value = True
End Sub
Private Sub Option1_Click(Index As Integer) '单选按钮控件数组的单击事件过程
    ind = Index                          '保存选中项的下标
    DataCombo1. Text = ""                'DataCombo1 的文本框内容清空
    Select Case Index
        Case 0                           '查询所有成绩信息，不用检索项列表
        Case 1                           '按学号查询
            Adodc2. RecordSource = "select 学号 from 学生表"  '设置 Adodc2 的记录源
            Adodc2. Refresh              '刷新与 Adodc2 控件相连接的记录集
            DataCombo1. ListField = "学号" '设置列表项来自学生表的学号
        Case 2                           '按班号查询
            Adodc2. RecordSource = "Select Distinct 班级 From 学生表"
            Adodc2. Refresh
            DataCombo1. ListField = "班级"
        Case 3                           '按课程查询
            Adodc2. RecordSource = "Select Distinct 课程 From 成绩表"
            Adodc2. Refresh
```

```
            DataCombo1. ListField = "课程"
        End Select
    End Sub
    Private Sub Command1_Click()                '"查询"
        Select Case ind                         '根据查询方式(选中项的下标)进行判断
          Case 0
            Adodc1. RecordSource = "select * from 成绩表"   '设置 Adodc1 的记录源
          Case 1
            Adodc1. RecordSource = "select * from 成绩表 where " & _
            "学号='" & DataCombo1. Text & "'"
          Case 2
            Adodc1. RecordSource = "select 成绩表 . * from 成绩表,学生表 where " & _
            "成绩表 . 学号=学生表 . 学号 and 班级='" & DataCombo1. Text & "'"
          Case 3
           Adodc1. RecordSource = "select 成绩表 . * from 成绩表,学生表 where " & _
           "成绩表 . 学号=学生表 . 学号 and 课程='" & DataCombo1. Text & "'"
        End Select
        Adodc1. Refresh                         '刷新与 Adodc1 控件相连接的记录集
    End Sub
    Private Sub Command2_Click()                '"结束"
        End
    End Sub
```

程序运行后,先按“查询所有成绩信息”方式查询,显示如图 12.18 所示。

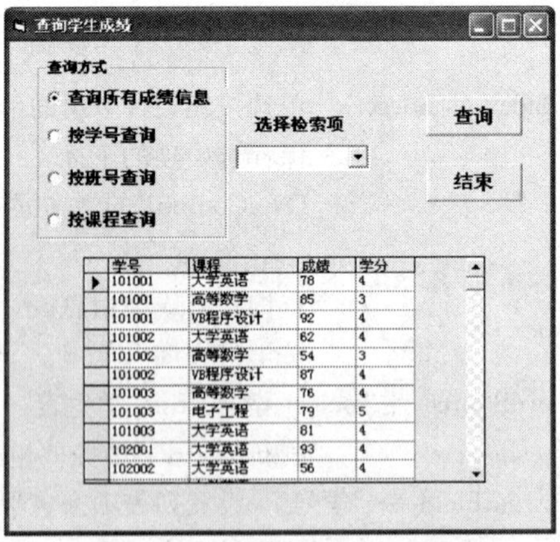

图 12.18　例 12.6 的运行界面

12.3　ADO 对象的使用

在应用程序中使用 ADO 对象也可以访问数据库。ADO 对象是一个面向对象的数据库编程接口,它提供若干个对象,每个对象都有相应的属性和方法,通过这些对象可实现各种数据操作功能。

12.3.1　ADO 对象模型

ADO 对象模型定义了一个可编程的分层对象集合，主要由三个对象成员 Connection，Recordset 和 Command 对象，以及几个集合对象 Error，Parameters 和 Fields 等所组成。

(1) 连接(Connection)对象

Connection 对象用于建立与数据源的连接。表 12.4 列出了 Connection 对象的常用属性和方法。

(2) 命令(Command)对象

Command 对象定义对数据源执行的命令。表 12.5 列出了 Command 对象的常用属性和方法。

表 12.4　Connection 对象的常用属性和方法

名　称	说　明
ConnectionString 属性	设置连接字符串
Open 方法	打开与数据库的连接
Close 方法	关闭与数据库的连接
Execute 方法	执行 SQL 语句

表 12.5　Command 对象的常用属性和方法

名　称	说　明
ActiveConnection 属性	指定所用的连接
CommandText 属性	指定命令文本，可以是表、SQL 语句等
CommandType 属性	设置命令类型，取值为 adCmdTable、adCmdText 等
Execute 方法	执行 CommandText 属性指定的操作
Cancel 方法	取消 Execute 方法的调用

(3) 记录集(Recordset)对象

Recordset 对象代表记录集，它与 12.2.4 节所介绍的 Recordset 对象的功能及作用是一样的，同样可以进行数据记录的移动、搜索、添加、更改、删除等。表 12.6 列出了 Recordset 对象的常用属性和方法。

表 12.6　Recordset 对象的常用属性和方法

名　称	说　明
ActiveConnection 属性	指定 Recordset 对象所关联的 Connection 对象
Source 属性	指定 Recordset 对象的生成方式，可以是 Command 对象、SQL 语句或存储过程
Open 方法	打开数据源，返回记录集
Close 方法	关闭记录集

(续表)

名 称	说 明
RecordCount 属性 BOF 属性 EOF 属性	参考 12.2.4 节
Move 方法 MoveFirse 方法 MoveLast 方法 MoveNext 方法 MovePrevious 方法	参考 12.2.4 节
AddNew 方法 Delete 方法 Update 方法 CancelUpdate 方法	参考 12.2.4 节

要在 VB 程序中使用 ADO 对象，必须先为当前工程引用 ADO 的对象库。具体的方法是：选择“工程”菜单中的“引用”命令，打开“引用”对话框，在“可用的引用”列表中选择“Microsoft AtiveX Data Object 2.0 Library”选项，单击“确定”按钮实现添加。

12.3.2 ADO 对象变量的声明

使用 ADO 对象实现对数据库的访问时，要先创建各种对象，再通过对象的方法和属性来进行操作。

声明对象变量的语句格式如下：

Dim 对象变量名称 As ADODB.对象类型

与数据库有关的常用对象有 DataBase，Table，RecordSet，Field 和 Index 等对象。例如：

```
Dim cnnt As New ADODB.Connection          '声明一个连接对象变量 cnnt
Dim rst As New ADODB.Recordset            '声明一个记录集对象变量 rst
Dim fid As ADODB.Fields                   '声明一个字段对象变量 fid
```

【例 12.7】 打开数据库“D:\st.mdb”，显示“学生表”中的所有记录信息。

先向当前工程添加 ADO 的对象库，然后在窗体的 Load 事件过程中编写如下代码：

```
Private Sub Form_Load()
    Dim cnn As New ADODB.Connection                    '声明 cnn 为 Connection 对象
    Dim rst As New ADODB.Recordset                     '声明 rst 为 Recordset 对象
    Dim strcnt As String, strsqlr As String            '声明字符串变量
    strcnt = "provider=microsoft.Jet.OLEDB.4.0;data source=D:\st.mdb"
    cnn.Open strcnt                                    '打开数据库
    strsqlr = "Select * From 学生表"
    rst.Open strsqlr, cnn                              '打开一个由 SQL 语句指定的记录集
    Show
    rst.MoveFirst                                      '移动到记录集的第一条记录
    Do While Not rst.EOF                               '把记录集中的所有记录读完
```

```
        Print rst! 学号, rst! 姓名, rst! 性别, rst! 出生日期, rst! 班级    '显示各字段值
        rst.MoveNext                                '移动到记录集的下一条记录
    Loop
    rst.Close                                       '关闭记录集
    cnn.Close                                       '断开数据库连接
    Set cnn = Nothing                               '消除 cnn 对象
End Sub
```

说明：第 1 条 Dim 语句声明一个 Connection 对象 cnn；第 2 条 Dim 语句声明一个 Recordset 对象 rst；第 4 条语句定义 cnn 对象的 ConnectionString（连接字符串）属性，其中“provider = microsoft.jet.oledb.4.0”定义了打开数据库所需要的数据库引擎的名称为“microsoft.jet.oledb.4.0”，“data source=D:\st.mdb”指定了要打开的数据库所在的位置和名称；第 5 条语句按指定的连接打开数据库。

若要连接的是“D:\st.accdb”（Access 2007 或 Access 2010 数据库），则需要将第 4 条语句改为：strcnt = "provider=microsoft.ACE.OLEDB.12.0;Data Source=D:\st.accdb"。

【例 12.8】 打开数据库“D:\st.mdb”，显示指定学生的所有成绩信息。

先向当前工程添加 ADO 的对象库，在窗体上设置“查询”（Command1）和“结束”（Command2）两个命令按钮，然后编写以下程序代码：

```
Dim cnn As New ADODB.Connection                     '声明 cnn 为 Connection 对象
Dim rst As New ADODB.Recordset                      '声明 rst 为 Recordset 对象
Private Sub Command1_Click()                        '“查询”
    Dim xh As String, strsqlr As String
    Cls
    xh = InputBox("请输入学号")
    strsqlr = "Select * From 成绩表 Where 学号='" & xh & "'"
    rst.Open strsqlr, cnn                           '打开一个由 SQL 语句指定的记录集
    If rst.EOF Then                                 '找不到记录
        MsgBox "查不到该生成绩!"
        GoTo Exit_Sub                               '转移到标号 Exit_Sub 指定的行
    End If
    Show
    rst.MoveFirst                                   '移动到记录集的第一条记录
    Do While Not rst.EOF                            '一直把记录集中的所有记录读完
        Print rst! 学号, rst! 课程, rst! 成绩, rst! 学分
        rst.MoveNext                                '移动到记录集的下一条记录
    Loop
Exit_Sub:                                           '标号
    rst.Close                                       '关闭记录集
End Sub
Private Sub Form_Load()
    Dim chrs As String
```

```
    chrs = "provider=microsoft.Jet.OLEDB.4.0;data source=D:\St.mdb"
    cnn.Open chrs                                    '打开数据库
End Sub
Private Sub Command2_Click()                         '"结束"
    cnn.Close                                        '断开数据库连接
    Set cnn = Nothing                                '消除 cnn 对象
    End
End Sub
```

程序运行后,单击"查询"按钮,弹出输入对话框,就可以输入学号来查询该生成绩。

掌握 ADO 对象访问数据库的基本方法,结合前面学到的 ADO 控件有关知识,就可以编写更为复杂的数据库访问程序。

习　题　12

一、单选题

1. 以下关于 Access 数据库的叙述中,错误的是________。

   A. 在数据库中可以建立多个表,各表之间的字段名不能相同

   B. 同一字段的数据具有相同的数据类型

   C. 字段名本身的宽度可以超过该字段的长度

   D. 表在数据库中不以文件独立存在,但有表名称

2. 下列数据类型中,________不能作为 Access 数据库字段的数据类型。

   A. 文本型　　B. 整型　　C. 变体型　　D. 备注型

3. 下列关键字中,________是 Select 语句中不可缺少的。

   A. Select,From　　B. Select,Where　　C. Select,Group By　　D. Select,Order By

4. 在"统考成绩"表中,含有学号(文本型)等字段,若要查询学号为 105019 的学生成绩,应使用的语句是________。

   A. Select 成绩 From 统考成绩 Where "学号"=105019

   B. Select 成绩 From 统考成绩 Order By 学号

   C. Select 成绩 From 统考成绩 Where 学号=105019

   D. Select 成绩 From 统考成绩 Where 学号="105019"

5. 下列关于 ADO 控件的叙述中,正确的是________。

   A. ADO 控件也是 VB 标准控件

   B. ADO 控件可以使应用程序与数据库之间建立连接

   C. ADO 控件的 RecordSource 属性只能在"属性页"对话框中设定

   D. 使用 ADO 控件可以直接显示数据库中的数据

6. 下列关于数据绑定控件的叙述中,正确的是________。

   A. 数据绑定控件的 DataSource 属性值是一个数据库名

   B. 数据绑定控件是通过 ConnectionString 属性与 ADO 控件建立连接的

C. 一个标签作为数据绑定控件，可以同时与两个 ADO 控件建立连接

D. 同一窗体中，两个文本框作为数据绑定控件，其 DataField 属性值可以设定为相同

7. 要判断 ADO 记录集对象 rdst 的记录指针是否位于记录集头部（记录开始标志），使用的条件表达式是________。

A. rdst. First　　B. rdst. EOF　　C. rdst. Last　　D. rdst. BOF

二、填空题

1. 要移动记录集中的记录指针，可以使用________方法。

2. 在"职工表"中查找所有"基本工资"大于 8000 元的记录，显示这些记录的"职工号"及"基本工资"，采用的 Select 语句是________。

3. 把"职工表"中"职工号"为"1004"的职工"姓名"改为"伍小明"，采用的 Update 语句是____________。

4. 查找"职工表"中"基本工资"小于 8000 元的记录，为这些记录的"基本工资"在原有数基础上再加 500 元，采用的 Update 语句是____________。

5. 删除"职工表"中"基本工资"小于 6000 元的记录，采用的 Delete 语句是____________。

6. 根据本章前面介绍的"学生表"和"成绩表"中的信息，计算"成绩表"中各班的"大学英语"平均分，显示"班级"及相应"大学英语"平均分，采用的 Select 语句是____________。

7. 把一个新记录插入到"学生表"中，新记录内容是："学号"为 103003，"姓名"为林东生，"性别"为男，"出生日期"为 1991—9—19，"班级"为 10 通信。采用的 Insert 语句是________。

【提示】 日期型字段值要用"＃"括起来。

编程及上机调试

按照下列各题的要求完成操作和编程练习。创建的数据库及设计的程序均保存在用户文件夹下的"第 12 章"子文件夹中。

1. 在 Access 中，创建一个数据库"st. mdb"（或"st. accdb"），其中有 2 个表："学生表"和"成绩表"，表结构见图 12. 1，表中数据见表 12. 1 和表 12. 2（除了表 12. 2 提供的数据外，读者还可以为"成绩表"添加一批数据）。

建立数据库后，按照本章例 12. 1～例 12. 8 介绍的操作步骤和程序进行练习（可以连起来操作）。各例题的程序文件名分别为"例 12. 1"～"例 12. 8"。

2. 按照以下步骤进行练习。

(1) 在 Access 中，创建一个数据库"rsk. mdb"（或"rsk. accdb"），其中只有"职工表"一个表，表结构为：职工号（文本型，4），姓名（文本型，10），性别（文本型，1），出生日期（日期/时间型），基本工资（长整型），部门（文本型，15），表中数据如表 12. 7 所示。

表 12. 7　职工表

职工号	姓名	性别	出生日期	基本工资	部门
1001	李华文	男	1960—6—3	12000	教务处
1002	林宋权	男	1973—8—2	10000	学生处

(续表)

职工号	姓名	性别	出生日期	基本工资	部门
1003	高玉华	女	1980—11—8	5000	教务处
1004	陈青	男	1973—10—6	9500	人事处
1005	李忠秀	女	1980—9—16	6000	学生处
1006	张小萍	女	1967—2—5	11000	学生处

(2) 模仿例 12.4,用命令按钮替代 ADO 控件上 4 个箭头按钮的功能,浏览“职工表”中的职工信息,并增加一个“查找”按钮,使用 Find 方法根据“职工号”来查找记录。以 ex1201 为文件名保存程序。

(3) 模仿例 12.5 的处理方法,在上面第(2)题的基础上,添加“新增”、“删除”、“更新”、“撤消”和“结束”5 个按钮,并通过编程实现相应的功能。以 ex1202 为文件名保存程序。

(4) 模仿例 12.7 的处理方法,利用 ADO 对象打开数据库“st. mdb”(或“st. accdb”),显示“职工表”中的所有记录信息。以 ex1203 为文件名保存程序。

附录 A 字符 ASCII 码表

代码	字符	代码	字符	代码	字符	代码	字符	代码	字符
32	空格	52	4	72	H	92	\	112	p
33	!	53	5	73	I	93	]	113	q
34	”	54	6	74	J	94	∧	114	r
35	#	55	7	75	K	95	_	115	s
36	$	56	8	76	L	96	\	116	t
37	%	57	9	77	M	97	a	117	u
38	&	58	:	78	N	98	b	118	v
39	′	59	;	79	O	99	c	119	w
40	(	60	<	80	P	100	d	120	x
41	)	61	=	81	Q	101	e	121	y
42	*	62	>	82	R	102	f	122	z
43	+	63	?	83	S	103	g	123	{
44	,(逗号)	64	@	84	T	104	h	124	|
45	—	65	A	85	U	105	i	125	}
46	.	66	B	86	V	106	j	126	
47	/	67	C	87	W	107	k	127	
48	0	68	D	88	X	108	l		
49	1	69	E	89	Y	109	m		
50	2	70	F	90	Z	110	n		
51	3	71	G	91	[	111	o		

说明：在 ASCII 码字符集中，0～31 表示控制码，32～127 表示字符码。常用的控制码有：BackSpace(退格) 键码为 8，Tab 键码为 9，换行码为 10，Enter(回车)键码为 13，Esc 键码为 27。

附录B 颜色代码

VB中颜色属性有下列三种设置方法：

(1) 使用RGB(红,绿,蓝)函数。这三种颜色的组合(常用颜色)见表B.1。

示例：Form1.ForeColor=RGB(255,0,0)

(2) 使用QBColor(颜色参数)函数。颜色参数取值0～15,见表B.2。

示例：Form1.ForeColor=QBColor(12)

(3) 通过颜色常量来设置颜色。颜色常量见表B.3。

示例：Form1.ForeColor=vbRed

表B.1 常见标准颜色的RGB值

颜　色	红色值(R)	绿色值(G)	蓝色值(B)
黑色	0	0	0
蓝色	0	0	255
绿色	0	255	0
青色	0	255	255
红色	255	0	0
洋红色	255	0	255
黄色	255	255	0
白色	255	255	255

表B.2 QBColor函数的参数

颜色参数	颜　色	颜色参数	颜　色
0	黑色	8	灰色
1	蓝色	9	亮蓝色
2	绿色	10	亮绿色
3	青色	11	亮青色
4	红色	12	亮红色
5	洋红色	13	亮洋红色
6	黄色	14	亮黄色
7	白色	15	亮白色

表B.3 常用颜色常量

颜 色 常 量	十六进制数	颜　　色
vbBlack	&H0	黑色
vbRed	&HFF	红色
vbGreen	&HFF00	绿色
vbYellow	&HFFFF	黄色
vbBlue	&HFF0000	蓝色
vbMagenta	&HFF00FF	洋红色
vbCyan	&HFFFF00	青色
vbWhite	&HFFFFFF	白色

反侵权盗版声明

举报电话：(010)88254396；(010)88258888
传　　真：(010)88254397
E-mail：　dbqq@phei.com.cn
通信地址：北京市万寿路173信箱
　　　　　电子工业出版社总编办公室
邮　　编：100036